图解直观数学译丛

群论彩图版

［美］内森·卡特（Nathan Carter）著

郭小强 罗翠玲 译

机械工业出版社

本书旨在帮助读者看到群、认识群、验证群，从而理解群的实质。本书通过大量的图像和直观解释来介绍群论。

　　本书的主要内容有：群是什么、群看起来像什么、为什么学习群、群的代数定义、五个群族、子群、积与商、同态的力量、西罗定理、伽罗瓦理论。每章最后一节为习题，书后附有部分习题答案。

　　本书适合抽象代数（近世代数）课程的学生和教师，也适合那些首次接触群论并需要在较短时间内理解群论的读者。

北京市版权局著作权登记 图字：01-2013-1812 号。

图书在版编目（CIP）数据

群论：彩图版/（美）内森·卡特（Nathan Carter）著；郭小强，罗翠玲译．—北京：机械工业出版社，2019.6（2025.1 重印）

（图解直观数学译丛）

书名原文：Visual Group Theory

ISBN 978-7-111-62485-1

Ⅰ.①群… Ⅱ.①内… ②郭… ③罗… Ⅲ.①群论-图解 Ⅳ.①O152-64

中国版本图书馆 CIP 数据核字（2019）第 068070 号

机械工业出版社（北京市百万庄大街 22 号　邮政编码 100037）

策划编辑：韩效杰　责任编辑：韩效杰

责任校对：佟瑞鑫　封面设计：严娅萍

责任印制：单爱军

天津市银博印刷集团有限公司印刷

2025 年 1 月第 1 版第 9 次印刷

169mm×239mm·15 印张·308 千字

标准书号：ISBN 978-7-111-62485-1

定价：99.00 元

电话服务　　　　　　　　　　网络服务

客服电话：010-88361066　　机 工 官 网：www.cmpbook.com

　　　　　010-88379833　　机 工 官 博：weibo.com/cmp1952

　　　　　010-68326294　　金 书 网：www.golden-book.com

封底无防伪标均为盗版　　机工教育服务网：www.cmpedu.com

致 谢

我非常感谢上帝赐给我生命、呼吸和数学，以及写作、画画和享受的能力。我也非常感谢我的家人，特别是 Lydia，在我完成此手稿期间，她包容了我的缺席。

非常感谢 Doug Hofstadter，他向我展示了群论图示化的力量，并以各种方式支持我的工作，包括提出了许多很好的建议。非常感谢 Charlie Hadlock，他让我远离那些不怎么好的建议（比如"在没有获得终身教职之前不要写书"），并且在写作初期给了我很多指导。也非常感谢 Don Albers、美国数学学会和本特利大学（特别是 Rick Cleary 和 Kate Davy），他们鼓励我、支持我，让我抓住首次出版著作的机会。

我还要感谢那些在数学上给予我帮助的人。我早期接触的关于群论图示化技术的著作之一是 Magnus 和 Grossman 所著的《群论及其图形》。在写这本书时，我多次参考了 Michael Artin、John Fraleigh、Charles Hadlock 和 Thomas Hungerford 的优秀著作。John Bowman 的 Asymptote 软件功能强大、设计精良，帮我完成了书中三百多幅图。感谢你们！

最后，很多人阅读了本书前几章和草稿，并提供了很多有价值的反馈，其中包括 Doug Hofstadter、Jon Zivan、匿名审稿人、我的父母、我的 2006 年秋季学期"离散数学"课程的学生，特别是 Kathryn Ogorzalek。感谢你们帮我通过你们的眼睛审视并完善我的工作。

前 言

　　如果你想以轻松直观的方式来学习群论的相关知识，那么本书正适合你。我之所以说是"相关知识"，是因为本书并不打算全面综合地阐述群论的所有内容。在这里，你将看到的是关于该学科基础知识的清晰的、图文并茂的阐述，这将使你对群论有一个直观的认识，从而为进一步深入学习奠定坚实的基础。

　　本书非常适合刚刚开始学习群论初级课程的学生阅读。它可以替代传统的教材，或者作为参考书，但是它的目标却与传统的教材截然不同。大多数教材都是通过定理、证明和例子来介绍群论的。这些教材的习题会教你如何做关于群的猜想，并验证其是否正确。然而，本书却是教你如何"认识"群。你将会看到它们，验证它们，进而理解它们的实质。本书为你提供的大量的图像和直观解释，将会大大加深你对传统教材中事实和证明的领悟。

　　本书同样适合娱乐性阅读。如果你只是想大概地了解一下群论或者学习它的主要原理，又不想更深入地学习高年级本科生的数学课程，那么你可以自学本书。阅读本书，只要学过一般的高等数学即可，不过你应该乐于分析思考。

　　我对本书的工作源于"Group Explorer"。Group Explorer 是我编写的一个软件包，它可以生成有限群的插图，并允许使用者与其互动和验证结果。书中的许多插图都是在 Group Explorer 的帮助下完成的。如果可能的话，学习使用 Group Explorer 可以帮助你解答本书中的一些习题。

　　要从本书学到知识，你倒不一定非用 Group Explorer 不可，只有很少的一部分习题明确要求使用 Group Explorer。不过我建议，如果可以的话，在学习中你要尽可能多地去亲自验证和交互。我们越是参与其中，也就越愿意去学。Group Explorer 是一个免费软件，对所有的主流操作系统都可用。你可以通过下面的网址去下载：

http：//groupexplorer. sourceforge. net.

目 录

概　　述

在这里，我要强调关于本书中群论的非标准方法的三个重要方面，并简要讨论其组织结构。

首先，也是最重要的，图像和可视的例子是本书的核心。本书中有三百多幅图，平均每页不止一幅。最常用的可视化工具是凯莱图（其定义见第 2 章），因为它们能清晰且忠实地代表群的结构。但是乘法表和具有对称性的对象也频繁地出现，此外，还有循环图、哈斯图、作用图、同态图等也偶有现身。可视化是本游戏的名字，这一点你随手翻一翻这本书就能感觉到。

第二，我主要关注有限群，而不是无限群。部分原因是它们更容易作图，但更多是因为它们在直觉层面为群论提供了坚实基础。如果很好地理解了有限群，那么无限群可作为有限群的自然推广。这种做法并没有舍弃太多，甚至正相反，因为在有限群王国里还有很多有待研究的事情。我涵盖了最常见的无限群，而且每章的习题也包含了一些无限群。

最后，本书从许多传统教材的相反方向去接近群。传统教材通常是先把群定义为带有二元运算的集合，然后证明凯莱定理：每个群是一个置换的集合（或者也可以说每个群都作用在某个集合上，特别是作用在它自身上）。而在本书中，传统的定义直到第 4 章才出现，我在第 1 章把群定义为作用的集合，然后证明它们也可以看作是具有二元运算的集合。这种非标准的定义有助于第 2 章凯莱图的介绍，因为凯莱图就是把群描述为作用的集合。

本书的结构是线性的，可按顺序阅读，后面的章节通常依赖于前面的。不过有两个例外。第 5 章广泛地介绍了有限群，对后面的内容是有帮助的，但不是绝对必要的。你可以跳过其中大部分的内容（除了第 5.2 节阿贝尔群的定义），如果需要的话可以再回来。另一个例外是第 10 章只略微依赖了第 9 章：第 10.7 节用到了第 9.2 节的柯西定理，还有第 9 章的其余部分可能对第 10 章的几个习题有用。

第 10 章的伽罗瓦理论旨在展现群论的力量和一些历史根源。其中包含了对域的介绍，但是有几个定理并没有证明。这一章使读者充分看出群论和域是如何联系在一起的，同时为读者指出了在哪里可以找到关于域的更多详述。美丽且具有历史性的结果——五次方程的不可解性，是这最后一章的重点和终点。

第 1 章
群 是 什 么

1.1 一个有名的玩具

1974 年，来自匈牙利布达佩斯的 Ernö Rubik 公布了一项令人着迷的发明——魔方⊖。随后，魔方迅速融入流行文化，现身于影视剧和智力竞赛中。魔方不仅吸引了小孩子，甚至天才般的人物都对它着迷。数学期刊刊载了许多分析魔方及其运转模式的论文。解不开魔方的人可以从数十本书中寻求解法。

图 1.1 初始状态的魔方。

后来，出现了一种形如图 1.1 所示的新魔方。它的每个面由九个更小的、颜色相同的立方体的面组成。玩魔方时，要先旋转这些面以打乱每面的颜色。图 1.2 演示了连续两次不同旋转打乱魔方各面颜色的过程。在随意旋转魔方几分钟后，玩家就会发现魔方的颜色完全被打乱了，而且没有明显的方法将其恢复到初始状态。魔方的挑战性就在于如何把打乱的魔方恢复到初始状态。

与拼图之类的游戏相比，魔方有其独特的魅力，而这种魅力主要来自蕴含于魔方本身的数学思维。起初，魔方看起来或许并不是十分的"数学"，因为玩魔方，甚至解魔方，都不要求玩家具备关于数字、方程或数量的数学技巧。然而，这是因为本书要介绍的数学——群论，不是关于数字的，而是关于模式的。群论是研究对称的，不仅仅是魔方本身的对称，还包括它旋转模式的对称。

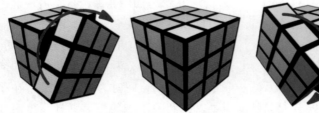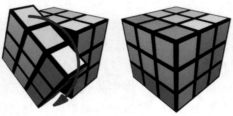

图 1.2 最左边的魔方演示的是绿色面顺时针旋转 90°；第二个为旋转后的状态。第三个魔方是将第二个魔方的白色面顺时针旋转 90°；最后一个为旋转后的状态。

⊖ 原文为 Rubik's Cube。

Ernö Rubik 发明的几项智力游戏都可以用"学来容易掌握难"这样的广告语来形容。这句话当然也可以用来形容魔方,下面我们就来解释为什么如此,这也是学习群论的绝佳的开始。本章将诠释魔方为何学来容易,第 2 章我们将会看到为什么掌握难。

1.2　观察魔方

为了说明魔方为什么学来容易,我们先来做如下观察。

魔方之所以容易玩,一部分原因是玩家不需要去学习复杂的游戏规则。与之相反,下象棋的人必须先学习每个棋子的各种走法。而且,随着棋局的变化,一些可行的棋步会变得不可行。魔方则没有这样的错综复杂。甚至可以这样说,它只有六个面——可以将六个面中的任意一面顺时针旋转 90°。通过六个面的旋转,玩家可以得到魔方所有可能的状态。于是,我们得出关于魔方的第一条结论:

结论 1.1　预先存在一个可行旋转的列表,且该列表永远不会改变。

魔方还有一个好处,就是它允许犯错。如果玩家旋转一个面后随即后悔了,这是没有关系的。玩家只需反向旋转这个面就可以弥补这个错误。于是可以得出第二个结论。

结论 1.2　每个旋转都是可还原的。

魔方的另一个优点不那么明显,但是与其他游戏一比较就会显露出来:魔

方与运气毫不相关。网球运动员可能每次都有击球的意图,却因为身体原因而事与愿违。扑克玩家可能拥有一流的技巧,却因牌不好而没有赢。不可测性和运气对这类游戏来说相当重要,而魔方却避免了这一点。旋转魔方的任何一个面将会有确定的结果,既不依赖于技巧,也不依赖于运气。这种结果可以预先确定、不受随机性或不确定性影响的作用,称为是确定性的。

结论 1.3　每个旋转都是确定性的。

然而我们必须保持公正。前面的几个结论似乎表明魔方没有什么复杂性。为了给出一个精确的评价,我们必须承认,魔方任何旋转都可任意组合起来,这些组合的任意性大大增加了魔方的难度。于是,我们再加一个结论,以中和前面的三条。

结论 1.4　旋转可以任意组合。

由结论 1.2 和 1.4 可以看出,如果玩家足够细心地记下了他或她所做的每一次旋转,那么即使是做了一连串的许多次旋转,也可以小心谨慎地逐一还原回去。

1.3　关于对称性的研究

我们还可以在上述四条结论上添加许多结论。例如,可以讨论一下魔方每个面的颜色,魔方的物理结构,还原魔方通常需要做多少次转动,以及魔方的其他方面或者玩魔方的一些经验。但是,我们将把重点放在上述四个结论上,因

 当然玩家也可以逆时针旋转 90°,不过这和连续三次顺时针旋转 90° 的结果是一样的。

为这些才是魔方与本书内容最相关的部分。群论是关于对称性的研究，我们将会看到结论1.1～1.4如何体现魔方中的对称性。

所有的立方体都具有对称性，因为其所有的面都一样，所有的角都一样，所有的边都一样。但是，魔方由于可以转动，又增加了许多错综复杂的对称。可行的转动方式和组成整个魔方的小立方体的组合方式，也与对称性有很大关系。为了更好地解释这一点，我们需要知道"对称"的含义。

这就是本书的切入点，因为群论正是回答"对称是什么"的数学分支。本书前三章将通过介绍群和阐述群如何描述对称性来详细地回答这一问题。其实对群的介绍已经开始了——魔方就是我们看到的第一个呈现对称性的例子。我们一边分析例子，一边学习群论。后面几章将继续介绍其他具有对称性的例子，你会看到从分子晶体到舞蹈，对称性无处不在。

然而，我们不会只局限于对称性的例子。我们的研究也会用到许多其他工具。本书的侧重点在于可视化工具。这些工具包括一些群论中常用的，如乘法表，也包括一些不常用的，如凯莱图和循环图。我将在后续的章节中一一介绍。

在第2章开头，你会看到一些具有对称性的事物。其中一些是物体，一些是物体的作用或运动，还有一些是纯粹想象出来的情形。但是它们的共同点是都满足结论1.1～1.4. 群论就是要研究这些结论的数学意义，从而帮助回答关于对称事物的有趣问题。例如，魔方共有

多少种不同的状态？不过我们在本书中不会去计算这个数字，有兴趣的读者可以参阅［21］。

1.4　群的法则

回到作为群论建立基础的几个结论。不过，我们不再把它们看作关于魔方的描述，而是用它们来定义所要研究的范畴。通常，数学研究的对象都是这样引入的：首先，阐明一系列法则，然后数学家对服从这些法则的事物进行研究。这些法则用数学术语来说叫做公理，但在非正式的讨论中，我还是会把它们称为法则。

阐明法则具有一些显著的好处。首先，这些法则使得研究范围清晰化。符合下面引入的法则的事物是群论研究的内容，不符合的则不是。第二，在数学界，人们通过事先约定法则，可以确保在讨论数学对象时，所有人头脑中想的是同样的事物。换句话说，把思想整理为法则，可以确保大家使用的是相同的语言，从而使交流问题最小化。第三，可以以法则为基石进行逻辑推导，从而得出一些从法则本身没有预见到的事实（在我们的情形中，这些事实是关于对称性的）。上面提到的关于魔方的计算就依赖于这些事实。本章给出了一些习题，你可以自己做一些推导。

现在我们来把关于魔方的结论改写成法则。如上所述，这些法则将作为事物属于对称性研究范畴所必须具备的条件。

法则 1.5　存在一个预先定义的、不会改

变的作用列表。

法则 1.6 每个作用都是可逆的。

法则 1.7 每个作用都是确定性的。

法则 1.8 任何连续作用的序列仍是一个作用。

这个改写只涉及两处改动。第一，我把旋转改成了作用，这样听起来少了一些游戏的意味。对魔方来说，旋转这个词是合适的，但我们不想把注意力局限在游戏上。第二，法则 1.8 是由结论 1.4 改写的，这使这个术语的意思更加明确。我们不再仅仅称之为可行作用的序列，而是把每个作用序列都单独看作一个作用。这并不意味着这样的作用需要出现在法则 1.5 所要求的列表中，而是表明法则 1.5 中（通常较短）的列表只是一个开始，从这个列表出发，利用法则 1.8，也就是把作用合成为序列，我们可以构造出新的作用。

在魔方的例子中，尽管我只列出了六个基本作用，但是你可以通过这六个作用的合成得到许多新的作用。举个简单的例子，把前面的面连续两次旋转 90° 就是一个新的作用，即旋转前面的面 180°。复杂一点的例子可以通过三次、四次或更多次不同的基本作用合成来得到。用专业的语言说，法则 1.5 为我们列出了可以生成其他所有作用的作用，因此它们被称为生成元。

现在，我们已经为第一个定义做好了准备，这个定义标志着你开启了群论学习之旅。虽然这不是群通常的数学定义，但是它和通常的定义表达的是同样的思想，这一点我们以后将会看到。我们暂且称之为群的非正式定义吧。

定义 1.9（群，非正式定义） 一个群就是满足法则 1.5 ~ 1.8 的一个系统或集合。

你现在可能在想，除了魔方还有哪些事物符合这个定义。还有什么事物可以称为群呢？在第 2 章和第 3 章我们将会看到，任何具有对称性的事物都满足法则 1.5 ~ 1.8，其中包括来自科学、艺术以及数学的重要的例子。但是现在，你不妨先做做下面的习题，从而熟悉一下这些法则，并看看它们适用的一些简单情形。这些习题会让你在继续学习之前对上述法则有更深刻的理解。

1.5 习题

下面的习题是一些思维训练，它们会帮助你理解刚才讨论的概念。对学习数学和类似学科来说，习题通常都是需要思考的，因此会比阅读本身多花费一些时间。尽管你可以通过快速阅读了解这些内容，但只有通过较长的思考才能理解其内涵。因此，即使这些习题花费了一些时间，也不必为此感到沮丧，这是很正常的事。

同时，附录中有部分习题的答案，你可以查阅以获取解题的思路，不必为此感到愧疚。因为这些题目都不是典型的数学题，相反，它们并不常见，甚至十分陌生。因此，查阅一两道习题的答案来获得解题方法不失为明智之举。

1.5.1 满足法则的情形

习题 1.1 在餐桌或书桌上并排放置一枚便士和一枚镍币。只考虑一种作用：互换两枚硬币的位置。这是一个群吗？（逐一检验四条法则对这个情形是否成立。解释你的结论。）

习题 1.2 仍考虑习题 1.1 的情形，但在两枚硬币的右边再放置一枚 10 分铸币。还是只考虑互换便士和镍币的作用。这是一个群吗？

习题 1.3 假设你左边的口袋里有五个弹珠。考虑两种作用：把一个弹珠从左边的口袋移到右边的口袋和从右边的口袋移到左边的口袋。这是一个群吗？

习题 1.4 假设你的卧室三面墙上都挂着画，每面墙上只挂一幅。你想重新安排画的位置来看看哪种安排最符合你的品位。你不能用第四面墙，因为它上面有一扇窗户。

（a） 数一下这些画共有多少种挂法，前提是每面墙只挂一幅画。

（b） 考虑两种作用：你可以互换左边墙与中间墙上的画，也可以互换中间墙与右边墙上的画。仅用这两种作用能生成你数过的所有的挂法吗？

（c）（b）描述的是一个群吗？如果不是，它不满足哪条法则？

（d） 现在增加一个作用，把右边墙上所有的画移到中间墙上来，尽管这可能导致中间墙上的画多于一幅。这个新的情形是群吗？如果不是，它不满足哪条法则？

1.5.2 关于法则的一些结论

习题 1.5 由法则 1.8 是否可推断出每个群都必须包含无穷多个作用？详细阐述你的理由。

习题 1.6 对习题 1.1 ~ 1.4 中构成群的那些情形，确定每个群中究竟有多少个

作用。也就是说，不仅包括生成元，还包括利用法则 1.8 可以得到的所有作用。

习题 1.7 再次考虑习题 1.1 的情形。

（a） 还是考虑只给出一种作用。由法则 1.8，连续两次进行这个作用也是一个有效的作用。描述一下这个作用的结果。

（b） 是否每个群都包含一个这样的作用？详细阐述你的理由。

习题 1.8 分别构造一个群满足下面的要求（a）~（e）。（群总是满足法则 1.5 ~ 1.8；以下的条件是本题额外增加的）。如果你已经见过满足这些要求的群，可以直接拿过来。

（a） 作用的顺序会影响结果；

（b） 作用的顺序不会影响结果；

（c） 恰含有三个作用；

（d） 恰含有四个作用；

（e） 含有无穷多个作用。

习题 1.9 你能否设计一个构造群的方法，使之含有任意给定数目的作用？（这里不是指给定数目的生成元，而是给定数目的作用，其中包括利用法则 1.8 生成的作用。）

1.5.3 不满足法则的情形

如果去掉法则 1.5，那么法则 1.6 ~ 1.8 将没有任何意义，因为法则 1.5 引入了作用列表。但对于其他法则，我们可以试问，如果将其去掉，结果会如何呢。

构造一个情形使得四条法则中一条不满足而另外三条都满足，从而证明一个重要的事实——不被满足的那条法则不是多余的。比如说，有人建议你可以把法则 1.8 去掉，因为由前三条法则可

以推出法则 1.8 一定成立。通过找到一个满足其余三条法则而不满足法则 1.8 的反例,你可以证明法则 1.5、1.6 和 1.7 并不能推出法则 1.8。因此,通过习题 1.10 ~ 1.12,你将会看到所有的法则都是必需的;也就是说,没有任何一个是多余的。

习题 1.10　构造一个情形使得除法则 1.6 外的所有法则都满足。

习题 1.11　构造一个情形使得除法则 1.7 外的所有法则都满足。

习题 1.12　构造一个情形使得除法则 1.8 外的所有法则都满足。

1.5.4　数字群

既然群论是一个数学概念,那么应该不难理解,数字可以通过各种方式构成群。

习题 1.13　任取一个整数,考虑如下作用:把任意一个整数加到你所选的整数上。这些作用的全体形成一个无限集。我们可以把这些作用命名为"加 1""加 - 17"等。这是一个群吗? 如果是,你能找到最小生成元集吗?

习题 1.14

(a) 在上题中,如果只允许加偶数,那么结果会怎么样?

(b) 在上题中,如果只允许加从 0 ~ 10 的整数,那么结果会怎么样?

(c) 在上题中,如果还是允许所有的整数,但是把作用改成将任意一个整数乘到你所选的整数上,那么结果会怎么样? (我不是要你把这些作用作为生成元,而是作为所有作用的全体。)

(d) 在上题中,如果只允许 1 和 - 1,并考虑两种作用,乘 1 或乘 - 1,那么结果会怎么样?

第2章
群看起来像什么？

2.1　绘图

第1章通过考察魔方的特性来引入群论，这让群论很好地吸引了初学者。现在，我们来研究魔方那些令人难解的方面。

当你手上拿着一个未解的魔方，又不知道如何去解的时候，盲目的旋转看似毫无意义。这样做只能使你漫无目的地徘徊于魔方众多的组合方式中。魔方的各种组合方式就像一片广阔的荒原，而你要寻找的绿洲—解开的魔方就藏匿其中。这时，如果你既不知道自己在哪，也不知道绿洲在哪，更不知道你在朝哪个方向走，那么要找到绿洲是毫无希望的。

对于迷失在无边无垠的魔方荒原上的人来说，最好的帮助莫过于一张地图，图上最好标有"你在这里"，"解法在那里"，并给你标记出到达目的地的路径。这样的一张图将消除你所有的导航问题。有了这张图，任何人都可以迅速地解开魔方（尽管这样做可能不会有太大的乐趣）。

有许多关于魔方的书会教你解魔方的各种技巧。一些学术论文也利用群论提供关于魔方的详细分析 [21]。我的目的并不是复制他们的成果，然后给你提供一张魔方还原图。相反，我想进行一个思想实验：一个全面详细的魔方图应该是什么样的。这样的图不仅是解魔方的一种技术，而且也是关于魔方**每一个**状态以及这些状态之间相互关系的完备图。显然，一张普通大小的图无法承载所有这些信息，所以假设我们将制作一本大书。因为这只是一个思想实验，所以我们暂且称它为"大书"，然后考虑这本书需要包含哪些内容。

想象你现在有一个打乱的魔方和一本"大书"。大书首先要帮你确定你在荒原上的位置。为此，我们这样组织大书：大书每一页都记录魔方的一个状态，并按照字典序排序。正如在英文字典里所有以"a"打头的单词都放在一起，在大书里，所有顶面左上角小方格为红色的魔方都放在一起。这组魔方再按另一个小方格的颜色分组排序，就像英文单词里的第二个字母一样，以此类推。这些排序的细节并不重要，因为这只是一个思想实验。我们先承认可以设计出这样一个排序，使得读者能够在"大书"中找到自己手里打乱的魔方所在的位置（这需要足够的耐心和细心）。

现在假设你已经在"大书"中找到了你的魔方所在的页。该页应该提供一些导航帮助，详细情况最好通过例子来说明。图2.1是"大书"中的一页。该页

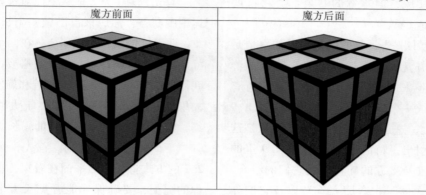

第 12574839257438957431 页

魔方前面	魔方后面

你距离解开魔方还有 15 步

面	旋转方向	到达页码	进展状况
前	顺时针	36131793510312058964	靠近
前	反时针	12374790983135543959	远离
后	顺时针	26852265690987257727	靠近
后	反时针	41528397002624663056	远离
左	顺时针	62509613348887799935	靠近
左	反时针	10986196967552472974	远离
右	顺时针	26342598151967155423	靠近
右	反时针	40126637877673696987	远离
顶	顺时针	35275154257268472234	靠近
顶	反时针	33478478689143786858	远离
底	顺时针	20625256145628342363	靠近
底	反时针	7978947168773308005	远离

图 2.1 "大书"中的一页。

从前后两个角度呈现了某个魔方各面的状态，并告诉读者该魔方距离解开还有多少步。然后用一个表提供导航帮助，告诉读者每个可行旋转将到达的状态。例如，表的第一行告诉我们按顺时针方向旋转魔方的前面的面，将会得到该书第 36131793510312058964 页的状态，比当前页更靠近解开状。

你可以看出如何使用"大书"来解魔方。一旦找到你的魔方所在的页，只要做一个让你更靠近解开状的旋转，并翻到对应的页。一直重复这个过程。在整个过程中，你总能知道距离解开还有多少步，你可以随时比较手中的魔方和书中的图片，以确保没有做错误的旋转。

你或许已经从图 2.1 中看出，"大书"有一个明显的问题：魔方的状态超过 4×10^{19} 种，这导致大书大得难以想象。你可能会建议在每一页上多放几个魔方状态，但事实上，即使一个魔方状态只占一平方英寸，用来打印的纸也会覆盖地球表面许多次。另外，用电子方式存储也不可行，即使采用非常高效的编码方案，目前世界上也没有任何一台电脑有足够的空间来存储它。⊖因此，"大书"只是一个思想实验，但本章的其余部分将说明它的价值。

"大书"告诉我们的最重要的事情是一个魔方荒原地图确实是一个特殊的群的图。我来解释一下，对魔方做的所有旋转构成一个群，因为它们满足定义 1.9（事实上，这是第一个群的例子，正是这个例子引出了群的定义）。定义 1.9 里的法则只涉及魔方的旋转以及它们的组合。因为"大书"包含魔方旋转以及它们如何组合的完整数据，所以它是那些旋转组合所构成的群的图。

所以，不要因为由魔方所展示的群太大，就干脆放弃由"大书"的讨论所引入的绘图思想。我们可以使用同样的思想来画出任意一个群的图，这即是下节的内容。

2.2 一个不那么有名的玩具

下面我要介绍一款与魔方类似的玩具。这个玩具已经出现很久了，只是名字不广为人知，叫做"长方形"。我相信你一定听说过长方形！尽管几乎每个人的初等数学教育中都少不了长方形，我还是在图 2.2 中提供了一个四个角上编了号的长方形。首先需

图 2.2　四个角上加了
编号的长方形。

要注意的是，这个玩具要比魔方简单多了，

所以它更适合绘图。

首先，为了充分地从下面对长方形的讨论中获益，你应该自己做一个长方形。拿一张普通的纸，按照图 2.2 在四个角上标上数字。这或许听起来没有必要，但是我们将在空间中对它进行翻转和旋转，单靠想象很难做到精准。因此，请尽快拿出纸，做出你自己的（编了号的）长方形。

下面介绍游戏规则。首先，按照图 2.2 的方式将长方形平铺在餐桌、书桌或你的腿上，要确保你能看见长方形上的四个数字。与魔方一样，长方形游戏也是从解开的状态——也就是你现在看到的样子——开始。你将要打乱它，然后你要做的就是把它还原到初始状态。

该游戏有两个合法的操作：你可以把纸水平翻转，也可以竖直翻转，如图 2.3⊖所示。第 3 章将讨论为什么这两个操作是有意义的，而不是其他操作。现在，

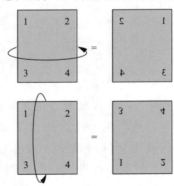

图 2.3　上面的箭头表示水平翻转，
右上方的长方形是翻转后的结果；
下面的箭头表示竖直翻转，右下方的
长方形是翻转后的结果。

⊖　只存储数据（后来重建的文本和图像）大约需要 10^{21} 字节或十亿兆兆字节。

⊖　熟悉旋转轴的读者可能觉得图 2.3 中的命名方式落伍了。因为我还没有介绍旋转轴，所以采用了一种简单的命名方式。"水平"和"竖直"描述了玩家的转动方向，即图 2.3 中箭头指出的方向。

我们暂且称它们为游戏规则。和魔方一样，你可以随意重复和组合这两个操作。（事实上，你可能已经注意到了，这些操作构成一个群。）

　　现在花几分钟时间打乱你的长方形，然后还原它。这应该不会用很长时间，但是要确保你没有（非故意地）作弊！一个容易犯的错误是拿起它观察，随意旋转直到还原。这种操作通常是无效的，所以你不应该这样去做。这相当于把魔方拆开重新组合来解魔方。在你打乱和还原长方形时，切记只能用图 2.3 的两个翻转。

　　下面我们来验证一下长方形游戏中那些翻转构成一个群，并与魔方比较一下。法则 1.5 要求一个预定义的操作列表，我们已经给出了：水平翻转和竖直翻转。法则 1.6 要求每个操作都是可逆的。对长方形游戏来说，这也是成立的，因为每个翻转都是它自己的逆。例如，假设你做了一个水平翻转，然后希望回到翻转前的状态，那么只需再做一次水平翻转即可。对竖直翻转也是一样的。法则 1.7 要求操作都是确定的，不受随机性影响。这些翻转的确是确定的，因为它们完全在你的掌控之下。法则 1.8 要求任意操作的组合仍是一个合法操作。该法则也是满足的，因为水平翻转或竖直翻转把长方形变到一个物理位置后，任何有效的翻转仍是可行的。相反，如果我们添加一个"撕毁长方形并扔掉它"的操作，那么这个操作将把我们带入一个死胡同，之后任何操作都不可行了。水平翻转和竖直翻转都不存在这样的问题，它们总是允许下一个翻转，这使得我们可以把它们串在一起形成一个序列。

　　下一节我们将绘制长方形玩具群的图。但在此之前，要注意它的物理结构与魔方不同。长方形游戏要求你把长方形放在一个平面上，记住它的初始方位，然后试着还原它。而魔方并不是这样：你可以把它扔到屋里的任何地方，即便是抽屉里，当你重新拿起它的时候，它的状态都不会改变。魔方的旋转部件内化了这个玩具，因此它不需要任何外部参照（桌子或初始方位）。因为长方形是一个简易的自制纸质玩具，没有任何可动部件，所以作为一种游戏必须有外部的参照（桌子和你记下的初始方位）。我们也可以设计一种跟长方形类似、但不需要外部参照的玩具，不过这可能不是随便动动手就能完成的事。

2.3　绘制群图

　　绘制地图始于勘察。如果我们要画一个关于某地的地图，那么必须了解此地的地形地貌。因此，我们来勘察长方形游戏这个王国，并在勘察过程中把图画出来。我们需要确保勘察是彻底的，即找出长方形游戏中所有可能的状态，所以我们要进行系统的搜索。

　　从长方形游戏的初始状态出发（见图 2.2）。我们的两个操作（水平翻转和竖直翻转）是唯一可用的勘察工具。它们是该群的生成元，我们将用图展示它们如何生成这个群。

　　从水平翻转开始勘察。因为勘察才刚刚开始，所以这肯定会带领我们到达一个新的状态。不过它曾在图 2.3 中出现过。再做一次水平翻转，长方形就回到了初始状态。因此，我们利用这些信息开始画图。图2.4展示了我们目前勘察到的图。图中用一个双向箭头来表示任意一个状态经过水平翻转都可以得到另外一个状态。

图2.4　只用水平翻转得到的长方形状态的部分图。

这两个状态是只用水平翻转可以得到的全部状态。继续用勘察这个比方，可以说我们已经找到长方形王国的两个地点。图2.4告诉我们，从这两个状态开始水平翻转将我们带到哪儿，但是至于竖直翻转将我们带到哪儿，图中并没有相关信息。没有这些信息，我们的图是不完整的，所以必须继续勘察。

回到长方形的初始状态，我们来勘察竖直翻转的结果。虽然图2.3已经告诉我们竖直翻转的结果，但现在我们要进行全面彻底的勘察，并把勘察到的状态添加到我们的图中。从初始状态出发，做一次竖直翻转将到达一个我们尚未访问过的状态，由这个状态再做一次竖直翻转，长方形就又回到了初始状态。这样就扩充了我们的图，如图2.5所示。

我们的图仍是不完整的，因为我们还没有记录图2.5中右上方的状态在竖直翻转下会到达哪里。为从这个状态进行勘察，我们首先要让长方形到达这个状态。如果你一直在用你自己的长方形跟着做，那么根据图2.5做一个水平翻转，长方形就从初始状态到了右上方的

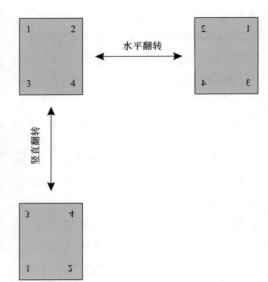

图2.5　勘察从初始状态开始、一次只用一种翻转得到的长方形游戏的状态图。

状态。在这个水平翻转的基础上，我们对长方形做一次竖直翻转，看看得到了什么状态。这个操作的结果我们不能从图2.3预见，这种情况在我们的勘察过程中还是第一次出现。你可以自己做一下这个操作，看得到了什么。这个操作得到的是一个需要将之添加到我们的图里的新状态，还是一个已经出现过的状态？（图2.6将揭晓答案。）

图2.6包含了长方形的四个状态，但是下面两个状态并没有"水平翻转"的箭头进入或者离开。因此，我们的图仍然是不完整的。例如，如果你的长方形处于左下方的状态，那么水平翻转会把你带到哪里呢？图中并没有说明，所以我们的工作还要继续。

利用地图，让你的长方形处于图2.6左下方的状态，然后对它做一次水平翻转，看得到了什么状态。这并不是一个

新的状态, 它就是你几分钟前得到的那个状态。当然, 再做一次水平翻转, 你就又回到了图 2.6 左下方的长方形。于是, 长方形游戏的地图就完成了, 图形如图 2.7 所示。我们可以断言我们的勘察是彻底的, 因为再没有未回答的问题了。对每一个地点来说, 从图中可以清楚地看到每个合法操作指向哪里。

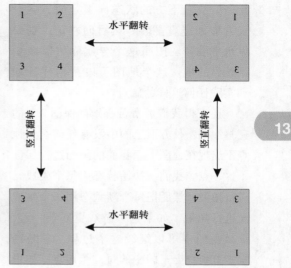

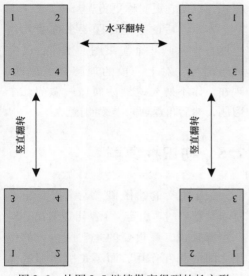

图 2.6　从图 2.5 继续勘察得到的长方形游戏的状态图, 图中右下方的状态在图 2.3 中并没有出现。

你刚刚创建了你的第一个群图! 我们不得不承认, 图 2.7 中的地图有点不必要, 因为长方形游戏太简单了, 根本不需要图。但是, 这个图确实精确地展示了长方形游戏的结构, 让我们明白它为什么容易。(例如, 从图中你可以看出, 水平翻转和竖直翻转交替使用可以走遍长方形王国所有的地点。) 作为绘制群图的第一个例子, 我们画的这个图很好地说明了如何画出一个群的图, 也使得我们可以在遇到更复杂的群之前小试牛刀。

图 2.7　长方形游戏的全部状态图。

2.4　凯莱图

像图 2.7 那样的图, 称为凯莱图。它的发明者是十九世纪英国数学家阿瑟·凯莱。在本书中, 我们将会广泛地使用凯莱图——凯莱图是非常有效的可视化工具。首先, 要注意我们刚画的凯莱图中的一些重要事实。这些事实对长方形游戏来说, 似乎是显而易见或了无趣味的, 因为长方形只是一个容易解决的游戏。然而, 我们将绘制更加复杂的群的凯莱图, 而这些事实依然是正确的。

图 2.7 中的地图使得我们可以从长方形王国中的任何一个地方到达任何其他地方。例如, 假如你想从右下方的状态去往初始状态。从图中, 你可以看出有两条不同的 (较短的) 路径可以走 (先往上再往左或者先往左再往上)。在使用图时, 用你的手指或眼睛追踪图中的某条路径, 并对长方形执行路径上的

指令。从右下方的状态向上走时，要对长方形做竖直翻转。然后向左走，则要做水平翻转。按照这个导航你可以成功到达目的地。这个地图可以帮助你计划和实践任何这样的旅行。

还记得我们煞费苦心地确保图2.7的完整性吗？长方形王国中没有任何一个地点不出现在地图上。我们的画图过程保证了这一点。我们从初始状态用每个生成元进行拓展，然后把每个新状态用每个生成元进行拓展。如果这个游戏更复杂一些，那么我们也可以继续这个过程，不断勘察，直到找出王国中的每一个地点。如果我们的图不能回答像"从这个地点出发做一个水平翻转将到哪儿？"这样的问题，那么我们就知道我们的勘察是不彻底的。也就是说，如果你的图中存在这样一个地点，你还没有勘测出每个操作从这点指向哪儿，那么你的图是不完整的。当所有这样的问题都回答完了，图也就完整了。

根据刚才的讨论，凯莱图有两个重要的属性：（1）能清楚地显示所有的路径；（2）包含每一个状态。与长方形游戏一样，每个其他的群也都有一个具有这两个属性的图。从现在起，我将使用这些图的正式名称——凯莱图。凯莱图最实用的地方在于它能清晰地刻画出群的结构。与单纯的文字描述相比，从群的凯莱图能更直接全面地看出群的大小、复杂程度和结构。这种直观性也正是我们在后面学习中频繁使用它的原因。

运用我们绘制图2.7的方法，你可以画出任意群的凯莱图。从任一状态或位置开始，小心地用每个生成元进行勘测，每次只用一个生成元。仔细彻底地

勘察，同时绘制地图，标记出状态之间转变所用的操作。继续这个过程，直到你的图再没有问题，如上所述。尽管图2.4～2.7布局很好，但是第一次画凯莱图可能会杂乱无章。当你第一次勘查一个王国时，所画的凯莱图可能是杂乱的，因为你事先并不知道最简单的布局方法。勘察完成后，所创建的凯莱图需要重新组织，以使它更对称更美观。

本章课后的一些习题要求你使用这个勘查技术画几个凯莱图。当你自己完成绘图后，对上一段的理解会更深刻。现在，你不妨先跳到后面做一做前几个习题，然后再返回来继续阅读。

2.5　初识抽象群

关于刚学的绘图概念，掌握其核心是非常重要的。由定义1.9可以看出，对一个群来说，最重要的是它所包含的作用之间的相互作用，而不是引出那些作用的具体情形。下面用一个例子来解释一下。假设墙上有两个并排的电灯开关。你可以做两个作用：翻转第一个开关和翻转第二个开关。这两个作用生成一个群，你可以自己验证一下。这个群的图如图2.8所示。

你将会发现，这个图的**结构**跟图2.7中长方形游戏的状态图一模一样，只不过长方形的四个状态变成了电灯开关的四个状态，"水平翻转"和"竖直翻转"分别变成了"翻转开关1"和"翻转开关2"。但是两个图中箭头的连接模式是相同的，这使得我们能够明显地意识到图2.7和2.8的相似。

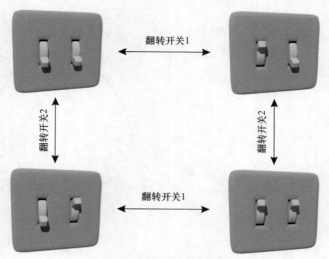

图 2.8　两个电灯开关群的完整图。

所以,尽管这两个群从表面上看是不同的,但它们在结构上却是相同的。这里,需要学习的重要一课就是,两个不同的群可能具有相同的结构,它们的凯莱图可帮助我们看清这一点。因此,为了在抽象层面上研究群,我们希望从凯莱图中去掉构建它们的具体情形的细节。毕竟,群是一个数学结构,数学家把群作为抽象的(纯数学的)对象来研究。长方形游戏和电灯开关这两个例子只是用熟悉的事物帮助我们进入抽象的研究中。

所以,我们来用一些纯粹的、没有具体意义的点来替换图 2.7 中的长方形,这样的点称为**结点**。同时,我们用没有标记的、不同颜色的连线来替换两种不同的(分别标记着"水平翻转"和"竖直翻转"的)箭头。(事实上,我们甚至可以去掉连线上的箭头,因为所有的箭头都是双向的。我依然把这些没有箭头的

连线叫做"箭头"。)结果如图 2.9 所示,这是一个群的纯粹的凯莱图,没有任何实际例子的修饰。注意,图 2.9 所显示的结构不仅是图 2.7 的核心,也是图 2.8 的核心。

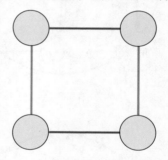

图 2.9　克莱因四元群的凯莱图。

图 2.9 中的群称为克莱因四元群[○]。我选择它作为第一个可视化群的例子,是因为它非常简单,所以我们能够快速轻松地画出来,而且它还有一些有趣的结构。图 2.10 给出了一些其他群的凯莱图,以便你更好地了解抽象群的凯莱图的

○　简称四元群,记作 V 或 V_4(德语 vierergruppe,意为"四元群")。它是以德国数学家 Felix Christian Klein 菲利克斯克莱因的名字命名的。

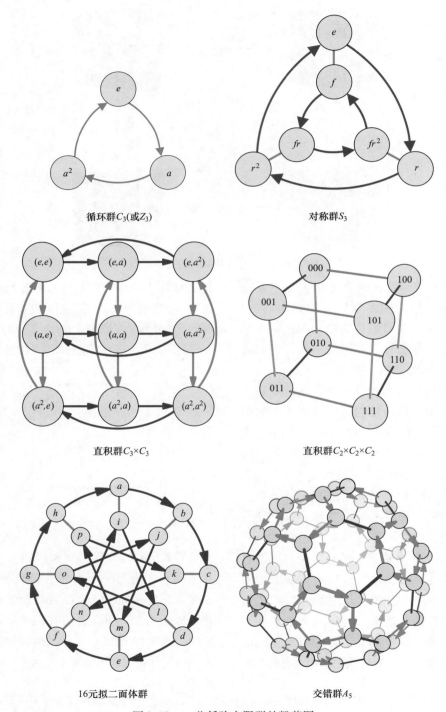

循环群C_3(或Z_3)

对称群S_3

直积群$C_3 \times C_3$

直积群$C_2 \times C_2 \times C_2$

16元拟二面体群

交错群A_5

图2.10　一些低阶有限群的凯莱图。

样子。你可以看出，其中有一些很简单，也有一些很复杂。凯莱图的多样性也反映出它们所对应的群复杂性各不相同。你不必现在就把图 2.10 的每部分都弄懂，它只是后面内容的一点预告。

对群论可视化的兴趣促使我编写了 Group Explorer，它是一个免费软件包，是用来画凯莱图（以及后续章节将学到的其他视图）的。Group Explorer 是一个可操作的非常有用的软件，将伴随本书始末，你可以从 http://groupexplorer.sourceforge.net 下载。它提供了群的一个列表，对每个群又分别提供了大量信息，其中至少包含一个凯莱图。Group Explorer 创建凯莱图的算法与我们差不多——利用群的规则，沿着箭头勘察王国，直到找出王国中的每一个地点，然后进行优化，使图变得更美观。

本章教了你第一个可视化群的技术——凯莱图。我们将在后续章节中继续探讨这一技术的应用，并将它广泛地应用于群论研究中。现在，你需要花些时间做一做下面的习题，以巩固你对凯莱图的理解。

2.6 习题

2.6.1 基础知识

习题 2.1 在长方形游戏中，哪些作用是生成元？除生成元外还有哪些其他作用？

习题 2.2 在电灯开关的游戏中，哪些作用是生成元？除生成元外还有哪些其他作用？

习题 2.3 在凯莱图中，有没有从一个结点连接到该结点自身的箭头？

2.6.2 绘图

习题 2.4 习题 1.1 定义了一个群，请用本章的技术创建它的凯莱图。（这个群比之前画过的还要简单，它的图将会很小。）

习题 2.5 习题 1.4 定义了一个群，请用本章的技术创建它的凯莱图。

习题 2.6 习题 1.13 描述了一个无限群，它只有一个生成元。你能画出它的无限凯莱图吗？（只需画出图的一部分，能表现出无限重复模式即可）。这个图与习题 1.14（a）中群的凯莱图有何不同？

习题 2.7 习题 1.14（d）描述了一个二元群。你能画出它的凯莱图吗？你应该用什么样的箭头？为什么？

习题 2.8 第 2.2 节介绍了长方形游戏。试将长方形换成正方形，四个角上的编号保持不变。与长方形相比，正方形游戏多了一个新的可行操作：顺时针旋转 90°。

(a) 画出这个群的凯莱图。

(b) 为什么这个旋转对长方形不可行？

习题 2.9 大多数群可以由许多不同的方式来生成，每种方式都对应着一个凯莱图。例如，考虑长方形游戏中的群 V_4。我们分别用 n、h、v 和 b 表示无作用、水平翻转、竖直翻转和两个翻转都做（先水平再竖直）。

我们曾看到，h 和 v 可以生成 V_4。但事实上，h 和 b 或者 v 和 b 也可以生成 V_4。（你可以在你自制的编了号的长方形上用这些生成元对长方形王国进行勘察，从而验证这些事实。）

(a) 在图 2.9 中加入一类表示作用 b 的

箭头。

(b) 在（a）的基础上将表示 h 的箭头去掉，得到一个新图。它如何说明 v 和 b 能生成 V_4？

(c) 在（a）的基础上将表示 v 的箭头去掉，得到一个新图。它如何说明 h 和 b 能生成 V_4？

2.6.3 回顾

习题 2.10 如果你已经做完了前面所有的习题，那么你已经遇见过两个如下所示的双结点型的凯莱图。

你能再想出一个群，使其凯莱图也是这种类型吗？

习题 2.11 如果你已经做完了前面所有的习题，那么你已经遇见过两个如下所示的四结点型的凯莱图。

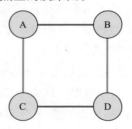

你能再想出一个群，使其凯莱图也是这种类型吗？

习题 2.12 我们还没有遇见过叫做 C_3 的群，其凯莱图具有三个结点（见图 2.10 左上）。你能想出一个群，使其凯莱图是这种类型吗？

2.6.4 法则

习题 2.13 在群的凯莱图中，该群的生成元具有特殊地位。这个特殊地位是什么？

习题 2.14 第 1 章要求群满足法则 1.5，"存在一个预先定义的、不会改变的作用列表"。请问该法则对凯莱图的样子有什么影响？（或者说如果没有这个法则，凯莱图会有所不同吗？）

习题 2.15 第 1 章要求群满足法则 1.6，"每个作用都是可逆的"。请问该法则对凯莱图的箭头有什么约束？你能画出一个不符合这个法则的图吗？（即，画一个几乎是"凯莱图"但违反法则 1.6 的图。）

习题 2.16 第 1 章要求群满足法则 1.7，"每个作用都是确定性的"。请问该法则对凯莱图的箭头有什么约束？你能画出不符合这个法则的凯莱图吗？（即，画一个几乎是"凯莱图"但违反法则 1.7 的图。）

习题 2.17 第 1 章要求群满足法则 1.8，"任何一系列连续的作用仍是一个作用"。当我们把凯莱图作为地图使用时，它是如何依赖该法则的？

2.6.5 图形

习题 2.18 如果我们仿照习题 2.8 中的正方形，创造一个等边三角形游戏，那么有效操作是什么？画出这个群的图。

习题 2.19 正 n 边形是具有 n 个相等的边和 n 个相等的角的多边形。你已经分析了 $n=3$（等边三角形，见习题 2.18）和 $n=4$（正方形，见习题 2.8）的情形。

(a) 根据 $n=3$、4 时的情形，猜想正 n（$n>2$）边形的群里有多少个作用。

(b) 画出正五边形（$n=5$）的群的图，

验证你的猜想是否正确。

（c）在 Group Explorer 的数据库中，找出等边三角形群、正方形群和正五边形群。（提示：使用搜索功能）

（i）你的凯莱图与 Group Explorer 中的像吗？

（ii）你的猜想是否符合 Group Explorer

里能找到的所有数据？

（d）写一篇短文论证你的猜想，文中要给出令人信服的论据，并试着猜测可能受到的质疑。

本题中的群称为二面体群。这类群在习题 4.9 中还会出现，其正式的定义见第 5 章。

第 3 章
为什么学习群？

到目前为止，你在本书中看到的群也许会让你对群论的目的产生疑问。毕竟，我们之前学的事物都没有什么实用价值，不过是一些智力游戏——魔方、长方形、桌上的硬币等。如果群论仅仅是智力游戏的汇总，那么任何人都有理由质疑"那又怎么样呢？"

前面两章我们已经学习了一些基础知识，现在可以来学习群论的一些更实际的应用。本章将会介绍几个应用，并给出一些参考文献，有兴趣的读者可以去深入研究。本章之后，我们对群论的学习将会更加深入，我在选用例子时会基于它能否描述群论知识，而不是在现实中多么有用。

我们将会看到群论在三个不同领域的应用：科学、艺术以及数学。群论的应用范围很广，但这三个应用是一个很好的切入点。在这些例子中，你将会看到**对称**这个概念。读完本章后，你将能够识别你身边的各种对称并对它们分类。本章的部分习题将会鼓励你去寻找新的适用群论的物体和情形。

3.1 对称群

当事物从一个以上的角度看上去是相同的时候，我们就称它是对称的。例如，人类具有双侧对称：我们的左侧和右侧是相似的，所以当面向镜子时，我们看到镜子里的自己与真实的自己（基本上）是相同的。海星具有五角星对称；它有五个相同的向外伸展的臂，相邻两臂间的角度都相等。你可以将它转动一个角度，而它在转动前后看起来是一样的。（精确地说，应该转动 $72°$，即 $360°$ 的五分之一。）

这和群有什么关系呢？到目前为止，我们看到的群的例子都是对相似事物（长方形编了号的角，魔方带有颜色的面，习题 1.4 中房间墙壁上的画）的重新排列。在第 5 章，我们将会总结出群论的一个基本事实：任何群都可以看作是由一些事物重新排列的方式组成的。群之所以与对称有关，是由于一个物体的对称可以描述为其组成部分的重新排列。在转动海星的例子中，把海星的每个臂转到新的位置就是臂的一个（简单的）重新排列。

数学家和科学家用群来描述物体的对称性。其实，寻找描述物体对称性的群的技术在本书中已经出现过了。你在第 2 章长方形的例子中已经见过这个技术的运用了，并且你自己在习题 2.8、2.18 和 2.19 中也尝试过做类似的事。现在是时候正式介绍这个技术了。定义 3.1

详细地描述了它，之后我将解释这个技术的意义何在。

定义 3.1　（度量对称的技术）下述过程可用于从任何物体中提取描述其对称的群。

1. 找出该物体中所有相似的部分，并用不同的数字加以编号。（长方形有四个相同的角，所以我们可以给它们编号。我们也可以对长方形的四个边编号，因为长方形左边与右边是相同的，上边与下边是相同的。）

2. 考虑可以手动操作的使编号部分重新排列、同时使该物体仍占据相同空间的作用。（如果该物体太大或太小，不适合手动操作，可以考虑用适当放大或缩小的模型来代替。）这些作用的集合构成一个群。

3. 如果你想让这个群可视化，可仿照第 2 章图 2.2～图 2.7 画长方形群图的做法，勘察并画出它。

为了更好地理解这个定义，我们来回顾一下第 2 章对长方形游戏应用这一技术的过程，如图 3.1 所示。

现在我们花一点时间来分析一下这个技术，以便看清其背后的逻辑。定义 3.1 的第 1 步，对物体的相似部分编号，这样我们就可以对第 2 步中允许的操作进行追踪。即，这使得我们可以区分物体的不同状态并看清这些状态间的联系。注意每个状态都是物体相似部分的一个新的排列，即重新排列。编号使我们可以清楚地描述每一个重新排列，否则这些排列将会彼此混淆。

这个技术的核心在第 2 步，这一步既给了我们自由又给了限制。你需要找

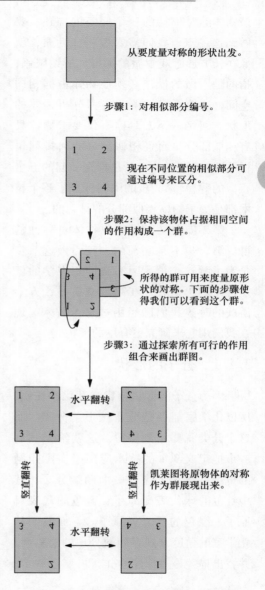

从要度量对称的形状出发。

步骤1：对相似部分编号。

现在不同位置的相似部分可通过编号来区分。

步骤2：保持该物体占据相同空间的作用构成一个群。

所得的群可用来度量原形状的对称。下面的步骤使得我们可以看到这个群。

步骤3：通过探索所有可行的作用组合来画出群图。

凯莱图将原物体的对称作为群展现出来。

图 3.1　在第 2 章中我们曾将定义 3.1 应用于长方形。作为例子，这里列出了所做步骤的概要。关于长方形有效作用的更清晰的描述以及群图分别见图 2.3 和图 2.7。

出所有保持物体占据相同空间的操作。所谓自由（事实上是命令），指的是要找出所有操作，这保证了我们会得到关于

该物体的对称性的一个完备的描述。要做到这一点，我们需要做一些勘察，就像在长方形游戏中做的那样。所谓限制，指的是所做的操作必须使物体占据相同空间，这使得我们得花精力分析物体的形状。回忆一下，对称不仅要求物体具有相似部分，而且相似部分如何排列也很重要。（海星并不只是堆在一起的五个相似的臂！）第 2 步的限制保证了整个技术都是关于物体相似部分的排列的。

第 2 步定义了描述原物体对称性的群。第 3 步不是必须的，我们做这一步是为了**看**这个群，因为我们正在学的就是群论的可视化。在第 2 章学习长方形游戏的时候我们已经用过这个技术，现在我们用它来研究更有用的事物。

3.1.1　分子的形状

因为分子的形状会影响其化学性质，所以化学家需要把分子按形状分类。而这个分类就要用到群论。这就给了我们一个把定义 3.1 的技术应用于实际问题的机会。图 3.2 代表一个硼酸分子，其中红色的球代表硼原子，蓝色的代表氧原子，绿色的代表氢原子。下面我们从化学家的角度来观察硼酸分子的对称性，并找出描述该对称性的群。

图 3.2　硼酸分子 B(OH)$_3$

定义 3.1 技术的第 1 步要我们对分子的相似部分编号——对硼酸分子来说，

相似部分为它的三个"臂"。这项工作我已经完成了，如图 3.3 所示。

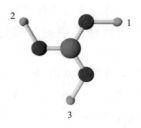

图 3.3　与图 3.2 中的分子相同，但是按照定义 3.1 的第 1 步的要求，对三个相同的臂编了号，以此来区分它们。

定义 3.1 的第 2 步要求我们找出哪些操作是有效的。像第 2 步指出的那样，想象我们拿着一个分子模型并且转动它。首先需要注意的是向任意方向旋转三分之一圈是一个有效的作用，因为旋转后的结果与旋转前占据相同的空间，不同的只是编号的位置改变了（见图 3.4）。另一方面，我们可以找到不被允许的操作。例如，水平翻转对长方形游戏是合法的（见图 2.3），但是此时却不合法。图 3.5 表明水平翻转导致形状与翻转前不一样。

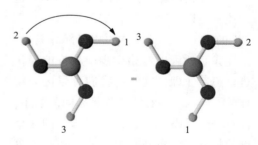

图 3.4　把图 3.3 中的分子顺时针旋转三分之一圈会使编号位置改变，但分子占据的空间与之前相同。因此，根据定义 3.1，旋转三分之一圈是描述分子的群的组成部分。

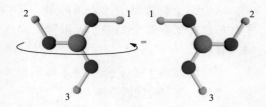

图 3.5 图 3.3 中加了编号的分子水平翻转后形状改变。（臂的方向与之前不同了。）因此，根据定义 3.1，水平翻转不是描述分子的群的组成部分。

如果我们像画长方形的群图那样对这个群进行全面勘察，那么将得到一个由三个作用组成的循环群，如图 3.6 所示。一个带有三个臂、形如螺旋桨的分子有一个三阶循环对称群，这是非常自然的。这里的"循环"一词并非随意使用的，事实上它是一个专业术语，从图 3.6 中可以明显地看出它大概的含义。我们将在第 5 章深入讨论关于循环群的问题。

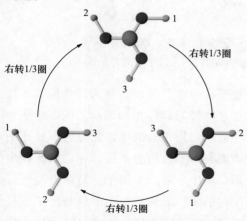

图 3.6 通过勘察图 3.3 中编了号的分子的对称性得到的群完备图。如果我们像制作图 2.9 那样抽象地制作这个图，我们将得到图 2.10 的左上角的图，循环群 C_3。

3.1.2 晶体学

当然，化学家不会每次只研究一个分子。对化学家来说，从原子层面研究固体最简便的方法之一是研究原子自然排列较好的固体。原子以规则的、重复的模式排列的固体叫做晶体。研究晶体的学科叫做晶体学。

三维晶体模式有上百种，这里我们仅举一个例子。一些常见元素（如锂、钠等）的原子在组成固体时排列成网格状，另外还有一个原子位于立方体的中心。这叫做体心立方排列，如图 3.7 所示。许多这样的立方体共同组成一个晶体，如图 3.8 所示。这些立方体上下前后左右重叠在一起，在三维空间中无限延伸。在两个立方体相连接的面上，它们共享连接面上的四个原子。

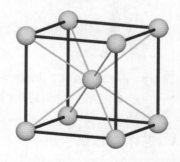

图 3.7 晶体中的一个立方，化学家称之为体心立方。其中，每个白色的球代表一个原子（例如，锂原子、钠原子等），每条线代表连接原子的一个键。这样的立方在空间中不断重复形成晶体结构，如图 3.8 所示。

定义 3.1 的技术可以用来对这些模式中的对称进行分类。这里我并不打算举例子，因为这样的例子会非常复杂，而这种复杂性源于晶体的一个特性：晶体似乎是无限延伸的。事实上，化学家在研究晶体时的确是把它们看作无限重复的模式，于是描述它们的群也是无限的。也许你的好奇心被唤起了，希望我举个例子。很好！虽然我不会对晶体的对称分类，但是会在下一节给出一个对一维无限重复模式的对称进行分类的例子。这个例子有意思的地方依然是：我们如何处理无限多个对象？无限群又是什么样的？

万维网提供了关于分子与晶体的群理论更深入研究的优质资源。其中，有一个网页［10］是由 Jonathan Goss 维护的，本章的某些例子借鉴了上面的一些知识。

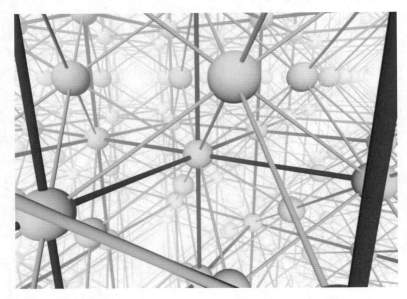

图 3.8　不断重复图 3.7 中的立方体以充满三维空间。其中，线的不同颜色并没有什么化学意义，只是为了便于区别立方体的边和通过中心的对角线。

3.1.3　艺术与建筑

虽然晶体的重复模式是三维的，但是我们不妨先考虑低维的。这样的重复模式在某些艺术领域可以看到。首先，我们来考虑一些简单的沿一个方向重复的带状模式。或许你曾在衣服的褶边或桌布边缘上看到过这样的模式。或许你曾见过由同一款式的链条串成的首饰。一些建筑的檐口也雕刻成一维重复模式，这称为饰带。数学家采用了这一术语，把所有一维重复模式称为饰带模式，把描述饰带的群称作饰带群。图 3.9 是一个简单的饰带。也许你觉得它不够花哨或漂亮，不想用它来装饰你的衣服或房屋，但作为第一个例子，简单点是最好不过的了。虽然图 3.9 中只画出了五片叶子，但是图两侧的省略号表示这个模式向左右两边无限延伸。

把定义 3.1 的技术应用于无限对象对我们来说是一个新的尝试。技术的第 1 步要求我们把研究对象所有相似部分编

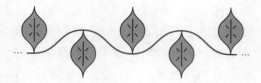

图 3.9   向左右两边无限延伸的饰带模式。

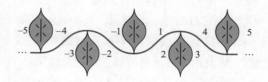

图 3.10   利用定义 3.1 的技术，对图 3.9
饰带的相似部分编号。

号，如果相似部分无限多，那么这将是一个挑战。我只对图 3.9 中出现的相似部分编号，利用数字的特点，你可以明显地看出当饰带的更多部分被画出时怎样沿两个方向继续编号。然而，饰带的相似部分，也就是我需要编号的部分，究竟是什么呢？也许可以试着说叶子是相似部分，但这只说对了一半。每片叶子本身也是对称的，即它的左侧与右侧是一样的。因此我们需要编号的部分其实是每片叶子的两侧。图 3.10 是一种编号方式，把位于中心的叶子的右侧编为 1号，并向右依次编号。利用镜面模式，从中心叶子的左侧开始向左使用负数编号。如果波浪线延长，两个方向都呈现出更多叶子，那么如何继续编号是很明显的。

定义 3.1 第 2 步要求我们找出所有改变编号位置而保持饰带形状不变的操作。有一个满足要求的作用，我们已经见过两次了，那就是水平翻转。图 2.3 表明水平翻转对长方形是一个有效作用，图 3.5则表明它对硼酸分子不是有效作用。现在，图 3.11 表明水平翻转对饰带是一个有效作用。图 3.11 展示的第二种操作本书中还没有出现过，它叫做平移反射。为了实现平移反射，先要把饰带向右移动，然后再把它竖直翻转，如图 3.11 中箭头所示。波浪线上方的叶子向右移动并翻转成向下的，从而到了相邻的下方叶子所在的位置。

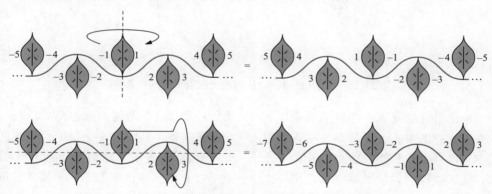

图 3.11   由定义 3.1 第 2 步得出的对图 3.9 的饰带的合法操作。

平移反射是我们第一次做的把对象向任一方向**移动**的操作。这是因为只有无限的对象才可能在移动后形状看起来

不变。由于饰带模式沿一个坐标轴无限重复，所以沿此方向平移才可能不改变其占据的空间。（注意还有一个合法操作

是把中心叶子平移两个叶子的距离，使其到达它右侧叶子的位置，而不做竖直翻转。但这与连续两次平移反射的结果相同，因此由平移反射可以生成这个作用。）

如果我们按照定义 3.1 第 3 步的要求，详细画出这两个作用的交互作用，那么就会得到描述这个饰带模式的对称

群的凯莱图。和饰带模式本身一样，这个凯莱图也是无限的，因此我们只能看到它的一部分，并且必须用省略号来说明它将如何延伸下去。这里，我们不再像第 2 章对长方形那样去深入讨论画图的细节。图 3.12 是画好的图，图 3.13 是其抽象化的版本。

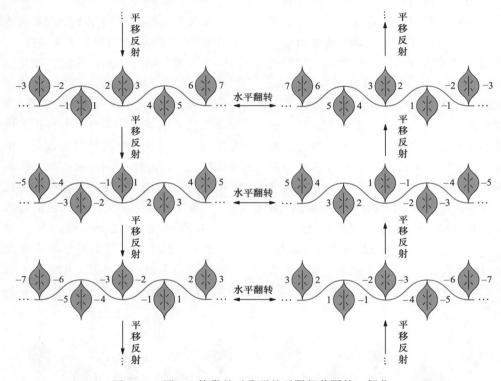

图 3.12　图 3.9 饰带的对称群的无限凯莱图的一部分。

群论研究发现了一个关于饰带模式的非常有趣的事实：任何饰带模式的对称都可以由七个不同的无限群[⊖]中的一个来描述。也就是说，虽然你可以用一生的时间来创造各种不同的饰带模式，但是任何模式的对称只能是七个不同类型

中的一个。每个类型的对称都可以用一个群来描述，其中有一个我们已经在图 3.12 和图 3.13 中看到了。习题 3.11 给出了六个不同的波浪线—叶子模式，请你据此画出另外六个饰带群。

饰带的例子表明，定义 3.1 的技术

⊖　事实上，有一些饰带群是同构的，同构是第 8 章将学习的一个概念。但是同构（即具有相同的结构）的饰带群也可以由不同的作用组成，因而可视化的结果也会有所不同。

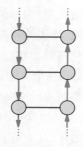

图 3.13　图 3.12 的抽象版本。所有饰带和作用的名字都去掉了，取而代之的是代表不同状态的结点以及连接它们的两类箭头。注意，从图 3.12 到其抽象形式，箭头连接的模式保持不变。

比它最初给人的感觉有更广阔的应用空间—它甚至可以用来研究无限的对象！我们用它来研究一维重复模式的对称，在此之前也提到化学家用它来对晶体中自然出现的三维重复模式进行分类。就像饰带模式可由七个饰带群中的一个来描述一样，晶体模式也可以由 230 个晶体群中的一个来描述 [19]。也许你已经猜到了，我们也可以用同样的技术对二维重复模式分类，它们被形象地叫做 17 类墙纸群。

这里并不打算深入讨论诸如墙纸之类的二维重复模式。虽然理论上定义 3.1 的技术可以用于这种模式，但是这将花费极大的耐心和大量的纸张。这种凯莱图会有几个不同类型的箭头，并且向两个方向无限延伸，就像它们所描述的墙纸模式那样。它们会相当复杂。

这里，请注意生成元在可视化过程中的非常地位：一个群的凯莱图依赖于具有一个元素个数较少的生成元集，生成元将被作为凯莱图中的箭头。凯莱图是群的地图，而箭头就是地图上的道路。所以，一方面，如果用来做箭头的生成元的集合不能生成整个群，那么就会有不能到达的结点，整个图就会不连通。另一方面，如果把群中的每个作用都用来做箭头，那么图就会变得杂乱无章，从而影响其可读性。（事实上，对无限群来说，这根本就是无法完成的。）一个生成元集的箭头类型既不能太多，又要连接所有的结点，这样才可能画出凯莱图。

3.2　作用群

本书在引入群时用了两个例子：魔方和长方形。到目前为止，我们在这一章看到的应用实例都跟魔方和长方形一样，是具有对称性的物体。因此，到目前为止，我们看到的每个应用都是用定义 3.1 来寻找和描述某个物体的对称群。

然而，我们在第 1 章学到的群的定义并不仅限于物体的对称。任何由满足定义 1.9 法则的作用组成的集合都是一个群。事实上，群论中一些重要的（和有趣的）例子与物体毫不相关。作为本章的第 2 节，我们来简要地介绍两个这样的例子。

3.2.1　舞蹈

一些传统民族舞蹈包含一些预定的舞步，这些舞步让舞者成对地围绕舞池变换位置。在方块舞和行列舞中，舞者通过舞步名称学习这些舞步，然后根据指挥者发出的指令跟随音乐跳特定的舞步。跳这两种舞时，两对舞伴站成一个正方形，如图 3.14 所示。

每个舞步都会改变舞者的位置。如果舞者严格服从指挥者的命令，那么在每段舞蹈结束时，舞者就会回到他们开始

图 3.14 两对舞伴站成一个正方形，
准备开始跳方块舞或行列舞。

时所在的位置。图 3.15 展示了行列舞的

六种舞步对舞者位置产生的影响。当然，这里并没有展示具体的舞步，而只展示了舞步对舞者位置的影响。

所有这些舞步的全体构成一个群。也就是说，行列舞舞步的全体满足定义 1.9 的所有法则。而且，这个群与描述正方形对称的群（D_4）具有相同的结构。换句话说，这两个群的凯莱图具有相同的形状，只是结点和箭头的名字不同。当两个群具有相同的结构时，就称它们是同构的，我们将在第 8 章学习这个概念。

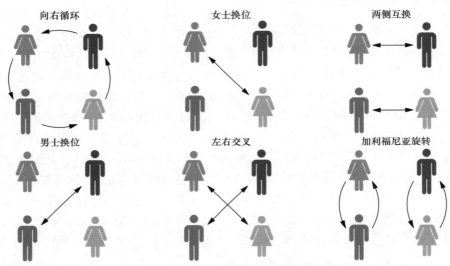

图 3.15 六种行列舞舞步怎样改变舞者的位置。

想了解更多关于舞蹈舞步中的群论的读者，现在可以去做第 3.4.4 小节的习题了。万维网上有更深入的阅读材料，作者发现 Larry Copes 的网页［5］和 Ivars Peterson 的一篇论文［15］就特别让人增长见识。

3.2.2 多项式的根

到现在为止，读者已经确信群论出现在各个不同的领域里。然而，如果我

不举下面的例子，那么将是对数学史极大的不恭，正是这个例子导致了群论的诞生！在 19 世纪，两个年轻的数学天才：Neils Abel 和 Évariste Galois，解决了一个上百年未解的数学问题。这后来被称作"五次方程的不可解性"。这是数学界的重大发现之一。当读到本书第 10 章时，你可以详细地研读这个理论。这个理论基于一个事实：多项式的解之间彼此存在着某种联系。这些联系构成一个群。

Galois 没有把他发现的模式命名为群；后来有数学家拓展了他的工作，并为之命名。然而，Galois 是第一个发现群和研究群的人。Galois 是在研究多项式根的时候发现了群，但在他之后，数学家又发现了许多其他领域也存在群，你刚才已经看到过其中的一些领域了。

与行列舞的情形一样，Galois 所研究的群中的作用也不是对某个物体的操作，而是对某个集合中元素的重新排列。在行列舞中被重新排列的是舞者，而 Galois 重新排列的是多项式方程的解。他的伟大发现是，通过检验这些重新排列构成的群，你可以判断求解原方程的困难程度。他证明了对某些群来说其对应的方程是不可解的[⊖]。

这里简要地阐述了 Galois 的工作，而略去了许多细节（其中包括 Abel 的贡献），这么做的原因有两个：第一，粗略地解释了这门学科的起源，这本身也是群论的第一个应用；第二，你在学习群论的过程中可以有所期待，本书的结尾将阐述一些著名的、高深的且美丽的数学。中间的章节会让你为此做好准备。

3.3 群无处不在

本章把群论应用于化学、视觉艺术、舞蹈和数学。从这些应用可以清楚地看出，群论可以出现在各种不同的情形中，这些应用的例子只不过是群论众多应用的冰山一角。虽然这里既没有空间也没有必要叙述群论所有的应用，但是我要

顺便提一下，以便对某一具体应用感兴趣的读者知道去哪里查找更多的信息。

我们前面看到，群对化学家来说有两个用途—研究分子形状和晶体结构。其实，群对化学家还有一个用途，那就是利用 Polya 技术研究和列举同分异构体。Kennedy、McQuarrie 和 Brubaker 的论文［12］对这一技术做了详细的综述，并列出了相关参考文献。此外，理论物理已经在用群论来研究基本粒子［4，17］。

第 3.2.2 节曾提到，群论诞生于代数中的一个著名数学问题的解。之后，一些其他的数学分支也逐渐利用群论。我还是举几个例子吧。群论与线性代数（线性代数可以描述空间变换，有点像群的某些作用）、数论（我们将在第 8.3 节简要介绍）有着紧密的联系。拓扑学（关于形状与空间的抽象理论，在物理、天文学以及其他领域都有应用）使用群对空间与形状进行分类。《概率与统计中的群表示》一书介绍了群论在概率统计中的应用［7］。

子群和陪集（见第 6 章）可以用来设计纠错码—纠错码是用来减少信息传递过程中的错误的。事实上，每当你从网上下载文件时，你的电脑都在使用这类编码以保障你下载的文件不被网络线路上的小噪音和静电损坏。

David Benson 的《音乐：数学的馈赠》［2］中有一章讨论了群论在音乐中的应用。文中用到了群论从入门到前沿不同深度的若干结论。前面提到的化学家列举同分异构体的技术，Benson 则用

⊖　"不可解"的具体含义将在第 10 章给出。

来列举具有特定性质的音高类型。

我可以继续举更多的例子，从诗歌、杂要到数独，甚至更多。但是我的论点已经很明确了。对称无处不在，群论在对称性研究中至关重要。我们的眼睛可以看到对称，而本章的度量技术则使我们对对称的认识超越了"看到"这一层面。凯莱图表明，一个对象的各种对称之间并不是各自为政的，而是以盘错美丽的方式彼此联系着。群论就是要从数学的角度研究这些联系，并用它们来解决各种各样的问题。

3.4　习题

3.4.1　基础知识

习题 3.1　考虑图 3.15 中的六种行列舞舞步。哪些舞步连续重复两次会使舞者回到原位置？哪些舞步需要连续重复三次才能使舞者回到原位置？哪些需要连续重复四次？有需要重复四次以上才能使舞者回到原位置的舞步吗？

习题 3.2　考虑图 3.11 上方显示的水平翻转。连续两次水平翻转的结果会如何呢？图 3.11 是如何展示出平移反射的？

习题 3.3　图 3.4 说明，如果你把硼酸分子顺时针旋转三分之一圈，那么它与之前占据相同的空间。这个顺时针旋转生成了图 3.6 所示的凯莱图。如果我改用逆时针旋转来生成，这个图会有什么不同吗？群的大小或结构会改变吗？

习题 3.4　请说出三个你可以对图 3.7 中的立方体进行的物理操作，使得它的相似部分重新排列，而立方体本身占据的空间

不变，即满足定义 3.1 第 2 步的要求。

3.4.2　分子的对称性

习题 3.5　将定义 3.1 的技术（包括第 3 步）应用于如下所示的乙烯分子。我们之前在哪见过这个群？它的名字是什么？

乙烯的化学式是 C_2H_4，其中黑色的代表碳原子，浅蓝色的代表氢原子。这个分子的模型可以平放在桌子上，它是没有厚度的。

习题 3.6　将定义 3.1 的技术应用于如下所示的五氟氯化硫分子。和前面的习题一样，第 3 步也要做。目前本书还没有给这个群命名，你能从 Group Explorer 中找到它吗？

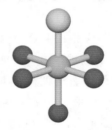

五氟氯化硫的化学式是 SF_5Cl，其中黄色的代表硫原子，白色的代表氯，紫红色的代表氟。

习题 3.7　对苯分子重复上题的过程，苯分子如下所示。

苯的化学式是 C_6H_6，其中黑色的原子代表碳，浅蓝色的代表氢。这个分子的模型可以平放在桌子上，它是没有厚度的。

习题 3. 8　对超越二茂铁 $Fe(C_5H_5)_2$ 重复上题的过程，其结构如下所示。

习题 3. 9　本节的习题向你展示了一些不同大小的对称群。对称群的大小与对应对象呈现多少对称之间有联系吗？

习题 3. 10　你所熟悉的物体中有具有对称的吗？请选择一个，然后用定义 3.1

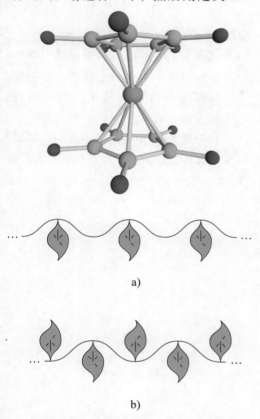

a)

b)

如果你觉得本章的例子不足以刻画所有的无限群，那么可查阅附录中（d）的解答，这是比较难的题目之一。

习题 3. 12　把下列每个字母序列当作一

的技术构造并画出描述其对称的群。

3. 4. 3　重复模式

习题 3. 11　如本章所述，描述饰带模式所有可能对称的群共有七个。其中有一个，其凯莱图已经在图 3. 12 和图 3. 13 出现过了。

本题共六个部分：（a）~（f），每部分要求你把定义 3.1 的技术应用于其余六个饰带群中的一个。你所需要的饰带如下所示。

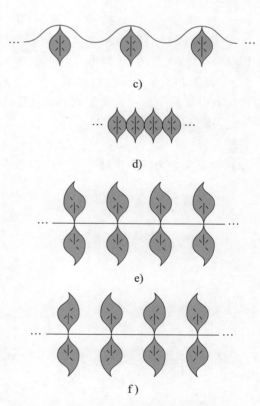

c)

d)

e)

f)

个饰带。对每个字母序列，请在上题中找出与其具有相同的对称群的叶子饰带。

（a）LLLLLLLL

（b）MMMMMMMM

31

(c) MWMWMWMW

(d) HHHHHHHH

(e) SSSSSSSS

3.4.4 舞蹈

习题3.13 只考虑图 3.15 中叫做"向右循环"的行列舞舞步。

(a) 构造仅由这个作用生成的群的凯莱图（即向右循环及其任意次重复）。

(b) 这个群包含图 3.15 中其他的行列舞舞步吗？

习题3.14

(a) 对舞步"女士换位"重复习题 3.13。

(b) 对舞步"男士换位"重复习题 3.13。

(c) 对由这两个舞步共同生成的群重复习题 3.13。

习题3.15

(a) 如果要你选择一种舞步与"向右循环"共同生成图 3.15 中的所有舞步，那么你会选择哪种呢？证明你的回答是正确的。

(b) 只用"女士换位"以及另一种由你选择的行列舞舞步能否生成图 3.15 中的所有舞步？如果能，那么你会选择哪种舞步？如果不能，那么除了"女士换位"，你还需要多少种行列舞舞步才能生成所有舞步？

(c) 你至少需要多少种舞步，才能通过它们的组合生成图 3.15 中的所有舞步？

习题3.16

(a) 当你像习题 3.15 那样通过行列舞舞步的组合来生成一个群时，你能否得到图 3.15 没有展示出的行列舞舞步？

(b) 由习题 3.15 中的舞步生成的行列舞舞步所构成的群含有多少个元素？

(c) 画出整个群。

第4章

群的代数定义

到目前为止，你一直在以本书这种独一无二的方式学习群。群的非正式定义（定义1.9）并不是数学家定义群的方式。尽管这个非正式定义有很多好处，但如果你不学习群的正式定义，也就是你可以从任何其他群论书中找到的定义，那将会是你群论学习中的一个缺憾。

群的标准定义本身就伴随着可视化技术，称为乘法表。既然我们一直专注于可视化，那么乘法表将是我们学习群正式定义的一个突破口。不过，在第4.1和4.2节，我们要先介绍一些背景。

4.1 作用都去哪儿了？

在第2章的凯莱图里，群中的作用是作为箭头出现的。然而，在一个典型的凯莱图中，只有一部分作用（主要是生成元）用箭头表示出来了。乘法表将弥补这一不足，使得我们不仅能看到群中所有的作用，而且能看清它们之间的相互关系。

要知道凯莱图为什么没有显示出群中的所有作用，请回想一下法则1.8，作用的任意组合还是一个作用。例如，虽然第2章介绍的长方形游戏只有两个作用（水平翻转和竖直翻转），但是先水平翻转再竖直翻转也是合法的。而且，这个组合可以看作一个单独的作用。但是长方形的凯莱图上（图2.7）并不包含这

个作用。该图只显示了两个生成元—水平翻转和竖直翻转。习题2.13点明了这个微妙的要点：在凯莱图中生成元是被特殊对待的，因为它们是由箭头表示的。你不妨重新审视一下图2.7，简要验证这个事实，以加深理解。

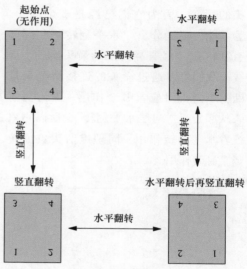

图4.1　图2.7的一个注释版本，其中每个长方形上方都用一个短语注明从起始点到该长方形所需做的作用。

凯莱图虽然没有直接向我们展示出群中的每个作用，但是确实间接地显示出了所有的作用的全体。一个凯莱图上，比如图2.7，每个点都自然而然地对应着到达该点的作用。因此，所有的作用都以它们所到达的地点的形式含蓄地出现在图上。为了更明确地说明这一点，我

们对图 2.7 做一点改动。图 4.1 是图 2.7 的一个副本，但图中每一个长方形上方都标记了从初始状态到达该状态所做的作用。这使得每个地点与到达该点的作用之间的对应关系清晰起来。现在，请仔细观察图 4.1，并与图 2.7 对比一下。注意初始状态对应着"无作用"，因为要从初始状态到达这里什么都不用做。

下面，把长方形去掉，只留下注释，如图 4.2 所示，现在这个图不再是关于状态的，而是关于作用的。如果你喜欢，也可以换个说法：这个图已经从关于名词的变成关于动词的。图 4.2 不包含箭头的标签，因为它们已经是多余的了。为了能一眼区分出"水平翻转"和"竖直翻转"，"竖直翻转"的箭头换成了虚线。我们可以通过箭头的连接情况来推断哪个箭头对应着哪个作用：因为实箭头从起始点指向"水平翻转"，所以它象征着水平翻转作用，同理虚箭头象征着竖直翻转作用。

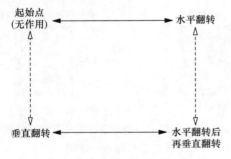

图 4.2 图 4.1 的简化版本。长方形被去掉了，取而代之的是到达它所做的作用。箭头上的标签没有必要了，因而也被去掉了。两种箭头用实线和虚线加以区别。

在下节中，像图 4.2 这样的图将会对我们非常有用，所以我们需要对这个图进行仔细的观察。下面的定义概括了

从图 2.7 到图 4.2 的转变。当你阅读这个定义时，请对照图 2.7、图 4.1 和图 4.2，要看清楚定义中的每一步在这个例子中是如何进行的。

定义 4.1 （作用图）以下三个步骤将凯莱图转变为关注于群作用的图。

（i）任意选择一个结点，称它为"起始点"。通常会存在一个自然的起始点，比如长方形游戏中的初始状态。

（ii）对图中剩下的每个结点，用从起始点到该点的路径重新进行标记。

（iii）去掉箭头标签，用其他方式来区分箭头（例如，用颜色或实、虚线）。

我们把转换后的图称为作用图。

定义 4.1 描述的转换适用于任意一个凯莱图，甚至是纯抽象的，比如图 2.9 中 Klein 四元群的凯莱图（回忆，为了简化并且指出箭头是双向的，图 2.9 中的连线是没有箭头的。我们称它们为无向箭头）。为了说明图中的路径，我们需要用某种方式来指代不同颜色的箭头。令 R 代表红箭头，B 代表蓝箭头。应用定义 4.1 的转换步骤可以得到图 4.3。作为对你是否理解定义 4.1 的一个测验，请验证图 4.3 是否为图 2.9 转换为作用图的正确结果。

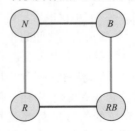

图 4.3 根据图 2.9 中抽象凯莱图上的作用（这里表现为不同颜色的箭头）标记结点得到的作用图。这个群是 Klein 四元群，我们第一次见到这个群是在第 2 章。

4.2 组合，组合，组合

群的作用图是关于群作用之间的关系的，这为我们提供了新的信息。事实上我们将会看到，像图4.3那样的作用图可以用来作为一种简单的计算器，用它们可计算出群中任意两个作用的组合结果。

图4.3是一个抽象图，所以，说这个图上有作用听起来有些奇怪。当然，有时我们希望数学是抽象的，但具体的情形有助于我们理解。所以，回忆我们曾在第2.2~2.5节看到过符合图4.3的抽象模式的具体例子。在这个抽象图中，"作用"只是红色和蓝色的箭头（分别称为作用 R 和 B）。要看出任意两个作用如何组合，只需要从起始结点（N，代表无作用）开始依次执行这两个作用即可。这就是把图4.3用作计算器的方法。

例如，我们来验证"先 R 后 B"与"先 B 后 R"的结果是相同的。在图上从起始点开始先走红箭头（R）再走蓝箭头（B），最后到达结点 RB。请自行验证"先 B 后 R"将从起始点到达同一个结点。因为"先 R 后 B"与"先 B 后 R"最终结果相同，所以这两种不同的短语描述的其实是等价的作用。

我们常用代数符号来表示这个关系。（事实上，正如本章接下来将继续呈现的那样，群论通常是以一种非常代数的方式来研究的，因此它所在的数学学科领域被称为抽象代数。）我们把"先 R 后 B"记作 RB，就像代数中两个变量的相乘；把"先 B 后 R"记作 BR。那么"先 R 后 B"等价于"先 B 后 R"，因此就可

以简单明了地写成

$$RB = BR$$

这是一个非常简单的结论，图4.3也可以计算群作用间更复杂的关系。例如，考虑一个较长的作用序列 $RRRBRRBBB$。我们可以用代数符号的惯例将它简写成 $R^3BR^2B^3$，就像在代数中变量相乘那样。图4.3同样可以简化这个长序列。从起始点出发，执行给定的作用序列：红色箭头3次，然后蓝色1次，再红色2次，最后蓝色3次。最终你应该停在标有 R 的结点，于是我们得到等式

$$R^3BR^2B^3 = R$$

刚才，我们把作用图作为计算器做了一个乘法问题：用 R^3 乘以 B 再乘以 R^2 最后乘以 B^3，结果等于 R。任意一个作用图（见定义4.1）都可以以这种方式作为一个计算器。

（或许你在猜测 $R^3BR^2B^3$ 是否可以继续简化成 R^5B^4。请用刚才描述的技术验证这两个表达式是否相等。）

现在，我们可以清晰地看出群论为什么是代数的一部分——这些等式实际上就是代数的样子。但是有一点需要谨记。我们虽然把"先 R 后 B"记作 RB，就像它是 R 与 B 的乘积似的，但是"乘"是一个比喻的说法——其实我们是通过依次进行这些作用来实现作用的组合。在本书中，我将继续以这种不严格的方式使用"乘法"这个术语。在数学中，人们经常用乘法、加法等常见名称来作为抽象算子的占位符。

等式 $R^3BR^2B^3 = R$（以及任何一个我们能想到的像它一样冗长的等式）是一个关于作用在群中如何组合的事实。我

们得出这个等式的方法告诉我们：不必害怕像 $R^3BR^2B^3$ 这样的又长又复杂的作用序列，因为不管作用序列有多长，作用图都能帮我们将它简化成 R、B、RB 或 N 中的一个等价作用。

4.3 乘法表

对一个群来说，知道如何把作用图用作计算器就像拥有了一个秘密的解码器——你可以从作用图读取信息，因为你知道其中的秘密。但是可视化的目的并不是保守秘密，而是把事情弄清楚。因此，我们要创建一个表，使它包含关于群作用如何组合的所有信息，这样我们就不必再去了解如何从凯莱图读取信息这个秘密了。

这样的显示出每对群作用如何组合的表，称为乘法表。回忆一下小学的乘法表是什么样的。如果你忘了，请看图 4.4。我们希望制作一个群作用的乘法表，用群作用代替乘法表中的数，这里的"乘法"和上面一样，指的是两个群作用的组合。

	1	2	3	4	5	6
1	1	2	3	4	5	6
2	2	4	6	8	10	12
3	3	6	9	12	15	18
4	4	8	12	16	20	24
5	5	10	15	20	25	30
6	6	12	18	24	30	36

图 4.4 一个标准的小学乘法表，
这里只显示了 1 ~ 6 的乘法。

仍然用图 4.3 中的群作为例子，我们需要关注的四个作用是 R、B、RB 和 N。所以，我们要做一个类似于图 4.4 的表，用 R、B、RB 和 N 作为行和列的标题（见图 4.5）。我们可以利用图 4.3 计算出每对作用组合的结果，并填到乘法表中。例如，在 R 行 B 列处，我们要写上 R 和 B 组合的结果，也就是 RB。在 RB 行 RB 列处，写上 RB 和 RB 组合的结果，也就是 N。在计算这些组合结果的过程中，图 4.3 是我们的计算器。用这种方法完成整个表，结果见图 4.6。

	N	R	B	RB
N				
R				
B				
RB				

图 4.5 开始创建群 V_4（其凯莱图
见图 4.3）的乘法表。

因为 N 表示"无作用"，所以用它去组合不会对另一作用产生任何影响，如 $NB = B$。基于这个原因，由于图 4.6 的第 1 行和第 1 列都是与 N 相乘，所以它们只是行列标题的重复。这样，行标题和列标题就变得多余了。因此，我们不妨省略掉这些标题，把表改写成图 4.6 右边的样子。现在，行标题和列标题变成乘法表的一部分，即第 1 行和第 1 列。Group Explorer 即采用了这种写法，因为这样使乘法表变得简洁。但是行列标题可能是一个非常有用的参照，所以本书后面的乘法表还将包含它们。

乘法表是一个新的强有力的可视化

	N	R	B	RB
N	N	R	B	RB
R	R	N	RB	B
B	B	RB	N	R
RB	RB	B	R	N

N	R	B	RB
R	N	RB	B
B	RB	N	R
RB	B	R	N

图 4.6 左边是图 4.5 中乘法表的完整版本，其中每一项都可通过图 4.3 计算得出。右边是去掉了行标题和列标题的乘法表，因为它们分别与表的第 1 行和第 1 列相同。

技术，因为它们揭示了作用在群中组合的模式，这一点弥补了凯莱图的一些不足。

为了使这些模式在视觉上更加明显，我们可以系统地给乘法表的每个单元格涂上颜色。我们为每一个群作用指定一种颜色，然后根据单元格内的作用为该单元格涂上颜色。图 4.7 给出了用这种方法涂了颜色的 6 个乘法表。这些表描述的六个群分别对应着图 2.10 的 6 个凯莱图。

这里，图 4.7 中的模式纯粹是为了引起视觉上的兴趣，不过我们在后面的章节会深入探讨它们的意义。现在，本章还剩一件事情有待完成，那就是利用乘法表引入群的标准定义。

	e	a	a^2
e	e	a	a^2
a	a	a^2	e
a^2	a^2	e	a

循环群C_3(或Z_3)

	e	r	r^2	f	fr^2	fr
e	e	r	rf^2	f	fr^2	fr
r	r	r^2	e	fr^2	fr	f
r^2	r^2	e	r	fr	f	fr^2
f	f	fr	fr^2	e	r	r^2
fr^2	fr^2	f	fr	r	e	r^2
fr	fr	fr^2	f	r^2	r	e

对称群S_3

	(e,e)	(a,e)	(a^2,e)	(e,a)	(a,a)	(a^2,a)	(e,a^2)	(a,a^2)	(a^2,a^2)
(e,e)	(e,e)	(a,e)	(a^2,e)	(e,a)	(a,a)	(a^2,a)	(e,a^2)	(a,a^2)	(a^2,a^2)
(a,e)	(a,e)	(a^2,e)	(e,e)	(a,a)	(a^2,a)	(e,a)	(a,a^2)	(a^2,a^2)	(e,a^2)
(a^2,e)	(a^2,e)	(e,e)	(a,e)	(a^2,a)	(e,a)	(a,a)	(a^2,a^2)	(e,a^2)	(a,a^2)
(e,a)	(e,a)	(a,a)	(a^2,a)	(e,a^2)	(a,a^2)	(a^2,a^2)	(e,e)	(a,e)	(a^2,e)
(a,a)	(a,a)	(a^2,a)	(e,a)	(a,a^2)	(a^2,a^2)	(e,a^2)	(a,e)	(a^2,e)	(e,e)
(a^2,e)	(a^2,a)	(e,a)	(a,a)	(a^2,a^2)	(e,a^2)	(a,a^2)	(a^2,e)	(e,e)	(a,e)
(e,a^2)	(e,a^2)	(a,a^2)	(a^2,a^2)	(e,e)	(a,e)	(a^2,e)	(e,a)	(a,a)	(a^2,a)
(a,a^2)	(a,a^2)	(a^2,a^2)	(e,a^2)	(a,e)	(a^2,e)	(e,e)	(a,a)	(a^2,a)	(e,a)
(a^2,a^2)	(a^2,a^2)	(e,a^2)	(a,a^2)	(a^2,e)	(e,e)	(a,e)	(a^2,a)	(e,a)	(a,a)

直积群$C_3 \times C_3$

	000	100	010	110	001	101	011	111
000	000	100	010	110	001	101	011	111
100	100	000	110	010	101	001	111	011
010	010	110	000	100	011	111	001	101
110	110	010	100	000	111	011	101	001
001	001	101	011	111	000	100	010	110
101	101	001	111	011	100	000	110	010
011	011	111	001	101	010	110	000	100
111	111	011	101	001	110	010	100	000

直积群$C_2 \times C_2 \times C_2$

图 4.7 对应于图 2.10 中凯莱图的低阶有限群的乘法表。

具有16个元的拟二面体群　　　　　　　　　交错群A_5

图 4.7　对应于图 2.10 中凯莱图的低阶有限群的乘法表。（续）

4.4　经典定义

群论通常不是以本书这种方式来介绍的。大多数教科书都会先介绍一些基本概念，然后才揭示每个群都可以看作一个作用的集合，也就是本书引入群的方式。一般教科书都会从群的正式定义开始，即定义 4.2。这个定义使用的是非常数学的语言，其优点是非常精确，但缺点是抽象难懂，尤其是对初学者来说。由于标准定义比我们的定义（见定义1.9）更容易构建乘法表，所以我们可以利用刚学的乘法表来介绍它。

我们一直把群中的对象称为"作用"，因为我们的定义要求群是作用（带有一定额外的限制）的集合。但群的标准定义并不依赖于作用。因此，我们需要使用更一般的术语，称群中的对象为群的**元素**。这是一个数学术语，数学家称对象的全体为"集合"，集合中的事物为"元素"。

下面来介绍一些与这个术语相关的符号。设 N 是群 V_4 的一个元素，那么标准的符号是

$$N \in V_4,$$

读作 N 属于 V_4。其中符号 $\in$ 看起来像"e"，代表的是"元素"（element）。这些术语和符号不仅用于定义 4.2，还将用于本书其余的章节，甚至贯穿整个数学。

除了这个新的术语，我们还需要回顾一些旧的术语。前一节的乘法表告诉我们任意两个群元素如何合并成一个。数学家把合并对象的方法称为"运算"，高中生对这个词应该比较熟悉。而且，高中生还会学习"运算的顺序"，即先乘除后加减。加减乘除是四种基本的算术运算，它们都是将两个数用某种方式合并成一个新的数（例如，$2 + 3 = 5$，$6.3 \div 7 = 0.9$）。因为这里提到的运算都是把两个事物合并成一个，所以我们可以更具体地称它们为**二元运算**。

乘法表中描述的群元素的组合也是

一个二元运算。我们说它是关于群元素的一个二元运算，意味着它能把任意两个元素合并而产生一个新的元素。前面我们一直在用乘法符号表示这个二元运算（例如，R 与 B 的组合写成 RB）。其他常用的表示群运算的方式还有加法符号 $R+B$ 和其他创造性的符号，如 $R*B$、$R \cdot B$ 等。只要写法前后统一，具体采用什么符号并不重要。

元素和运算这两个新名词是定义 4.2 的核心，了解它们有助于我们理解这个定义。感兴趣的读者几乎可以在任何一本离散数学教科书或较传统的介绍群论的教科书中找到集合和运算的正式定义。

每个乘法表都描述了一个二元运算，而且向我们全面地展现出了这个运算。这就是乘法表所做的—乘法表有两个轴（横轴和纵轴），因为运算是二元的。但是因为乘法表是描述群的，所以也将反映出定义 1.9 中群的定义特征。并不是任意一个写上符号的正方形网格都是某个群的乘法表。事实上，有两个不同的特点可以区分哪些表描述群、哪些表不描述群。第 4.4.1 小节和 4.4.2 小节将分别介绍这两个特点，并使我们能更好地理解定义 4.2。如果你喜欢提前思考，请试着找出图 4.8 中两个乘法表哪个描述群。（想一想另外一个乘法表为什么没有描述群？）

4.4.1 结合律

回忆一下前面化简序列 $R^3BR^2B^3$ 的例子。虽然已经计算出它等于 R，但我们其实可以写出许多不太显著的结果，比如：

	1	2	3	4			1	2	3	4
1	1	2	3	4		1	1	2	3	4
2	2	2	1	4		2	2	1	4	3
3	3	1	4	2		3	3	4	1	2
4	4	4	2	1		4	4	3	2	1

图 4.8 你能找出这两个乘法表中哪一个描述了一个群的二元运算吗？想知道如何找，请阅读第 4.4.1 小节和 4.4.2 小节，并完成第 4.5.3 小节的习题。

$$R^3BR^2B^3 = RBR^2B^3 \ (\text{因为 } R^3B = RB)$$
$$R^3BR^2B^3 = R^3BB^3 \ \ \ (\text{因为 } BR^2 = B)$$
$$R^3BR^2B^3 = R^3BB \ (\text{因为 } R^2B^3 = B)$$

在第一个式子中，我们主要关注了 $R^3BR^2B^3$ 开头的 R^3B，只对它做了化简。我们也可以用括号来表示对它的关注，如下：

$$(R^3B)R^2B^3 = (RB)R^2B^3$$

左边括号内的 R^3B 化简成了右边括号内的 RB。加上括号一点不改变等式的意义，只是使它便于理解了。括号可被放到任意地方，但在哪里都不是必须的。

因为群运算允许加括号，而这些括号既不是必须的，也不会改变运算的意义，所以我们说群运算满足**结合律**。也就是说，你可以把元素乘积链上的任何一部分结合起来，而不改变其意义。上面另外两个式子也可用括号重新改写一下。

$$R^3(BR^2)B^3 = R^3(B)B^3$$
$$R^3B(R^2B^3) = R^3B(B)$$

并不是所有的二元运算都满足结合律。例如，考虑整数的减法

$$4-(2-5) \neq (4-2)-5,$$

因为在这个减法链上括号的放置会改变结果，所以减法不满足结合律。在做减法时，不能随意添加括号，这与加法或群元素的合并不同。

作用的组合总是满足结合律的，因而群运算总是满足结合律的。这是群运算的第一个特点，下面将介绍另外一个特点。这两个特点共同构成了定义 4.2 的核心。本章结尾的一些习题会帮助你了解群的乘法表是怎样体现结合律和逆元素的。

4.4.2 逆元素

定义 1.9 中的法则 1.6 要求每个群元素都是可逆的。即，任给一个群元素，你应该都能找到它的对立面，我们称之为该元素的逆元素。如果你执行了一个作用，然后又执行了它的逆，那么结果相当于什么都没做。例如，在魔方中，顺时针旋转一个面的逆就是逆时针旋转同一个面。先顺时针旋转再逆时针旋转对魔方的状态没有任何影响，等价于不做任何作用。

为了用代数符号写出这个原理，我们需要一个符号表示"无作用"。在群 V_4 的乘法表中，我用 N 表示"无作用"，而一般的群论教科书中都用 0、1 或 e 来表示。群中这个特殊的元素称为**单位元**。在本书中，我一般用 e 表示单位元。（不要把这种用法与数学中常用的小写字母 e 混淆。欧拉数 $e = \lim\limits_{n \to \infty} \left(1 + \dfrac{1}{n}\right)^n \approx 2.271828$ 可用于计算复利、放射性衰变等。）

有了这个符号，我们能够用公式来说明群中每一个元素都有一个逆元。例

如，考虑群 S_3，其乘法表见图 4.7。用这个乘法表的符号，其中 e 代表单位元，我们可以写出说明 S_3 中每个元素都有一个逆元的等式。针对 S_3 的每一个元素，这里共有六个等式。例如，第一个等式表明 r 可以被 r^2 撤销，于是 r^2 就是 r 的逆元。

$$r(r^2) = e$$
$$(r^2)r = e$$
$$ff = e$$
$$(fr)(fr) = e$$
$$(fr^2)(fr^2) = e$$
$$ee = e$$

在这个群中，元素 f 和 fr 都是它自己的逆元。但是 r 和 r^2 却不是，它们互为逆元。由于群运算满足结合律，所有这些等式都可以不加括号，这里加了括号是为了使它们更加清晰。

群 V_4 是一个更不寻常的例子，因为这个群中的每个元素都是它自己的逆元。（考虑长方形玩具，任意翻转连做两次什么都不会改变。）

$$NN = N$$
$$RR = N$$
$$BB = N$$
$$(RB)(RB) = N$$

一个群的每个元素都有一个逆元，这是定义 4.2 中的第二个关键事实，第一个事实结合律已经在前一节讨论了。本章的习题也将给你一个机会来检验这个事实对乘法表外观的影响。但现在，我们可以阅读并分析群的经典定义了。

4.4.3 群的经典定义

定义 4.2（群）　一个集合 G 称为一个**群**，

如果它满足下列条件:

1. G 上有一个二元运算 $*$。
2. 运算 $*$ 满足结合律:$\forall a, b, c \in G$,都有 $a*(b*c) = (a*b)*c$ 成立。
3. 存在一个单位元 $e \in G$:$\forall g \in G$,都有 $eg = ge = g$ 成立。
4. 每一个元素 $g \in G$ 都有一个逆元,记作 g^{-1},且 $gg^{-1} = g^{-1}g = e$ 成立。

这个定义的第 1 条实质是说"一个群是一个乘法表"。第 2 条把注意力限制在了那些满足结合律的乘法表,如 4.4.1 所述。第 4 条说明每一个元素都有一个逆元(如 4.4.2 所述),这依赖于第 3 条要求的单位元(同样,见 4.4.2)。

注意这里引入了一个新符号:g^{-1},表示群中元素 g 的逆元。例如,在 V_4 中,

$$R^{-1} = R$$

在 S_3 中,

$$r^{-1} = r^2$$

在任意群中,都有 $e^{-1} = e$。你知道为什么吗?

上述讨论说明定义 1.9 和 4.2 是紧密相关的。但它们真的是一回事吗?也就是说,如果一个集合按照定义 1.9 是一个群,那么它满足定义 4.2 吗?反之亦然?前面两节非正式地回答了第一个问题,答案是肯定的。在第 5 章学置换群的时候,我们将回到第二个问题,并给出明确的回答。

4.4.4 过去,现在,未来

本章提供了一个重要的新概念。现在,我们可以用两种不同的方式来看待群:作为一个作用的集合,或者作为一个带有二元运算的集合。每种方式都有它自身的优点,在群论中,有时一个事实从某一角度看会比另一个角度更清楚明了。因此,在处理问题时两种方式都用是非常不错的。在后续的几章中,我们将用这两种方式去深入地研究群,并且去发掘这个数学分支中一些著名的定理。现在,请先练习一下本章教我们的看待群的新方式。

4.5 习题

4.5.1 基础知识

习题 4.1 考虑图 2.8 中的电灯开关群。令 L 表示翻转左边的开关,R 表示翻转右边的开关。

(a) 下列等式中,哪些是对的?哪些是错的?

$$LRRRR = RRL \qquad\qquad L = RR$$
$$LR = RLRLRL \qquad\qquad R^8 = R^{100}$$

(b) 令 N 表示无作用(不翻转开关)。下列等式中哪些是对的?

$$(LNR)^2 = LNR \qquad\qquad NN = N$$
$$RL = N \qquad\qquad R^4 = N$$
$$(LNR)^3 = R^3L^3 \qquad\qquad LRLR = N$$

(c) R 的多少次幂等于 N,求最小正整数?

(d) L 的多少次幂等于 N,求最小正整数?

(e) RL 的多少次幂等于 N,求最小正整数?

(f) LR 的多少次幂等于 N,求最小正整数?

习题 4.2 **(a)** 应用定义 4.1,画出图 2.8 中电灯开关凯莱图的作用图。

（b） 创建电灯开关群的乘法表。

习题 4.3 下面每个小题都给出了一个带有二元运算的集合。判断这些运算是否满足交换律和结合律。

（a） 整数集上的加法运算。

（b） 整数集上的减法运算。

（c） 正实数集上的乘法运算。

（d） 正实数集上的除法运算。

（e） 正整数集上的指数运算（即 a^b，不过许多计算器上以 a^b 键入）。

4.5.2 创建乘法表

习题 4.4 下面是两个群的凯莱图，上边是循环群 C_5，下边是四元群 Q_4。

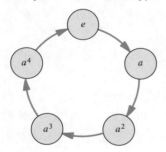

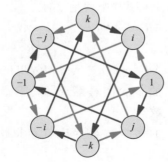

（a） 在 C_5 的图中，红色箭头表示乘哪个元素？

（b） 在 C_5 中，$a^3 \cdot a$ 等于什么？

（c） 在 C_5 中，$a^3 \cdot a \cdot a$ 等于什么？

（d） 在 Q_4 的图中，如果 1 是单位元，那么红色箭头表示什么？蓝色箭头表示什么？

（e） 在 Q_4 中，i^2 等于什么？$j \cdot i$ 等于什么？

（f） 在 Q_4 中，$i \cdot j \cdot j$ 等于什么？

习题 4.5 利用上题的凯莱图，回答下列问题。

（a） 对任意元素 $x \in C_5$，如何利用凯莱图计算 $x \cdot a^2$？

（b） 对任意元素 $x \in Q_4$，如何利用凯莱图计算 $x \cdot k$？

习题 4.6 对下列每个凯莱图，创建其乘法表。

（a） C_5，凯莱图见习题 4.4（上）。请使用下面给出的模板。

	e	a	a^2	a^3	a^4
e					
a					
a^2					
a^3					
a^4					

（b） Q_4，拥有 8 个元素的四元数群，凯莱图见习题 4.4（下）。请使用下面给出的模板。

	1	i	j	k	-1	$-i$	$-j$	$-k$
1								
i								
j								
k								
-1								
$-i$								
$-j$								
$-k$								

（c）A_4，拥有 12 个元素的交错群，其凯莱图如下：

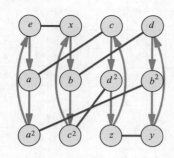

其中没有箭头的连线代表双向箭头。请你自己做一个乘法表，用 e 作为单位元。

习题 4.7 对一个无限群来说，可以通过乘法表的一部分来揭示乘法表的全貌。下面是整数集上加法运算的局部乘法表，其中省略号表示该表向每个方向无限延伸。请完成这个表。

	-3	-2	-1	0	1	2	3	$\cdots$
$\vdots$	⋱			$\vdots$				⋰
-3				-3				
-2				-2				
-1				-1				
0		-3	-2	-1	0	1	2	3	$\cdots$
1				1				
2				2				
3				3				
$\vdots$	⋰			$\vdots$				⋱

习题 4.8 习题 2.4～2.8 要求你画出三个群的凯莱图。请利用你画的凯莱图，创建这三个群的乘法表。注意如果你的图不是作用图，那么你可能需要应用定义 4.1 的转换。

习题 4.9 习题 2.18 和 2.19 要求你找出"正 n 边形游戏"的凯莱图的模式。当时我曾说过，描述这类游戏的群族称为二面体群。对这个群族的详细介绍在第 5 章，本题可作为这部分知识的一点预告。请找出这些群的乘法表的模式。你可以参照下面的步骤。

（a）由等边三角形、正方形、正五边形的凯莱图，创建它们的乘法表。

（b）找出并描述其中的模式，作为你对正 n（$n>5$）边形的猜想。

（c）在 Group Explorer 的数据库中查找并分析习题 2.19 中的群。（如果你不记得它们是哪些群了，可以使用搜索功能查找"三角形""正方形"等。）

（i）你在（a）中创建的乘法表与 Group Explorer 中的一样吗？（注意 Group Explorer 对群元素的命名可能与你不一样，行和列的顺序也可能不同，但是乘法表的模式应该是一样的。你可以在 Group Explorer 中重新命名群元素，也可以对行和列重新排序，以便于比较。）

（ii）你对正 n（$n>5$）边形乘法表模式的猜想与你在 Group Explorer 中找到的所有数据相符吗？（其中不止包括你刚验证过的三个群。）

（d）你能给出一个令人信服的理由来说明你的猜想应该是正确的吗？

4.5.3 伪乘法表

习题 4.10 考虑下面的乘法表，它定义了一个二元运算。

	e	A	B
e	e	A	B
A	A	A	e
B	B	B	e

(a) 请简要说明上述二元运算为什么不满足结合律。你能把你的答案写成一个等式吗？

(b) 这个运算可逆吗？

习题 4.11 考虑下面的乘法表，它定义了一个二元运算。

	3	2	1
3	3	2	1
2	2	2	1
1	1	1	1

(a) 请简要说明上述二元运算为什么不可逆。你能把你的答案写成一个等式吗？

(b) 这个运算满足结合律吗？

习题 4.12 考虑下面的乘法表，它定义了一个二元运算。

	1	x	y
1	1	x	y
x	x	y	y
y	y	y	y

(a) 这个运算可逆吗？说明你的理由。

(b) 这个运算满足结合律吗？说明你的理由。

习题 4.13 对于下列每一个乘法表，请解释它为什么没有描述一个群。

(a)

	e	1	2	3	4
e	e	1	2	3	4
1	1	4	e	3	2
2	2	3	4	e	1
3	3	e	1	4	3
4	4	2	1	2	e

(b)

	e	a	b	c
e	e	a	b	c
a	a	a	b	c
b	b	b	a	b	c
c	c	c	a	b	c

(c)

	e	a	b	c
e	e	a	b	c
a	a	e	b	a
b	b	c	e	b
c	c	c	a	a

(d)

	e	f	g
e	f	e	g
f	e	g	f
g	g	f	e

习题 4.14 下列乘法表不是集合 $\{e, x, y\}$ 上的二元运算。因为它不满足二元运算的定义。我们说这个二元运算不具备**封闭性**。你能发现这个问题并用自己的话解释吗？

	e	x	y
e	e	x	y
x	x	y	s
y	y	s	x

习题 4.15 为什么同一个元素在群乘法表的任意一行中都不会出现两次？这一限制是否也适用于列？

习题 4.16 习题 2.14~2.17 要求你把定义 1.9 的法则转变为凯莱图的准则。其目的是创建判断一个图是否构成凯莱图的准则，即它是否表示了一个群。

本习题将说明习题 2.14~2.17 的答案都不是充分条件。即存在满足这些准则但不是任何群的凯莱图的图。考虑如下所示的两个图，它们都不是有效的凯莱图。

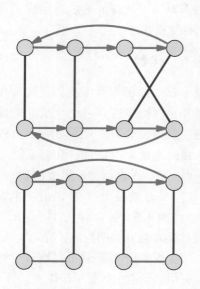

（**a**）每个图都满足习题 2.14～2.17 制定的所有准则吗？

（**b**）试着创建两个图的乘法表。两个图分别出现了什么问题？

（**c**）你能解释导致（b）中问题的原因吗？

（**d**）请构造另外一个图，要满足习题 2.14～2.17 的准则，但也存在上面两个图的问题。

　　本习题表明，群的基于作用的定义（定义 1.9，以凯莱图为图示）和它的代数定义（定义 4.2，以乘法表为图示）略有差异。原因将在第 6.1 节中说明。

习题 4.17　解释凯莱图为什么必须是连通的。即，为什么每个结点到其他每个结点都有一条路径相连？

习题 4.18　当创建一个群的乘法表时，如果你试着加入两个不同的单位元，那么将会出现什么问题？由此你可以得出关于群的什么结论？

4.5.4　低阶群

习题 4.19　完成下列乘法表，使它们分别描述一个群。如果在每个乘法表中规定 0 为单位元，那么只有一种填写方法。从 Group Explorer 的数据库中找出这些乘法表所表示的群的名字。

(a)

	0	1
0		
1		

(b)

	0	1	2
0			
1			
2			

(c)

	0
0	

(d)

	0	1	2	3
0				
1		2		
2				
3				

(e)

	0	1	2	3
0				
1		3		
2				
3				

习题 4.20　下表可以用多种方法完成，并且都能描述一个群。找出所有可行的填法，仍然用 0 作为单位元。你能找出多少种方法？从 Group Explorer 的数据库

中找出每种填法所表示的群的名字。

	0	1	2	3
0				
1		0		
2				
3				

习题 4.21 由习题 4.19（a），你可以断定包含两个元素的群只有一种模式。这是因为，你在习题 4.19（a）中计算的乘法表与任意其他含有两个元素的群之间只有一点区别，就是它们的元素名字不同。因此，元素间的相互作用（或者颜色，如果我们把乘法表的每个方格都涂了颜色）的模式是没有区别的。

（a） 包含 3 个元素的群有几种模式？

（b） 包含 1 个元素的群有几种模式？

（c） 包含 4 个元素的群有几种模式？

第 9 章将解决一般性问题"含有 n 个元素的群有多少种？"

4.5.5 表的模式

下面这些习题是第 5.2 节的预告，是关于一类重要的群族——阿贝尔群的。

习题 4.22 在 V_4 中，$RB = BR$。实际上，对任意元素 a，$b \in V_4$，都有 $ab = ba$。也就是说，在这个群中，元素的组合与顺序无关。考虑图 4.7 中每一个群（除了 A_5），对哪些群来说，元素组合与顺序有关？

习题 4.23 如果在一个群中，元素的乘积与顺序无关，那么这个群称为交换群或阿贝尔群。浏览 Group Explorer 的数据库，从最低阶群开始，直到发现非交换群。最低阶非交换群叫什么名字？

习题 4.24 交换群的乘法表呈现了什么样的视觉模式？

4.5.6 代数

习题 4.25 除了本章中我们见过的代数符号外，群论中还有一个生成元的代数符号。例如，本章前几个习题中出现的 C_5，是由元素 a 生成的，其标准符号是 $C_5 = \langle a \rangle$。$\langle a \rangle$ 表示" a 生成的群"。所以，$C_5 = \langle a \rangle$ 就是说" C_5 是由 a 生成的群"。由图 4.3，可以得出 $V_4 = \langle R, B \rangle$，也就是说 R 和 B 共同生成了群 V_4。

用生成群所必需的元素填写下列空白，使用的元素个数要尽可能少。

（a） 由习题 4.4 的凯莱图，可以看出 $Q_4 = \langle \underline{\quad\quad\quad} \rangle$。

（b） 由习题 4.6（c）的凯莱图，可以看出 $A_4 = \langle \underline{\quad\quad\quad} \rangle$。

（c） 对大多数群来说，生成这个群的方法不仅只有一种。对前面两个小题，请找出其他的生成元。

习题 4.26 利用你在习题 4.6 中创建的乘法表，写出该题三个群中每个元素的逆。

（a） 在循环群 C_5 中，

$$e^{-1} = \underline{\quad\quad},$$
$$a^{-1} = \underline{\quad\quad},$$
$$(a^2)^{-1} = \underline{\quad\quad},$$
$$(a^3)^{-1} = \underline{\quad\quad},$$
$$(a^4)^{-1} = \underline{\quad\quad}。$$

（b） 在四元数群 Q_4 中，

$$1^{-1} = \underline{\quad\quad},$$
$$j^{-1} = \underline{\quad\quad},$$
$$(-1)^{-1} = \underline{\quad\quad},$$
$$(-j)^{-1} = \underline{\quad\quad},$$

$$i^{-1} = \underline{},$$
$$k^{-1} = \underline{},$$
$$(-i)^{-1} = \underline{},$$
$$(-k)^{-1} = \underline{}。$$

(c) 在交错群 A_4 中，

$$e^{-1} = \underline{},$$
$$x^{-1} = \underline{},$$
$$y^{-1} = \underline{},$$
$$z^{-1} = \underline{},$$
$$a_1^{-1} = \underline{},$$
$$a_2^{-1} = \underline{},$$
$$b_1^{-1} = \underline{},$$
$$b_2^{-1} = \underline{},$$
$$c_1^{-1} = \underline{},$$
$$c_2^{-1} = \underline{},$$
$$d_1^{-1} = \underline{},$$
$$d_2^{-1} = \underline{}。$$

(d) 一般地，怎样利用乘法表找出一个元素的逆？

习题 4.27 逆元素可以用于解方程。例如，在群 C_5 中求解方程 $a^2 x = a$，可以像高中代数中那样进行：

$$a^2 x = a$$

$$(a^2)^{-1} a^2 x = (a^2)^{-1} a \quad \text{等式两端都左乘} (a^2)^{-1}$$

$$x = (a^2)^{-1} a \quad \text{等式左端用} (a^2)^{-1} \text{消去了} a^2$$

$$x = a^4 \quad \text{利用习题 4.6 和 4.26 计算} (a^2)^{-1} a$$

请在群 C_5 中求解下列方程：

(a) $a^3 x = a^2$。

(b) $a^4 a^2 x = a$。

(c) $ax(a^3)^{-1} = e$。

习题 4.28

(a) 如果要像上题那样求解方程 $a^2 x$

$(a^2)^{-1} = a$，那么可以将 a^2 和 $(a^2)^{-1}$ 直接消去吗？为什么？（提示：消去后得到的结果真的是方程的解吗？）

(b) 如果有一个类似的方程：$ixi^{-1} = j$，不过是在群 Q_4（见习题 4.6）中，那么可以消去 i 和 i^{-1} 吗？为什么？

(c) （a）和（b）的答案应该是不同的。导致它们不同的原因是什么？提示：应用第 4.5.5 小节中习题的结论。

习题 4.29 在群 A_4 中，考虑方程 $b_1 \cdot t \cdot a_2 = y$，求 t。上题告诫我们，不能简单地进行如下处理：

$$\not{b_1^{-1}} \cdot \not{a_2^{-1}} \cdot \not{b_1} \cdot t \cdot \not{a_2} = b_1^{-1} \cdot a_2^{-1} \cdot y$$

$$t = b_1^{-1} \cdot a_2^{-1} \cdot y = x$$

那么该如何去解呢？

习题 4.30 求解下列方程中的 t。

(a) 在 Q_4 中，$jitk^{-1} = -kj$。

(b) 在 A_4 中，$t(b_2)^2 = xyz$。

(c) 在 S_3 中，$rtf = e$。（S_3 的乘法表见图 4.7）

习题 4.31 假设 G 是一个群，e 是它的单位元。任取三个元素 a，b，$c \in G$。

(a) 等式 $ab = e$ 说明 a 与 b 有什么关系？

(b) 如果 $ab = e$ 且 $ac = e$，那么能用代数推出 $b = c$ 吗？

(c) 在一个群中，一个元素能有两个不同的逆元素吗？

习题 4.32 整数集（其中包含所有的正整数、负整数和零）通常记作 $\mathbb{Z}$。利用定义 4.2 回答下列关于 $\mathbb{Z}$ 的问题：

(a) 它关于普通加法运算构成群吗？

(b) 它关于普通乘法运算构成群吗？

(c) 偶数集关于普通加法运算构成群吗？

（d）偶数集有时记作 2$\mathbf{Z}$，因为任意偶数都可以通过一个整数乘以 2 来得到。如果用相同的方式考虑 3$\mathbf{Z}$，4$\mathbf{Z}$，$\cdots$，$n\mathbf{Z}$，那么对哪些整数 n，集合 $n\mathbf{Z}$ 关于普通加法构成群？

习题 4.33 有理数集（通常记作 $\mathbf{Q}$）为集合 $\left\{ \dfrac{a}{b} \mid a, b \text{ 是整数，且 } b \neq 0 \right\}$。例如，1/2、$-6/11$ 和 50/3 都是有理数。任意整数，包括 0，都是有理数，因为你可以把 1 作为分母。例如，10 是有理数 10/1。

利用定义 4.2 回答下列关于 $\mathbf{Q}$ 的问题：

（a）它关于普通加法运算构成群吗？

（b）它关于普通乘法运算构成群吗？

（c）令 $\mathbf{Q}^+$ 为正有理数的集合。$\mathbf{Q}^+$ 关于普通加法构成群吗？

（d）$\mathbf{Q}^+$ 关于普通乘法构成群吗？

（e）令 $\mathbf{Q}^*$ 为非零有理数集。那么 $\mathbf{Q}^*$ 关于普通加法构成群吗？

（f）$\mathbf{Q}^*$ 关于普通乘法构成群吗？

（g）像 $\mathbf{Q}$、$\mathbf{Q}^+$ 和 $\mathbf{Q}^*$ 这样的群，为什么很难用乘法表和凯莱图将其可视化？

五 个 群 族

我们已经学习了两个强有力的群论可视化技术。凯莱图把群看作作用的集合，乘法表则把群看作集合上的二元运算。本章将利用这两种技术来全面地介绍五个著名的群族，在介绍的过程中将会提出许多新的概念。

我们将从循环群开始。由于许多原因，循环群是开启本章旅程的绝佳地点。循环群是对称群中最简单的一类，而且先介绍循环群会使本章其他部分更清晰：循环群在所有其他群中都会出现，我们称之为轨道。另外，我们还将学习一个新的基于轨道的可视化技术，叫做循环图。循环群还有助于我们理解后面遇到的群：阿贝尔群和二面体群。这两个群族都可以利用直积运算由循环群构建，关于直积运算本章只给出简要介绍，其详细理论见第7章。

最后，我们将学习对称群与交错群，这两类群将会揭示出群与物体的重新排列之间的联系。本书中的许多例子和习题都在处理事物的重排列，也就是数学家所谓的置换。本章将以群论中两个漂亮的结论作为结束：五面体的对称性与凯莱定理的附带插图的证明，这个证明将兑现第4章结尾的承诺。

从某种意义上说，本章是从简介向更深层的过渡。当然，本章的所有内容

（包括凯莱定理的证明）都是可视化的。

其实，本章介绍的五个群族对我们来说并不陌生。请花几分钟时间粗略地思考下面的问题：

（1）含有十个元素的群只有一个吗？

（2）是否存在这样的群：群中任何元素（单位元除外）的逆都不是它本身？

（3）是否所有的群都描述了某个事物的对称性？

设想一下，如果在你的脑海中建立一个强大的、组织有序的关于群的图书馆，那么对你回答这样的问题会非常有帮助。本章的旅程将向你展示许多新的群，把它们划分到不同的范畴，并通过可视化呈现出它们的主要特征。

5.1 循环群

5.1.1 旋转体

在第3章我们学习了如何用群来描述物理对象的对称性。循环群是最基本的群族，描述的是仅有旋转对称的物体。我们之前分析过的硼酸分子（见图3.6），它的群就是由三个作用组成的一个循环。循环群结构简单，原因在于它们只含有一种类型的作用。对硼酸分子 $B(OH)_3$ 来说，只有一种操作是关于其对称的——

旋转它。当然，你可以反方向旋转或者多次旋转，但这些操作都可以由一个基本旋转连续操作来得到，这个基本旋转就是顺时针旋转 120°。

由于硼酸分子有三个相同的臂，所以描述其对称性的群有三个元素。类似地，有更多臂的分子可由含有更多元素的循环群来描述。当然，也许并不存在这些形状的分子，不过我们可以想象。同样，一些日常生活中常见的物体也只有旋转对称。考虑图 5.1 中的风车和螺旋桨。注意图 5.2 中对螺旋桨的对称的分析，与图 3.4 和 3.5 中对硼酸分子的分析是类似的。

图 5.1　六叶螺旋桨与八叶风车，它们的对称群分别是含有六个元素与八个元素的循环群。

由于描述 $B(OH)_3$ 分子的循环群由三个元素组成，所以它通常被称为 C_3。类似地，图 5.1 中螺旋桨和风车的对称群应该分别叫做 C_6 和 C_8。或许你曾听到过有人把 C_3 叫做"三阶循环群"，这是因为**阶**是群论中用来描述群的大小或者元素个数的术语。当讨论整个循环群族，或者不特指群族中的哪个成员时，通常用 C_n 来表示，这意味着 n 可以取任意正整数。最常用的对 C_n 中元素的命名方式，是把单位元叫做 0，把顺时针旋转一次叫做 1，顺时针旋转两次叫做 2，以此

类推，直到 $n-1$。在 C_n 中没有叫做 n 的作用，因为 n 叶螺旋桨旋转 n 次后又回到了它的初始位置，所以以 n 次旋转与 0 次旋转没有区别。因此，每个数字代表了重复基本旋转（即，名为 1 的旋转）的次数。

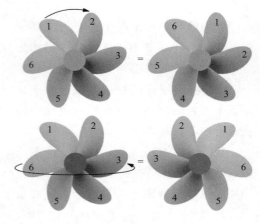

图 5.2　螺旋桨只有旋转对称。顺时针旋转（上行所示）保持其占据相同的空间，而翻转（下行所示）不保持。右下方的螺旋桨与其他三个方向相反，因而没有保持空间上的相同。

图 5.3 是 C_3、C_5 以及按此惯例命名的 C_n 的凯莱图。图 5.3 最右边的凯莱图用了省略号，表示无论 n 取什么值，C_n 的凯莱图总是一个圈。

5.1.2　乘法表和模加法

你可能也见过循环群 C_n 被叫做 Z_n。这个不同的命名方式源于数学上用 Z 表示整数的习惯。既然我们把 C_n 看作是前 n 个非负整数，所以许多书和论文把它称为 Z_n。

在习题 4.6 中，你由 C_5（或 Z_5）的凯莱图构造了一个乘法表。如果像上面

描述的那样用数字代表作用，那么乘法表就变成了图 5.4（左）的样子。尽管这个表的大部分看起来和通常的加法一样（例如，$0+3=3$，$2+2=4$），但是也有一些与通常加法不一样的地方（例如，$2+3=0$，$3+3=1$）。

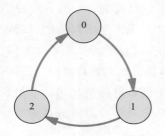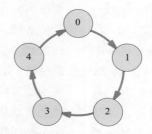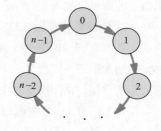

图 5.3　循环群 C_3、C_5 以及 C_n 的凯莱图。

	0	1	2	3	4
0	0	1	2	3	4
1	1	2	3	4	0
2	2	3	4	0	1
3	3	4	0	1	2
4	4	0	1	2	3

	0	1	2	3	4	5	6	7	8	9	10	11	12	13	14
0	0	1	2	3	4	5	6	7	8	9	10	11	12	13	14
1	1	2	3	4	5	6	7	8	9	10	11	12	13	14	0
2	2	3	4	5	6	7	8	9	10	11	12	13	14	0	1
3	3	4	5	6	7	8	9	10	11	12	13	14	0	1	2
4	4	5	6	7	8	9	10	11	12	13	14	0	1	2	3
5	5	6	7	8	9	10	11	12	13	14	0	1	2	3	4
6	6	7	8	9	10	11	12	13	14	0	1	2	3	4	5
7	7	8	9	10	11	12	13	14	0	1	2	3	4	5	6
8	8	9	10	11	12	13	14	0	1	2	3	4	5	6	7
9	9	10	11	12	13	14	0	1	2	3	4	5	6	7	8
10	10	11	12	13	14	0	1	2	3	4	5	6	7	8	9
11	11	12	13	14	0	1	2	3	4	5	6	7	8	9	10
12	12	13	14	0	1	2	3	4	5	6	7	8	9	10	11
13	13	14	0	1	2	3	4	5	6	7	8	9	10	11	12
14	14	0	1	2	3	4	5	6	7	8	9	10	11	12	13

图 5.4　群 C_5 和 C_{15} 的乘法表。

C_5 中的这个运算，其正式名称叫做模加法，或者随意一点，叫做钟表加法。它的运算规则跟我们在钟表上数数一样——因为钟表上的数字排成一个圈，而模加法也是如此。如果你从 10：00pm 开始看一部时长为 3 小时的电影，那么你不会说电影结束的时间是 13：00pm，而

会说是 1：00am。这就是 10 加 3 模 12，或 mod 12。数数时 12 之后不是 13，而是回到 1。一个典型的挂钟与 C_{12} 的凯莱图的唯一不同是挂钟最上端的数字是 12，而凯莱图是 0。不过这点不同并不重要，只是习惯用法的问题罢了。

同样地，在 C_5 中，当我们做 $3+4$

时，得到的也不是 7，因为 C_5 只含有 0、1、2、3 和 4。事实上，我们要从 3 往下数 4 步，这才是 3 + 4 在 C_5 中的意义。如果需要的话可以沿着"钟表"数，3→4→0→1→2。为确保这种做法是有意义的，请尝试在 C_5 中让 3 和 2 相加，结果应该是 0。如果你的大脑不习惯想象 5 小时制的钟表，那么为了方便，请用图 5.3 中的那个吧。

模加法在乘法表中可以看得非常清楚：每行与其上一行的区别仅仅是把每个格都左移了一格。在彩色乘法表中，这使得颜色从上往下沿对角线变化，形成彩虹的效果。观察图 5.4（右）C_{15} 的乘法表。这个乘法表体现了循环群乘法表的一般模式。注意数字 14 组成的斜线，即从左下角到右上角的对角线。在这条线以上，因为这些和都没有超过 14，所以乘法表服从通常加法的规则。而在这条线以下，模 15 的加法才尽显其本色。图 5.5 描述的是这个模式的一般情形 C_n。

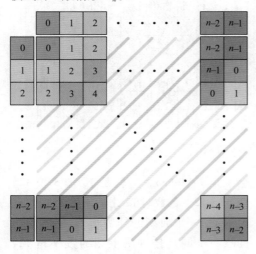

图 5.5　循环群乘法表的模式。省略号指出了其中的线性序列，彩色斜线连接了数字相同（因而颜色相同）的方格。

5.1.3　轨道

我们以 C_n 作为学习群族的开始，一个原因是由于它结构简单，另一个原因是从某种意义上说，循环群是学习群论的基础。很快我们就会遇到阿贝尔群，然后是二面体群，这些群都可以用直接、规则的方法由循环群构造出来。不过在此之前，我们先来学习如何从其他群里找出循环群。

回过头来看一下本书中的第一个凯莱图（见图 2.10）。在右上方 S_3 的凯莱图中，只考虑蓝色的箭头，也就是代表 r 的作用。从单位元 e 出发，一直沿着蓝色箭头的指引，那么走过的道路将是围绕在图外侧的圆周，这条道路在 S_3 中勾勒出了 C_3 的图样。这个圆周的标准术语叫做元素 r 的轨道。轨道通常会被写成用括号括起来的形式，以表明这些元素被当作一个集合看待。例如，上面的轨道应写作 $\{e, r, r^2\}$。

群中的每个元素都能牵引出一条轨道。还是看 S_3 的图，想象从 e 出发，不断沿着 f 的箭头走，就会得到一条较短的轨道 $\{e, f\}$，因为 $f^2 = e$。

在图 2.10 中，我们可以清楚地看出 r 和 f 的轨道：r 的轨道是外圈的圆环，f 的轨道是一个竖直的双向箭头。其实，在图中还有其他轨道存在。例如，我们可以计算一下 fr^2 的轨道，就根据它的名字来找——先沿着 f 的箭头走，然后再沿 r 的箭头走两次——看看你的终点在哪，如果有必要的话就再重复刚才的过程。在图上追踪这条路径，你会发现 fr^2 的轨道是 $\{e, fr^2\}$。虽然 fr^2 的轨道在 S_3 的凯莱图中不那么显而易见，但它的确是一条轨道。第 6 章将说明，组织凯莱图的方法有许多种，其中有一种表示 S_3 的方法可使得 fr^2 的轨道比较明显。

即使是那些在凯莱图中呈现得比较清晰的轨道，也不一定总是呈圆环状。观察 $C_3 \times C_3$ 的凯莱图（也在图 2.10 中）。(e, a) 的轨道是图中最上面由三个元素组成的圈。它虽然是群 C_3 的副本，但是在 $C_3 \times C_3$ 的凯莱图中呈线状，而不是圆环状。

元素	轨道
r	$\{e, r, r^2\}$
r^2	$\{e, r^2, r\}$
f	$\{e, f\}$
fr	$\{e, fr\}$
fr^2	$\{e, fr^2\}$

图 5.6 群 S_3 的轨道，左边为轨道列表，右边是群的循环图。

如果我们依次考虑 S_3 的每个元素，并计算出它的轨道，我们就会得到图 5.6 左边的表格（注意集合 $\{e, r, r^2\}$ 和 $\{e, r^2, r\}$

是相同的，我们并不关心元素在轨道中出现的顺序。）我们计算不出单位元的轨道，因为它没有箭头指引我们到任何地方。

5.1.4 循环图

利用类似图 5.6 的列表，我们可以构造一个把出现在同一个轨道上的元素连接在一起的图。这样的图可以说明群是怎样由元素轨道构成的。由于每个轨道是一个循环而成的圈，所以我们把构造出的图叫做循环图。图 5.6（右）是由图 5.6（左）的轨道列表构造的 S_3 的循环图。

在本章制下的部分，我们将利用循环图来看看我们所遇到的群族如何建立在圈上。然而，由于循环群本身仅由一个圈构成，所以它们的循环图比 S_3 还要无趣。事实上，除了按照约定循环图没有加箭头外，它们看上去与群的凯莱图没有什么区别。请对比一下三个群的凯莱图（见图 5.3）与循环图（见图 5.7）。

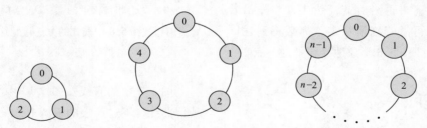

图 5.7 循环群 C_3、C_5 和 C_n 的循环图，它们的凯莱图在图 5.3 中。

5.2 阿贝尔群

有两种自然的方式可以由循环群引出阿贝尔群。第一，所有的循环群都是

阿贝尔群，同时阿贝尔群在一定程度上保持了循环群结构简单的重要特性。第二，我们将会看到，有一种自然的方式可通过拼接循环群来构造阿贝尔群。这一事实被称为阿贝尔群基本定理。本章

将对这个定理做简要介绍，其详细论述在第 8 章。

阿贝尔群，名字来自群论的创始人之一 Neils Abel，是不管群中作用次序如何排列都没有关系的群。也就是说，如果 a 和 b 是阿贝尔群中的任意两个作用，那么先作用 b 再作用 a 与先作用 a 再作用 b 是一样的结果。用代数语言说就是 a 与 b 可交换，因此，阿贝尔群也常常叫做交换群。等式 $ab = ba$ 表明 a 与 b **可交换**；当这个等式对群中的任意两个元素 a 和 b 都成立时，这个群就是阿贝尔的。

5.2.1 凯莱图中的非交换性

为了从凯莱图中看出交换性，我们想象有一个阿贝尔群 G 的凯莱图。假设图中的红色箭头代表乘 a，蓝色箭头代表乘 b。（回忆习题 4.6 的约定，箭头代表右乘。）在这样的图中，ab 是红箭头在前蓝箭头在后的组合，而 ba 是蓝箭头在前红箭头在后的组合。交换性要求 $ab = ba$，因此，在凯莱图上从任何结点出发，先沿着红箭头再沿着蓝箭头走，与先沿着蓝箭头再沿着红箭头走，都必将到达同一个点。图 5.8 形象地诠释了这一点。

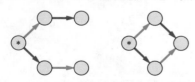

图 5.8　左边是阿贝尔群的凯莱图中永远不会出现的模式：从标有 ∗ 号的结点出发，先沿着红箭头再沿着蓝箭头走，与先沿着蓝箭头再沿着红箭头走，没有到达同样的点。阿贝尔群的凯莱图中出现的永远都是右边的模式。

图 5.8 的模式为我们提供了一个简单的利用凯莱图识别阿贝尔群的方法：验证从同一结点出发的每对箭头是否像图 5.8（右）那样闭合成一个菱形。图中的模式是否呈标准的菱形并不重要——重要的是连接的模式。还是用例子来说明一下。

图 5.9 是两个略有不同的群的凯莱图。仔细观察图 5.9 中的两个凯莱图，看看你能否从图里找到图 5.8 左边的模式。如果找到了这种模式，那么你就知道对应的群不是阿贝尔的。回忆凯莱图中没有箭头的连线表示双向箭头。当你完成后，看一下图 5.10，并把你的答案与该图的说明文字进行比较。

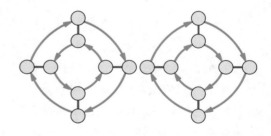

图 5.9　两个非常接近的群：D_4 与 $C_2 \times C_4$。请用寻找图 5.8 中模式的方法检验这两个群的交换性。

图 5.8 中的直线在图 5.10 中变成了光滑曲线，不过连接的模式并没有改变。注意 ∗ 可标记在任何结点，类似的模式都可被标出。凯莱图中包含了大量的对称性[⊖]。在第 8 章我们将会看到图 5.8 这种可视化模式为阿贝尔群基本定理奠定了基础。

⊖　我们将在下一章给出对称性的具体定义（定义 6.1）。

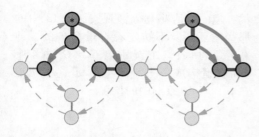

图 5.10　仍是图 5.9 的图，其中用实线标出了图 5.8 的模式。左图用实线标出了使得它不是阿贝尔群的模式：如果 a 代表红箭头，b 代表蓝箭头，那么 $ab \neq ba$，因为从 * 出发，ab 与 ba 到达了不同的终点。右图也用实线标出了对应的路径，不过这个模式是满足交换性的。

5.2.2　交换乘法表

与凯莱图相比，乘法表更适合用来识别阿贝尔群。观察图 5.11，这是从乘法表中截取的一部分，从左上到右下的对角线把它分成了两部分。图中只列出了元素 a 和 b 所在的行和列，以及 ab 和 ba 所在的方格，注意这两个方格关于对角

线是对称的。等式 $ab = ba$ 要求这两个方格里必须是群中的同一个元素。也就是说，它们必须是对方在镜子中的像，这个镜子就是对角线。

由于同样的模式对任意两个元素 a、b 都成立，所以乘法表的左下部分（灰色三角形）可以看作是右上部分（白色三角形）在镜子中的像。如果你沿对角线将乘法表对折，那么相等的元素对就会重合。观察图 5.12 中的两个乘法表，通

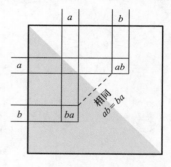

图 5.11　根据阿贝尔群的定义，有 $ab = ba$，这导致乘法表是关于对角线对称的。

	e	r	r^2	f	fr^2	fr
e	e	r	r^2	f	fr^2	fr
r	r	r^2	e	fr^2	fr	f
r^2	r^2	e	r	fr	f	fr^2
f	f	fr	fr^2	e	r^2	r
fr^2	fr^2	f	fr	r	e	r^2
fr	fr	fr^2	f	r^2	r	e

	(0,0)	(0,1)	(0,2)	(0,3)	(1,0)	(1,1)	(1,2)	(1,3)
(0,0)	(0,0)	(0,1)	(0,2)	(0,3)	(1,0)	(1,1)	(1,2)	(1,3)
(0,1)	(0,1)	(0,2)	(0,3)	(0,0)	(1,1)	(1,2)	(1,3)	(1,0)
(0,2)	(0,2)	(0,3)	(0,0)	(0,1)	(1,2)	(1,3)	(1,0)	(1,1)
(0,3)	(0,3)	(0,0)	(0,1)	(0,2)	(1,3)	(1,0)	(1,1)	(1,2)
(1,0)	(1,0)	(1,1)	(1,2)	(1,3)	(0,0)	(0,1)	(0,2)	(0,3)
(1,1)	(1,1)	(1,2)	(1,3)	(1,0)	(0,1)	(0,2)	(0,3)	(0,0)
(1,2)	(1,2)	(1,3)	(1,0)	(1,1)	(0,2)	(0,3)	(0,0)	(0,1)
(1,3)	(1,3)	(1,0)	(1,1)	(1,2)	(0,3)	(0,0)	(0,1)	(0,2)

图 5.12　右边乘法表的对称性告诉我们，这是一个阿贝尔群。而左边的表不具有关于对角线对称这个性质。

过这种对角镜像模式，你可以很容易地判断出两者中哪一个是阿贝尔群。

常有趣的。请花几分钟观察图5.13中的那些循环图。不妨先看看最简单的，即左上角的那个。它显示出 $C_3 \times C_3$ 由4个3阶轨道构成，图5.14显示了这些轨道在 $C_3 \times C_3$ 凯莱图中的位置。

5.2.3 错综复杂的循环图

非循环阿贝尔群的循环图通常是非

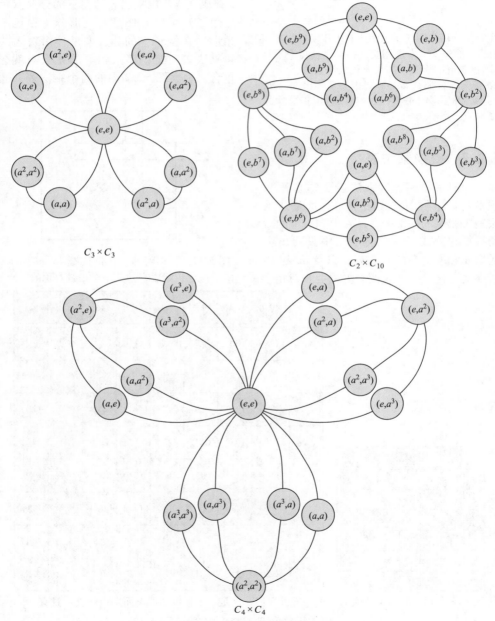

图 5.13 三个阿贝尔群的循环图。

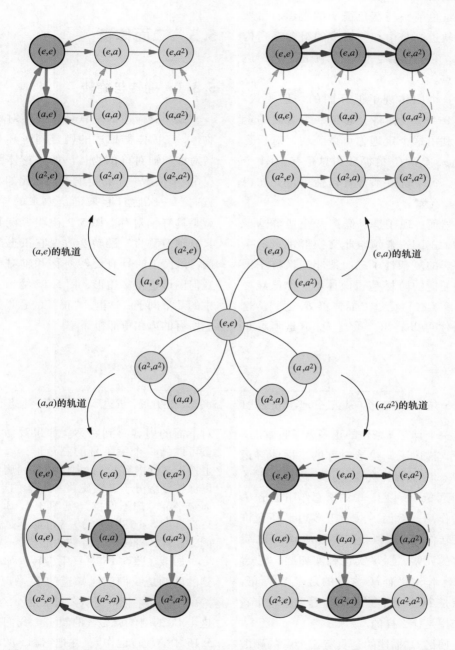

图 5. 14 中心位置的是 $C_3 \times C_3$ 的循环图，其四周分别是将对应轨道亮化的凯莱图。
这些凯莱图都是仿照图 2. 10 的原图构建的。

上面的两个轨道不需解释，它们分别是红色箭头与蓝色箭头的轨道。另外两个轨道则是由红蓝箭头的组合序列构造的，它们包含了前两个轨道没有到达的结点。

这个图体现了循环图的一般模式。在第 8.4 节，你将会看到一个著名的定理，利用这个定理你可以证明，对任意素数 p，$C_p \times C_p$ 的循环图总是有 $p+1$ 个轨道，每个轨道都含有包括单位元在内的 p 个元素。

然而，现在是时候离开交换群这个温和的王国，来领略非交换群带来的丰富多彩的复杂性了。通往非交换群王国的最便捷的阶梯是二面体群。你已经在图 5.9（右）见过二面体群 D_4 了，从这个图你可以看出，虽然 D_4 不是阿贝尔

的，但是它与阿贝尔群十分接近。

5.3 二面体群

5.3.1 翻转与旋转

循环群描述的是只具有旋转对称的物体，二面体群描述的则是同时具有旋转对称和轴对称的物体。如果物体翻转（一般要沿着一个特定的方向，比如水平方向）一次后看起来仍是原来的样子，就是具有轴对称。图 5.2 说明螺旋桨不具有轴对称性—翻转会改变它占据的空间。最简单的具有旋转对称和轴对称的几何图形是正多边形，图 5.15 给出了其中的几个例子。这里，"正"的意思是它们所有的边和角都相等。

图 5.15　正多边形，从正三边形到正七边形：三角形、正方形、五边形、六边形、七边形。

一个具有 n 条边的正多边形叫做正 n 边形，描述正 n 边形对称的二面体群记作 D_n。由于旋转会保持正多边形占据的空间不变，所以 C_n 中的所有作用也是 D_n 中的作用。然而，由于正多边形还允许做翻转作用，所以我们猜测 D_n 含有比 C_n 更多的元素，而事实也确实如此。C_n 含有 n 个作用，而 D_n 含有的是 C_n 的两倍，也就是 $2n$ 个。下面我们来看看这 n 个新的作用是什么样的。

回忆 C_3 描述的是具有三个臂的硼酸分子的对称（见图 3.6）。我们把它与正三边形（即等边三角形）的对称做一下对比。（如果你做了习题 2.18，那么就会

对下面的内容感到熟悉。如果没做，那么可以做一个编了号的三角形，以便跟上接下来的内容。）我们已经看到旋转可以保持硼酸分子、螺旋桨和风车的形状，而水平翻转却不保持（见图 3.4、3.5 和 5.2）。图 5.16 表明等边三角形不是这样的，旋转和翻转都保持它的形状。

如果在图 5.16 中只用旋转，那么得到的群就是我们已经知道的 C_3 在 D_3 中的副本。如果把顺时针旋转记为 r，那么这个 C_3 的副本就是 r 的轨道。我们把图 5.16 中的翻转记作 f，并把它和 r 的轨道放在一起看看会发生什么。从初始位置出发，经一次水平翻转，我们到达一个新的位置，一个 r 轨道之外的位置。再从

这个新的位置出发，利用 r 又可以到达两个新的位置。这三个新的位置使结点总数变成了六个。对任何新位置作用 f 都会使我们回到 r 的轨道，因此，D_3 中作用的完整列表是 e、r、r^2、f、rf 和 r^2f。事实上，如果你做了习题 2.18 的话，这就是你遍历并仔细标记凯莱图的过程。

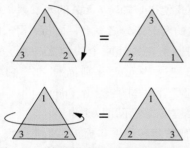

图 5.16　旋转和水平翻转都保持等边三角形的形状不变。为了体现出这些作用的效果，图中对三个角编了号，就像习题 2.18 中的那样。

5.3.2　D_n 的凯莱图

图 5.17 最左端的是 D_3 的凯莱图，它的样子就像刚才描述的那样。这个图看着很熟悉吧（即使不考虑习题 2.18），因为 D_3 已经在本书里出现过了，但是它是以 S_3 的名义（见图 2.10）出现的。事实上，这两个名字都很常用，在本章的结尾你会看到 S_3 这个名字的由来。

每个二面体群的大小各不相同，但作为一个家族，它们具有共同的重要结构特征。其他二面体群的凯莱图，例如图 5.17 中间的 D_5，都与 D_3 类似。图 5.17（右）给出了 D_n 的一般模式。

这些凯莱图的外环是 r 的轨道，这是循环群 C_n 的一个副本。里面是一个与外环阶数相同的圈，但方向不是顺时针，而

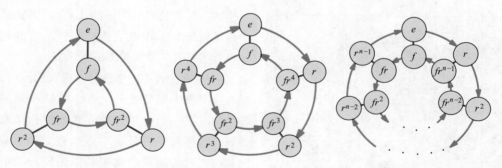

图 5.17　二面体群 D_3（左）、D_5（中）以及 D_n（右）的凯莱图。

是逆时针。为了弄清反向的原因，可以想象你自己拿着一个三角形，方式如图 5.16 左端的初始状态。你的朋友面对你站着，你把三角形举到你俩中间的位置，此时你看到的是三角形的正面，而你的朋友看到的是背面。可以通过对三角形做 f 作用，互换你和你朋友看三角形的角度。当你看到的是三角形的初始状态时，

你的朋友看到的则是它翻转后的状态，也就是图 5.16 右下方的样子。

你用 r 去作用三角形与你朋友去作用是不同的。当你朋友顺时针旋转三角形时，在你看来却是逆时针的。即使你通过翻转三角形来临时转换到你朋友的角色，先顺时针旋转，然后再翻转回去，结果也是一样的，总的效果还是一次逆

时针旋转。用代数语言说就是 $frf = r^{-1}$。

图 5.17 的内环代表了你朋友的观察角度，你可以通过执行一次 f 作用到达这个角度，还可以以同样的方式回来。因此，f 作用连接了内环和外环。由于内环对应于三角形另一侧的观察角度，顺时针与逆时针发生了转换，所以 r 作用会反向。

5.3.3 D_n 的乘法表

根据上面的讨论，D_n 中的元素可以分成内环和外环两部分，这一点在乘法表中也可以看到。观察图 5.18 中 D_5 的乘法表。不难把乘法表分成四部分，先水平分成两份，再竖直分开。事实上，方格的颜色会使你自然而然地这样做。

	e	r	r^2	r^3	r^4	f	fr	fr^2	fr^3	fr^4
e	e	r	r^2	r^3	r^4	f	fr	fr^2	fr^3	fr^4
r	r	r^2	r^3	r^4	e	fr^4	f	fr	fr^2	fr^3
r^2	r^2	r^3	r^4	e	r	fr^3	fr^4	f	fr	fr^2
r^3	r^3	r^4	e	r	r^2	fr^2	fr^3	fr^4	f	fr
r^4	r^4	e	r	r^2	r^3	fr	fr^2	fr^3	fr^4	f
f	f	fr	fr^2	fr^3	fr^4	e	r	r^2	r^3	r^4
fr	fr	fr^2	fr^3	fr^4	f	r^4	e	r	r^2	r^3
fr^2	fr^2	fr^3	fr^4	f	fr	r^3	r^4	e	r	r^2
fr^3	fr^3	fr^4	f	fr	fr^2	r^2	r^3	r^4	e	r
fr^4	fr^4	f	fr	fr^2	fr^3	r	r^2	r^3	r^4	e

图 5.18　二面体群 D_5 的乘法表。

这是由于乘法表的表头是按顺序排列的：先列出了凯莱图外环的元素（从 e 到 r^4），然后是内环的元素（从 f 到 fr^4）。这使得乘法表左上角的四分之一只显示了外环元素间的相互作用。由于凯莱图的外环是 C_5 的一个副本，所以乘法表的左上四分之一是 C_5 乘法表的一个副本。

我们将在下一节和习题 5.35 中进一步研究这个乘法表。

5.3.4　第 7 章的一点预告

观察图 5.18 的整体颜色分布模式。左上角四分之一与右下角四分之一颜色一样，而左下角与右上角一样。这个颜色模式使得与翻转 f 无关的元素聚集在乘法表的两个四分之一上，而与 f 相关的元素则聚集在另外两个四分之一上。如果我们把这些元素分别简称为"翻转元（flip）"和"非翻转元（non - flip）"，那么聚集模式揭示出以下事实：

任何非翻转元乘非翻转元是非翻转元。

任何非翻转元乘翻转元是翻转元。

任何翻转元乘非翻转元是翻转元。

任何翻转元乘翻转元是非翻转元。

图 5.19 在乘法表中标注了这个聚集模式。结果是一个简单的 2×2 的表格覆盖了原来 10×10 的表格。这个 2×2 的表格其实就是一个 2 阶群的乘法表。

D_5 乘法表中的颜色分布模式揭示出，在这个表中隐藏着一个更小的群——C_2 的结构。把一个群用这种方式收缩称作取商，这里我们只是做一点预告。群的商和与之对应的群的乘积是群论研究的中心，第 7 章会详细地介绍这两部分。我们将看到二面体群 D_n 可以由 C_n 与 C_2 做半直积得到，而图 5.19 中的商则是这个乘积的逆运算。

5.3.5 D_n 的循环图

在离开二面体群之前，我们来观察一下二面体群的循环图，以增强我们对 D_n 中元素的角色的理解。图 5.6 表明在 D_3

	e	r	r^2	r^3	r^4	f	fr	fr^2	fr^3	fr^4
e	e	r	r^2	r^3	r^4	f	fr	fr^2	fr^3	fr^4
r	r	r^2	r^3	r^4	e	fr^4	f	fr	fr^2	fr^3
r^2	r^2		非翻转元		r	fr^3	翻转元		f	fr
r^3	r^3	r^4	e	r	r^2	fr^2	fr^3	fr^4	f	fr
r^4	r^4	e	r	r^2	r^3	fr	fr^2	fr^3	fr^4	f
f	f	fr	fr^2	fr^3	fr^4	e	r	r^2	r^3	r^4
fr	fr	fr^2	fr^3	fr^4	f	r^4	e	r	r^2	r^3
fr^2	fr^2		翻转元		f	r^3		非翻转元		r^2
fr^3	fr^3	fr^4	f	fr	fr^2	r^2	r^3	r^4	e	r
fr^4	fr^4	f	fr	fr^2	fr^3	r	r^2	r^3	r^4	e

图 5.19　D_5 的乘法表，其中 flip 为翻转元，non – flip 为非翻转元，根据是否与翻转相关，元素聚集到不同的区域。这个 2×2 模式与 2 阶群的乘法表（右图所示）一致。

中 r 的轨道包含三个元素，r 轨道之外的每个元素都处在一个更小的、只包含其自身和单位元的轨道中。比 D_3 更大的二面体群也遵从这个模式。D_n 由一个含 n 个元素的 r 轨道与另外 n 个位于二阶轨道的元素组成。下面，我们来分析一下为什么是这样。

D_n 中任何不在 r 的轨道上的元素都可以写成 fr^m 的形式，其中 m 是一个从 0 到 $n-1$ 之间的整数。（如果你想不起为什么可以写成这样，请回去看一下图 5.17。）下面我来解释为什么作用两次 fr^m 的结果会和什么都没做一样。回忆第 5.3.2 小节关于你和你朋友拿着三角形的论述。这个例子告诉我们，做作用 frf 相当于做反向的 r 作用。之所以会这样，是因为把 f 围绕在 r 两侧的作用对我们来说就像扮演对面朋友的角色。这个结论也适用于两侧都围绕了 f 的 r^m，也就是说

$fr^m f$ 就相当于 r^m 的反向作用。于是，做了 $fr^m f$ 后再做 r^m 就会使三角形回到初始位置。用代数符号表示就是 $fr^m f = r^{-m}$ 或 $fr^m fr^m = e$。两种写法都表明做两次 fr^m 会回到初始状态。

这个解释与所考虑的正多边形是否是三角形无关；它可以是五边形、正方形，或任何其他正多边形。因此，在任何 D_n 中，每个 r 轨道之外的元素都会拥有各自的二阶轨道。这使得 D_n 的循环图看起来就像一个 n 阶环在单位元处连接了许多二元轨道。图 5.20 是 D_4、D_5 与 D_n 的一般模式。

D_n 是我们见到的第一个非阿贝尔群族的成员，现在是离开它继续前行的时候了。正如你在图 5.9 看到的那样，二面体群在结构上非常接近阿贝尔群，所以并不是很复杂。而接下来的章节将会打开闸门，彻底释放群论复杂性的洪荒之力。

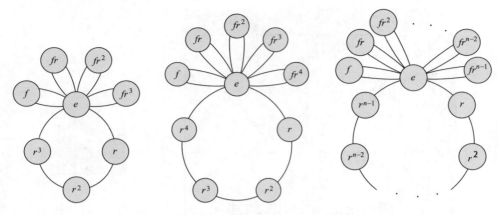

图 5.20　D_4、D_5 的循环图，以及 D_n 循环图的一般模式。

5.4　对称群与交错群

我们在这本书里见过的许多群都是关于物体重置方式的。第 1 章的习题让你重置桌子上的硬币和墙上的画。我们还讨论过魔方，这可以看作重置魔方上的彩色方块。在第 3 章，我们把一些物体的对称部分编上号码，于是对这些物体的操作可以看作是对号码的重置。重置——数学家称之为置换——与群论有着密切的联系，原因有两个。第一，我们将遇到两个重要的群族：对称群和交错群，这两类群可以很自然地由置换构造出来。其次，我们将看到凯莱定理的一个可视化证明，从这个证明可以看出，置换是一个强有力的工具，有了它，我们可以构造任何一个群。

5.4.1　置换

置换是对一系列物体进行重新安置的作用。置换可以描述牌桌上的洗牌，一个单词中字母的重组，以及你对 CD 的

分类方式等等。数学家通常更倾向一些较小正整数的排列，部分原因是这可以使置换很容易地被写出。

假设我们有四个要重新排列的物体，按照数学家的习惯，分别设为 1、2、3 和 4。图 5.21 给出了几个置换这四个数字的方式。数学家用以表示置换的符号有很多种，不过我们将采用图 5.21 中的符号。

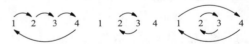

图 5.21　数字 1、2、3 和 4 的三个置换。最左边的置换把每个元素向右移了一位，而把 4 移到了最左端。中间的置换没有改变 1 和 4 的位置，而互换了另外两个元素。

5.4.2　置换群

置换符合我们对群的所有要求（定义 1.9）。如果选取某个事物集合（例如数字 1、2、3 以及 4）的所有置换，那么显然，我们就有了一个事先定义好的、不会发生变化的作用列表（满足法则 1.5），其中每个作用都不是模糊的（满足法则 1.7）。另外，任何两个置换依次

作用的结果都可以很容易地通过一个置换来完成，也就是说两个作用可以组合（满足法则 1.8）。图 5.22 通过例子说明了任意两个置换是如何组合的。最后，每个置换都是可逆的（满足法则 1.6），图 5.23 是逆置换的例子。这就是为什么这本书里很多例子都是关于重置物体的：置换是自然的构造群的工具。

这个置换	紧跟着这个置换	等于这个置换

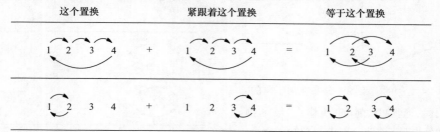

图 5.22　将两个置换组合成一个新置换的两个例子。在上面的行中，第一个置换把 1 换成了 2，而第二个置换把 2 换成了 3，所以它们的组合一定是把 1 换成了 3。在下面的行中，第一个置换把 1 换成 2，而第二个置换没有改变 2，所以合起来的结果是 1 换成 2。你自己试着追踪 2、3、4 在每对组合置换下的路径。

例如，习题 1.4 要求你列举出所有可能的重置三面墙上的三幅画的方式。习题 2.5 则是在建立习题 1.4 的基础上，要求你画出那个群的凯莱图，习题 4.8 又要求你写出它的乘法表。我们在本章中已经看到，这个群有一个名字叫做 D_3，但是在前面几章，我们一直在称呼它的另一个更常用的名字：S_3。这里，字母 S 代表对称，因为一个给定集合的所有置换组成的群叫做**对称群**。所以，S_n 表示由 n 个物体的所有置换组成的群。

置换	逆置换

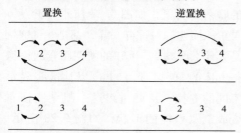

图 5.23　置换与逆置换的两个例子。试着用图 5.22 中做置换组合的方法，把图中的每个置换与它的逆置换组合。结果将总是没有移动任意数字的置换。

我们已经见过 S_3 的乘法表了，但还没有遇到过对称群族的其他成员。在习题 5.18 中，你将自己来分析这个群族中最小的成员：S_1 和 S_2，然而更大的群 S_n 既复杂又引人入胜。它们的阶增长迅速；S_n 的阶是 n 的阶乘（记作 $n!$，表示从 1 到 n 的所有整数的乘积）。因此，S_4 的阶为 $1 \cdot 2 \cdot 3 \cdot 4 = 24$，$S_5$ 的阶为 $1 \cdot 2 \cdot 3 \cdot 4 \cdot 5 = 120$。像 S_5 这样大的群，其凯莱图可能乱成一团从而很难画出，不过 S_4 的凯莱图还算够小，有一个非常令人满意的陈列方式，如图 5.24 所示。这个图看上去像一个正方体，这并不是巧合，你将在下节看到原因。

尽管 n 个物体的所有置换的全体形成一个群，但是构造一个置换群并不需要一个给定集合的所有置换。一般来说，只从 S_n 中选取一部分置换也可能得到一个群。一个广为人知的方法是，恰好选取 S_n 中的一半元素，由此构造出的群称为**交错群**。这里不是任意选取一半即可，

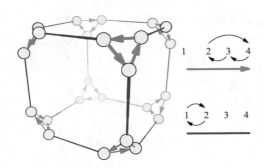

图 5.24 S_4 的凯莱图, 分布在削了角的正方体 (通常叫做削角正方体) 上。右侧的图例指明了箭头分别代表 S_4 中的哪个置换。为了避免混乱, 结点的标签省略掉了。

事实上随机选取几乎不能得到一个群。不过, 如果你选取 S_n 中每个元素并取其平方, 那么这些平方元的全体恰好是 S_n 的一半, 这就是交错群, 记作 A_n。图 5.25 演示了从 S_3 构造 A_3 的过程。回忆习题 4.21, 阶为 3 的群的结构只有一种, 因此, A_3 的结构与循环群 C_3 相同。

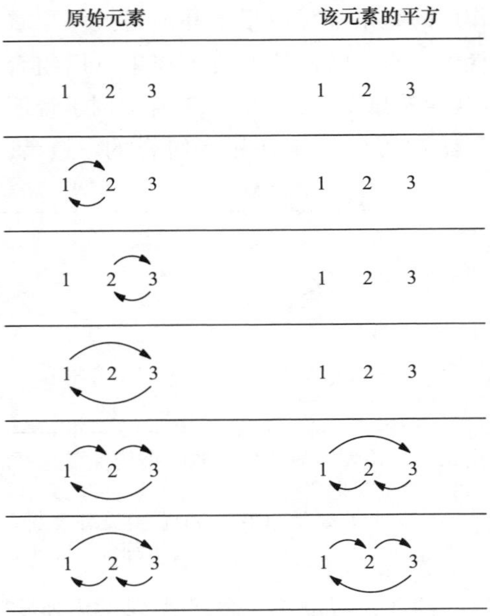

原始元素			该元素的平方		
1	2	3	1	2	3
1	2	3	1	2	3
1	2	3	1	2	3
1	2	3	1	2	3
1	2	3	1	2	3
1	2	3	1	2	3

图 5.25 左边的列是 S_3 中的所有元素, 右边的列是它们的平方。由于六个元素的平方中有四个等于单位元 (没有移动任何数字的置换, 即 "无作用"), 所以右边的列只含有三个不同的元素。这三个元素组成了群 A_3。

5.4.3 柏拉图立体

在三维空间中, 所有的面都是正多边形并且相邻面之间的角度都相等的多面体只有五种。我们把它们称为柏拉图立体, 你可以在图 5.26 看到它们的效果图。这里提及它们是为了阐述它们与对称群、交错群之间的联系。

回想第 3 章讲过的对任何三维物体的对称性进行分类的技术。我们曾将之应用于分子、舞者以及其他事物。我们也可以将之应用于柏拉图立体。习题 5.25 要求你对四面体应用这一技术, 并且帮你画好了一个图。对其他柏拉图立体应用这个技术, 特别是对正八面体和正二十面体, 将是对记账能力的一种挑战。不过, 这项工作已经完成了, 我们将在后面看到其结果。

正四面体的对称群是 A_4, 所有四元置换的一半。我们可以用一种方式画出它的凯莱图, 从而使它与正四面体之间的联系更明显, 如图 5.27 所示。正方体与正八面体的对称群一样, 都是 S_4。这就是为什么图 5.24 中 S_4 的凯莱图看起来像正方体的原因。我们也可以让箭头表示不同的置换, 从而重组这个凯莱图使它变成正八面体的形状, 如图 5.28 所示。正十二面体与正二十面体也具有相同的对称群, A_5, 其阶为 60。所以, A_5 的凯莱图也可以调整为这两种形状中的任何一种, 如图 5.29 所示。

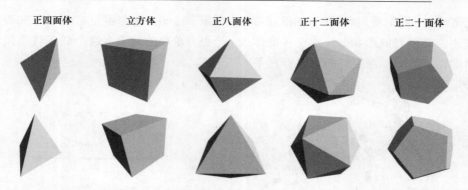

正四面体　　立方体　　正八面体　　正十二面体　　正二十面体

图 5.26　五种柏拉图立体，三维空间中仅有的以相同的正多边形作为面、相邻面之间的
角度都相等的物体。为了说明立体形状，每个立体都是从两个不同角度呈现的。

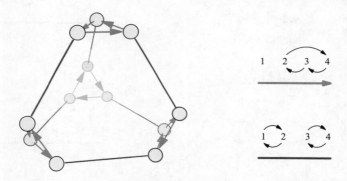

图 5.27　A_4 的凯莱图，排列于一个削角正四面体上。右边的图例说明了箭头代表
的是 A_4 中的哪个置换。与图 5.24、5.28 和 5.29 一样，为避免混乱，结点标记被省略了。

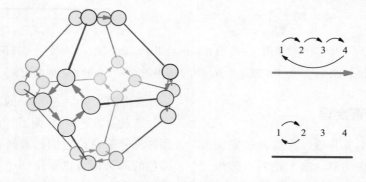

图 5.28　分布于削角正八面体的 S_4 的凯莱图。（与图 5.24 的削角正方体比较一下。）

所以，置换群在群论中占有十分重
要的地位。我们已经看到，用置换群可
以十分容易地构造群，给定一个数 n，只

要取所有 n 元置换即可。我们把这样的
群称为对称群 S_n。从每个 S_n 中恰好选取
一半的元素，我们就得到了交错群 A_n。

在此基础上，我们看到 S_n 和 A_n 的群族可以描述一些漂亮的形状——五种正多面体的对称性。然而，置换群的重要性还不仅限于这些，它与群论之间还存在着一个更为重要的联系。这个联系就是凯莱定理。

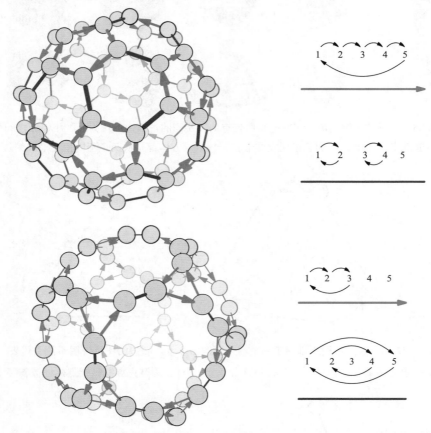

图 5.29 A_5 的两个凯莱图，一个分布在削角正十二面体上，另一个分布在削角正二十面体上。为了实现这一点，两个图中的箭头代表的是不同的元素。

5.4.4 凯莱定理

在第 5.4 节开始，我曾说过置换群可用来构造任何群。这个论断有效地指出整个群论都可以建立在置换上，这个事实就是凯莱定理。作为证明这个定理的第一步，我们先来看看任意凯莱图和乘法表如何描述了一个由置换构成的集合。

观察图 5.30（左）S_3 的凯莱图。图中的结点用数字 1～6 编了号，以便用熟悉的符号来讨论它们的置换。图中每种颜色的箭头都可以看作一个置换：红色箭头把 1 变成 2，2 变成 3，3 变成 1，4 变成 6，等等。对应的置换放在图 5.30 的右上方。图中的蓝色箭头把结点成对地互换，对应的置换在红色置换的下方。为了从图上构造出这些置换，我只需要把标记结点的数字 1~6 按顺序写成一行，然后按照图中箭头连接结点的方式，把这些数字用箭头连接起来。

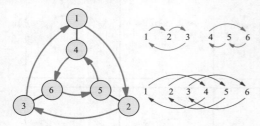

图 5.30 S_3 的凯莱图，为了更好地分析箭头如何置换元素（如右所示），结点分别标上了 1~6 的数字。

凯莱定理表明，这两个置换形象地体现了 S_3 六个元素间的关系。即，如果用图 5.30 中的两个置换生成一个群，我们就会发现这些置换及其组合构成一个含有六个元素的、结构与 S_3 相同的群。而且，红色置换在这个群中的作用形式与 r 在 S_3 中的一样，蓝色置换的作用形式与 f 在 S_3 中的一样。结构相同的两个群称为**同构**的，这个术语我们将在第 8 章学习，现在姑且先拿来一用。目前，我们还没证明凯莱定理，不过很快就会证明。首先，我们来看看这个定理与乘法表之间的联系。

在图 5.30 中，我由凯莱图的箭头构造了置换，这两个置换代表的是右乘作用。那么，乘法表的哪部分体现了右乘呢？观察图 5.31 中群 V_4 的乘法表，为了便于与置换对应，其中的元素用 1~4 重新进行了命名。

每个方格里是它的行标乘它的列标所得的结果。所以乘法表的每一列都包含了每个行标与一个固定的列标的乘积。

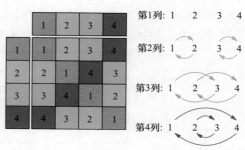

图 5.31 V_4 的乘法表，为了便于分析箭头如何置换了元素，结点分别标上了数字 1~4。每个箭头颜色对应的置换都列在了右边。

例如，图 5.31 中乘法表标有 3 的列包含了群中每个元素右乘 3 的结果。这列完整地记录了在 V_4 中右乘 3 的含义。注意这列只是数字 1~4 的一个重新排序，即一个置换。（习题 4.15 的答案解释了为什么乘法表的每列总是元素的一个重新排序。）这列把 1 变成了 3，2 变成 4，3 变成 1，4 变成 2。我们可以用下面的置换来表示它：

因此，乘法表的每列都是行标的一个置换。图 5.31 中乘法表的四列所代表的置换在该图的右边。

注意，我们可以像图 5.30 那样处理任何一个凯莱图，也可以像图 5.31 那样处理任何一个乘法表。这两者间的重要区别在于，由乘法表，我们不只是得到用以生成整个群的几个置换，而是得到组成这个群的所有置换。之所以会有这样的区别，是因为乘法表的列标包含了每个群元素，而凯莱图中的箭头通常只描绘了一个生成元集。凯莱定理表明，在这两种情形下，得到的群都和原来的群结构相同。现在，是时候来看看为什么凯莱定理是正确的了。我们首先给出一个基于图 5.30 和 5.31 的证明，然后用图 5.32 解释这个证明。

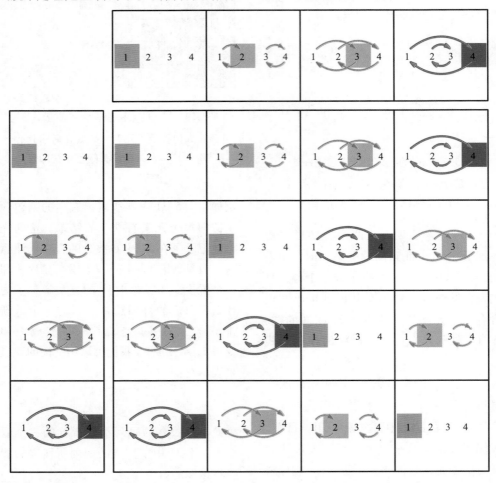

图 5.32　由图 5.31 构造的置换组成的乘法表。每个方格都用与图 5.31 中对应的颜色标明了 1 经这些置换后的结果，以强调箭头颜色已经说明的事实：两个乘法表的模式相同。

定理 5.1　（Cayley）每个群都同构于一个置换群。

证明　我们刚才看到，对任意群中的任意一个元素，都可以由该群的乘法表的列构造出一个与之对应的置换，就像图 5.31 示范的那样。同样，我们也可以由这些置换写出一个乘法表。这个证明解释了为什么这样得到的乘法表一定会与原来的一样。

为了叙述方便，我们分别用 $1 \sim n$ 表示群中的元素，其中 1 代表单位元，就像图 5.31 那样。我们还需要一个方法来表示所构造出的置换，即，对原始群的每个元素按照图 5.31 的方法构造的置换。

我们把由第一列构造的置换记作 p_1，由第二列构造的置换记作 p_2，以此类推。现在，我们就有了两个乘法表：一个是原始的、含有数字 $1 \sim n$ 的乘法表，一个是新构造的、含有置换 p_1 到 p_n 的乘法表。

想象我们在新乘法表中看见 p_i 对应的行与 p_j 对应的列的交叉点上的元素是 p_k。也就是说，乘法表告诉你 $p_i \cdot p_j = p_k$。现在我要证明，这些置换忠实地代表了原始群中它们所对应的元素，即原乘法表中一定是 $i \cdot j = k$。

考虑这些置换对原始群中的单位元是如何作用的。由于 p_k 表示的是乘法表中"乘 k"的列，所以 p_k 作用在 1 上意味着用 k 乘 1。用公式表示就是 $p_k(1) = 1 \cdot k = k$。同样，$p_i \cdot p_j$ 作用在 1 上意味着用 i 乘 1，然后再用 j 乘，如下：[一]

$$p_i \cdot p_j(1) = 1 \cdot i \cdot j = i \cdot j$$

由于 $p_i \cdot p_j = p_k$，所以 p_k（1）与 $p_i \cdot p_j$（1）的结果必须相同。由于前者等于 k，后者等于 $i \cdot j$，于是 $i \cdot j = k$。

因此，置换乘法表中的任何等式 $p_i \cdot p_j = p_k$ 都是原始群中等式 $i \cdot j = k$ 的一个复制品。于是整个置换群服从的乘法模式与原始群相同，定理得证。　□

这个证明可以概括为两个步骤：对一个群的乘法表的每一列构造一个置换，然后观察这些置换作用在群的单位元上的结果。图 5.32 呈现了这两个步骤。它是由图 5.31 得到的置换组成的群的乘法表，每个方格都用彩色标出了单位元 1

在这些置换下的结果。图 5.31 与图 5.32 之间的对应是很明显的：如果我把图 5.32 中除彩色数字外的数字都拿掉，那么剩下的就是图 5.31 中的乘法表。

5.4.5　小结

想想你在本章中学了多少！你见识了五大著名群族，以及其中许多成员的阶、凯莱图和乘法表。你学习了循环图、置换，还有群论中最基本的定理之一的证明。如开始承诺的那样，你现在知道的群的知识让你具备了更强的能力来回答诸如本章最开始的问题。在接下来的习题中，请试着运用你新学的知识来解答，特别是第 5.5.5 小节的习题。

5.5　习题

5.5.1　基础知识

习题 5.1　如果一个群仅由一个元素生成，那么它是哪一类群？

习题 5.2

（**a**）在群 C_5 中，计算 $2 + 2$。

（**b**）在群 C_5 中，计算 $4 + 3$。

（**c**）在群 C_{10} 中，计算 $8 + 7$。

（**d**）在群 C_{10} 中，计算 $9 + 1$。

（**e**）在群 C_3 中，计算 $2 + 2 + 2 + 2 + 2 + 2$。

（**f**）在群 C_{11} 中，计算 $10 - 8 + 1 - 7 + 6 + 5$。

习题 5.3　判断下列说法是否正确。

（**a**）每个循环群都是阿贝尔的。

[一]　说明一下：这里我用的是我做函数复合的习惯。由于我用符号 $f \circ g$ 表示"先 f 再 g"，所以这里 $(f \circ g)(x) = g(f(x))$。

（**b**）每个阿贝尔群都是循环群。

（**c**）每个二面体群都是阿贝尔的。

（**d**）有些循环群是二面体群。

（**e**）存在阶为 100 的循环群。

（**f**）存在阶为 100 的对称群。

（**g**）如果一个群中有些元素对可交换，那么这个群是阿贝尔的。

（**h**）如果一个群中每对元素都可交换，那么这个群是循环的。

（**i**）如果一个群的凯莱图中不会出现图 5.8（左）的模式，那么这个群是阿贝尔的。

习题 5.4

（**a**）利用图 5.17 中 D_5 的凯莱图，在该群中计算 $r \cdot f \cdot r$。

（**b**）在 D_3 中做上述的计算，结果与之前是否相同？

（**c**）在 D_n 中做上述的计算，结果是否相同？

（**d**）在本章中，我曾把 D_n 描述为满足 $frf = r^{-1}$ 的群。试用这个等式证明你对（**c**）的回答。

习题 5.5 比较本书中介绍的三种可视化方法：凯莱图、乘法表、循环图，分析它们各自的优缺点。

5.5.2 理解群族

习题 5.6 画出下列可视化效果图。

（**a**）C_9 的循环图。

（**b**）D_4 的凯莱图。

（**c**）D_2 的乘法表。

习题 5.7 用文字描述 C_{999} 的下列可视化效果图分别是什么样子。

（**a**）凯莱图。

（**b**）乘法表。

（**c**）循环图。

习题 5.8 用文字描述 D_{999} 的下列可视化效果图分别是什么样子。

（**a**）凯莱图。

（**b**）乘法表。

（**c**）循环图。

习题 5.9 前十个对称群：S_1 到 S_{10}，阶分别是多少？它们对应的交错群：A_1 到 A_{10}，阶分别是多少？解释你对 A_1 的阶的答案。

习题 5.10 第 3 章的习题曾要求你构造一些凯莱图。本章介绍了一种基于凯莱图的判断群是否可交换的方法。

对下面提到的每个第 3 章的习题，首先判断由该习题构造的凯莱图是否表示了一个阿贝尔群。然后判断这个群是否属于本章介绍的五个群族。如果属于，写出这个群的名字（如，D_4、S_3，等等）。说明你的理由。

（**a**）习题 3.5。

（**b**）习题 3.6。

（**c**）习题 3.7。

（**d**）习题 3.8。

（**e**）习题 3.11。

（**f**）习题 3.13。

（**g**）习题 3.14。

（**h**）习题 3.16。

习题 5.11 解释为什么每个循环群都是阿贝尔群。

习题 5.12 在判断一个凯莱图是否代表了一个阿贝尔群的时候，为什么只要考虑箭头就足够了？为什么不需要验证每一个可行路径组合？

习题 5.13

（**a**）利用图 5.31 的乘法表，创建群 V_4

的循环图。

（**b**）利用习题 4.6（c），创建群 A_4 的循环图。

习题 5.14

（**a**）是否存在阶为 7 的二面体群？

（**b**）如果 A_n 的阶为 2520，那么 n 等于多少？

（**c**）如果 A_n 的阶是 m，那么 S_n 的阶是多少？

习题 5.15　计算下列每个群中指定元素的轨道。你的答案将是群中的一系列元

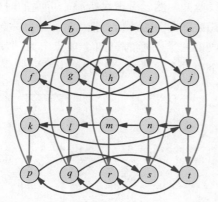

习题 5.16　回忆习题 4.25 中关于生成元的记号。使用该记号在下列空白处填写生成该群所需的生成元。要使用尽可能少的元素。

（**a**）$C_n = \{0, 1, \cdots, n - 1\} = \langle \underline{\qquad} \rangle$。

（**b**）$D_n = \{e, r, \cdots, r^{n-1}, f, fr, \cdots fr^{n-1}\} = \langle \underline{\qquad} \rangle$。

5.5.3　小成员

群族 D_n、S_n 和 A_n 中许多最小的成员并不像这些群族中的较大成员那么复杂。下面的习题要求你研究最简单的（即最小的）二面体群、对称群，以及交错群。

素，并且最后一个是单位元。

（**a**）群 D_{10} 的元素 r^2。

（**b**）群 C_{16} 的元素 10。

（**c**）群 C_{30} 的元素 25。

（**d**）群 C_{42} 的元素 12。

（**e**）下面左边的凯莱图所代表的群中的元素 s（假设左上角的元素 a 是单位元）。

（**f**）下面右边的凯莱图所代表的群中的元素 l（假设顶端的元素 a 是单位元）。

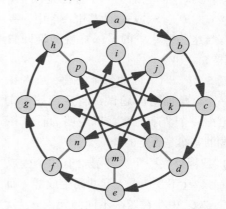

习题 5.17　构造最小的二面体群 D_1、D_2、D_3 等的乘法表，直到你找到这个群族中第一个非阿贝尔成员。它是哪一个？你是如何判断的？

习题 5.18　对对称群 S_n 重复习题 5.17。请使用本章中的置换符号。

习题 5.19　对习题 5.18 中你构造过乘法表的每个对称群，仿照图 5.25 计算对应的交错群的元素。对你计算的每个交错群，构造

（**a**）乘法表。

（**b**）凯莱图。

（**c**）循环图。

习题 5.20　如果我们不关心元素的名字，

而只关心群的结构，那么在群族 C_n、D_n、S_n 和 A_n 中有些最小的成员不只属于一个群族。例如，D_1 是一个含有两个元素的群，它的乘法表与 C_2 的模式相同，如下所示。

还有哪些群不只属于一个本章中学过的群族？（这个问题的另一个提法是，"在群族 C_n、D_n、S_n 或 A_n 的其中一个中，有没有与这些群族中的另一群族的群同构的群？"）

习题 5.21 对下面的每个问题，或者找到一个群从而对问题做出肯定回答，或者给出一个清晰的解释以说明为什么该问题的答案是否定的。

（a） 是否存在一个循环群恰有四个生成元？（不是四个元素共同生成群，而是 C_n 中存在四个不同的元素 a、b、c、d，使得 $C_n = \langle a \rangle = \langle b \rangle = \langle c \rangle = \langle d \rangle$。）这样的群是否不只一个？

（b） 是否存在一个循环群恰有一个生成元？这样的群是否不只一个？

习题 5.22 打开 Group Explorer，按群的阶对数据库进行分类，最小的群放在最上边。你在列表的哪里找到的第一个不属于在本章介绍的任何群族的群？它的名字和阶分别是什么？你如何看出它不在你学过的任何一个群族中？

5.5.4 提高篇

习题 5.23 本章把螺旋桨和风车作为可以由循环群描述其对称的例子，也就是只有旋转对称的物体。还有哪些物体属于这个范畴？

习题 5.24 本章把正多边形作为可由二面体群描述其对称的例子，也就是同时具有旋转对称和轴对称的物体。还有哪些物体属于这个范畴？

习题 5.25 利用定义 3.1 的技术分析正四面体的对称，画出其对称群的凯莱图。这里有一些提示，可以帮助你开始。

首先，如果你需要一个正四面体，那么在一张纸上画出下面的形状，沿实线剪开，然后沿虚线折叠。折叠的时候，让数字在图的外面，把"1"合在一起形成该三维图形的第四个顶点。为了使这个顶点合在一起，你可能需要胶带。

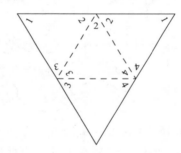

第二，在你开始之前，选定四面体的一个方位。比如，你可以让其中的一个面平放在桌面上，而让另一个面正对着你。当然，在你操作四面体时，桌面上的面或正对你的面会发生改变。

第三，如果你想得到类似图 5.27 的凯莱图，那么用下面的两个作用：一个作用是任意选择一个顶点，把四面体旋转 120°，如下面左图所示。另一个作用是，把指尖放在相对的两条边（即互不相交的边）的中点处，然后把四面体旋转 180°，如下面右图所示。

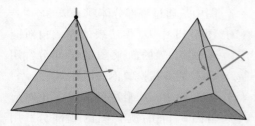

习题 5.26　在本章中你已经学过，正四面体的对称群是 A_4。我们可以把它看作四个顶点的置换，就像你在习题 5.25 看到的那样。四面体的什么物理特性使得它的对称群不是整个 S_4 呢？

习题 5.27　你在本章中看到，S_3 和 D_3 是同一个群的两个不同的名字。然而，没有更大的二面体群也是一个对称群了。对此，请给出一个基于 n 多边形性质的解释（$n \geq 4$）。

习题 5.28　第 5.2.3 节描述了 $C_p \times C_p$ 的循环图的样子，其中 p 是一个素数。请画出 $C_5 \times C_5$ 的循环图。（不必标出元素。）

习题 5.29　下面每个小题都会帮助你回答后面的小题。

（a） C_n 中每个元素 a 都可以生成整个群，即 $C_n = \langle a \rangle$，对吗？为什么？如果不对，那么 C_n 中哪个元素 a 不能生成整个群？

提示：虽然以你现在所掌握的知识很有可能做出这个题，但如果它此时看起来太难的话，你可以在读完第 8.4 节后再回来解决它。

（b） 你能写出多少对元素 a、b，使得 $D_3 = \langle a, b \rangle$？如果我把 D_3 换成 D_n 呢？

（c） 你可能已经注意到 $D_3 = \langle rf, r^2f \rangle$，现在我要把它改写成 $\langle rf, r^{-1}f \rangle$。

这个生成元集还能生成其他 D_n 吗？可以生成哪些？你怎么知道的？

习题 5.30　在习题 4.32 中你曾看到，集合 **Z** 关于通常的加法是一个群。

（a） 构造它的凯莱图。

（b） 构造它的循环图。

（c） 它是阿贝尔的吗？

（d） 它还描述了其他物体的对称吗？

习题 5.31　把上个习题中的群 **Z** 看作一个无限循环群。你觉得无限二面体群会是什么样子？

习题 5.32　在习题 4.32 与 4.33 中，你曾研究过一些由数字组成的无限群。它们中有阿贝尔的吗？

5.5.5　拓展篇

习题 5.33　习题 4.25 介绍的生成群的符号，可以再加入描述元素间关系的等式，延伸成所谓的"群表述"。例如，S_3 可以表述为

$$\langle r, f \mid r^3 = 1, f^2 = 1, frf = r^{-1} \rangle$$

我们可以把这看作凯莱图的具体说明；r、f 说明凯莱图中会出现两种箭头颜色（r 表示一种颜色，f 表示一种），后面的等式告诉我们这些箭头如何连接。前两个等式：$r^3 = 1$ 和 $f^2 = 1$，告诉你生成元的阶，最后一个等式告诉你生成元之间的关系。这样的一个表述给了你逐步构造 S_3 凯莱图所需要的所有信息。

（a） 解释表述

$$\langle r, f \mid r^3 = 1, f^2 = 1, frf = r^{-1} \rangle$$

提供的信息如何使得你能够完成构造 S_3 的每个步骤。即，在逐步构造的过程中，写下每个步骤以及在该步骤中你是如何推断出你所需要的

信息的。

(b) 把表述式中的 3 换成 4，即 $\langle r, f \mid r^4 = 1, f^2 = 1, frf = r^{-1} \rangle$，重新做（a）。这个群是什么？

(c) 什么群的表述式是 $\langle a \mid a^n = 1 \rangle$？

(d) D_n 的表述式是什么？

(e) 画出群 $\langle a, b \mid a^4 = 1, b^4 = 1, a^2 = b^2, bab = a^{-1} \rangle$ 的凯莱图。

习题 5.34 本题通过使用与此前不同的生成元集给你一个 S_3 和 S_4 的不同视角。

(a) 群 S_3 可以由下面的两个置换生成。制作 S_3 的一个凯莱图，使得其中的箭头代表这两个元素。

(b) 群 S_4 可以由下面的三个置换生成。制作 S_4 的一个凯莱图，使得其中的箭头代表这三个元素。提示：可以放置在一个削角正四面体上，类似于图 5.28，不过要使用三个箭头颜色。

(c) 这有没有让你产生关于生成 S_n 的什么猜想？

习题 5.35 本题是分析 D_5 的乘法表（见图 5.18）与凯莱图（见图 5.17（中））之间联系的。首先从一个一般性的问题开始，这个问题会帮助我们把乘法表与凯莱图联系起来，然后对 D_5 应用这个问题的结论。

(a) 在一个群中，考虑等式 $a \cdot b = c$，其中 a、b、c 是群中的元素。那么这个群的乘法表的哪部分体现出 $a \cdot b = c$ 这一信息？同样的信息在凯莱

图中是通过哪部分体现出来的？

(b) 图 5.18 中 D_5 乘法表的左上角对应着图 5.17 的凯莱图的哪部分？用（a）的答案检验你的回答。

(c) 图 5.18 中 D_5 乘法表的左下角对应着图 5.17 的凯莱图的哪部分？用（a）的答案检验你的回答。

(d) 为什么右半部分的对角带的倾斜方向与左半部分相反？同样，这个答案也可以用（a）的答案来检验。

习题 5.36

(a) 是否存在任何元素都不是自身的逆元（单位元除外）的群？

(b) 上一个问题是本章第一页三个问题中的一个。请回答另外的两个问题。

(c) 在每个群里，任意两个轨道在单位元处相交。是否存在一个群，该群中含有两个仅在单位元相交的轨道？是否存在一个群，该群中有两条轨道恰在单位元和另一元素处相交？

(d) 找一个至少含有两个元素的群，使得方程 $x^2 = e$ 在这个群中只有一个解：$x = e$。

(e) 找一个群，使得方程 $x^2 = e$ 在这个群中恰有两个解。

(f) 找一个群，使得方程 $x^2 = e$ 在这个群中有两个以上的解。

(g) 找一个至少含有两个元素的群，使得方程 $x^3 = e$ 在这个群中有且只有一个解：$x = e$，或解释这样的群为什么不存在。

(h) 找一个群，使得方程 $x^3 = e$ 在这个群中有两个以上的解，或解释这样的群为什么不存在。

(i) 找一个群，使得方程 $x^3 = e$ 在这个群

中恰有两个解，或解释这样的群为什么不存在。

习题 5.37

（a）阶为 6 的不同的群有两个。它们的名字分别是什么？如果它们中有阿贝尔的，那么请指出是哪一个。

（b）如果仅有一个群具有给定的阶，那么这个群一定属于哪个群族？为什么？

（c）找出一些 n 的取值，使得只有一个 n 阶群。你能看出你找到的这些数具有什么模式吗？（第 7 章会讨论这个模式。）

提示：Group Explorer 里的数据库会加快你的寻找速度。

习题 5.38 利用代数证明，如果一个群中每个元素的阶都是 2，那么这个群是阿贝尔的。

习题 5.39 在有限群里，一个元素的轨道可以定义为该元素的所有正整数次幂。也就是说，a 的轨道是 $\{a^1, a^2, a^3, a^4, \cdots\}$，这个序列不会无限进行下去。因为这个群是有限的，所以序列中出现的元素中总会有一个（可能是 a^{20}，可能是 a^{1000}，也可能更靠后）等于序列中已经出现的某个元素。这意味着 a 的某个方幂一定等于 e，请解释为什么。

习题 5.40 本题的各个小题要求你去探索 D_4 中各元素之间的关系，以及不同的凯莱图如何用不同的方式体现出这些关系。从你在习题 5.6 中构造的 D_4 的凯莱图开始。要确保它服从图 5.17 给出的模式。

（a）制作这个图的另一个副本，但要做一点改动：把内环的元素重新排序，

使得代表 r 的箭头在这个环上都是顺时针的，就像它们在外环上的样子。为了使得到的图仍是 D_4 的凯莱图，你必须让连线保持相同的模式。因此，在新图中，一些 f 箭头将被拉伸，但试着让这样的拉伸尽可能地少。

（b）制作这个图的另一个副本，但这次重新排列两个水平箭头上的结点，使最上面的行代表 r 的由 e 出发的轨道，下面的行通过四个平行的 f 箭头与上面的行相连。

（c）制作这个两行图的另一副本，这次重新安排下面的行，使得对每个整数 m（从 0 到 3），元素 fr^m 在对应的元素 r^m 的下面。f 箭头将不再是相互平行的，但要尽量让它们排列规范。

（d）对二面体群 D_4 的这三种新的布局方式（从（a）～（c）），阐述如果对任意二面体群 D_n 用类似的布局方式，那么相应的凯莱图会是什么样子。

（e）在 Group Explorer 里，打开 D_4 的一个凯莱图。它并不服从图 5.17 的模式。你如何用本题里的方式来操作 Group Explorer 从而重新排列图中的结点？（你也许需要用到 Group Explorer 自带的帮助功能来获取一些关于操作凯莱图的信息。）

5.5.6 凯莱定理

习题 5.41 下面的应用实例将带给你一些关于凯莱定理的实践经验。

（a）观察 $C_2 \times C_4$ 的乘法表（见图 5.12（右）），从 S_8 中找出 8 个置换，使

得它们之间的乘法就像 $C_2 \times C_4$ 的一个副本。你或许想用数字 $1 \sim 8$ 对这些元素重新编号，从而得到这个乘法表的一个副本，那么图 5.31 中的例子可能对你有所帮助。

(b) 观察图 5.17 中 D_5 的凯莱图，仿照图 5.30 中的例子，找出两个可以代表图中箭头的置换。同样，这里用数字 $1 \sim 10$ 对元素编号也许会有所帮助。

(c) 从图 5.30 选取两个置换，构造它们以及其所有组合的乘法表。像图 5.32 那样组织你的乘法表，要突显出每个置换对单位元的作用。结果将表明，你构造的乘法表就是 D_3 的乘法表（见图 2.10，当时用的名字是 S_3）。

习题 5.42 凯莱定理指出，任何群都同构于一个由置换组成的集合。如果我们只考虑三个物品的置换（即 S_3 的元素），我们可以得到哪些群？举例来说，我们显然可以选取三个物品的所有置换，从而得到 S_3，也可以只选取 S_3 中的恒等置换，从而得到群 C_1。除此之外还能得到哪些群？

习题 5.43 对 S_4 重复做习题 5.42 将是漫长的，所以我将给你一些提示，而不是要求你盲目去找。下列所有的群都可以通过四个物品的置换（也就是 S_4 的元素）组成的集合来构造。对每个群，请找出适当的置换集。

(a) 每个阶为 1、2、3 和 4 的群（总共五个群）。

(b) 群 D_4。
  提示：对一个正方形应用第 3 章的技术得到平方元。回想习题 2.8。

(c) 群 A_4。

习题 5.44 你可以直接利用下面的置换在 S_6 中找到 C_6 的一个副本，但是这并不是

把 C_6 嵌入到某个 S_n 的最"有效"的方式。下面的 S_5 中的置换阶也是 6，所以它的轨道也是 C_6 的一个副本。

这样，我们可以用显而易见的方式把 C_6 嵌入到 S_6 中，也可以运用一点智慧把它嵌入到 S_5 中。因此，虽然把 C_n 嵌入到一个对称群的最简单的方法是选取 S_n 中将所有物体进行轮换的置换，但是对某些 n，会有一个方法把 C_n 嵌入到一个更小的对称群。

(a) 对 1—12 的每个 n，找出 m 的最小值，使得 C_n 可以嵌入到 S_m 中。你能发现其中的模式或者找到由 n 计算 m 的策略吗？

(b) 如果把 C_n 换成 D_n，你的答案会改变吗？

第❻章

子 群

虽然本章的标题并不引人注目，但本章是本书最精彩的部分之一。通过前五章的学习，你已经对群论逐渐熟悉，了解了群论研究的对象，现在可以进行深入的研究了。从本章开始，我们将运用更多的分析，学习更多的数学术语，但不会放弃本书的初衷—可视化。进入高端领域并不意味着要离开可视化，相反，可视化在高等阶段可以与入门阶段同样有用，有时甚至更有用。事实上，可视化对我更好地理解本书后半部分涉及知识的帮助，是我决定写这本书的重要原因。本章是令人兴奋的一章，因为它开始将可视化的力量带到群论的定理和证明中，并且这将成为一个趋势，在之后的章节中一直延续。

对群的深入分析意味着要分析它们具有什么样的组织结构，彼此之间有什么联系，如何通过较小的群来构建较大的群，如何剖析较大的群从而揭露蕴含其中的较小的群。本章及后续章节将从在群中寻找较小的群（子群）开始，逐一回答这些问题。本章将是后续章节的基石，也将加深我们对所熟知的群的结构和可视化工具的理解。

在第6.1节，我要开始着手铺这块基石，这将把本书到目前为止提出的两种方式搅到一起。我们已经知道如何把群看作作用的集合和如何把群看作集合上的运算。凯莱图诠释了前者，即基于作用的视角；乘法表则阐述了后者，即代数视角。下面这一节将介绍正则的概念，这是代数视角能告诉我们的关于凯莱图的最重要的事情之一。本章接下来的部分将利用这一概念简化对子群的分析。

6.1 关于凯莱图，乘法表说了什么?

乘法表是群的一种代数描述，它鼓励和支持我们使用等式来描述群元素之间的关系。如我们所知，这样的等式在凯莱图中是通过箭头来表示的。考虑 S_3 的凯莱图（见图5.17（左））。等式 $frf = r^{-1}$ 成立，因为 frf 的路径和 r^{-1} 的路径一样，即先沿着 f 箭头，再 r 箭头，最后 f 箭头，与沿着 r 箭头的反方向完成的是相同的事情。

这在凯莱图中无论从哪儿出发都是正确的。从单位元出发，frf 和 r^{-1} 到达相同的终点 r^2。从其他点出发，虽然终点不再是 r^2，但它们到达的终点是相同的。我们可以用从 S_3 的凯莱图中提取的两条路径来描述等式 $frf = r^{-1}$，如图6.1所示。

一个代数等式，不是仅适用于凯莱

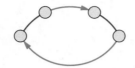

图 6.1　凯莱图中表示等式 $frf = r^{-1}$ 的部分。上面的路径从左到右表示 frf，下面的路径从左到右表示 r^{-1}。该图指出它们拥有相同的起点和终点，因而是相等的。

图某部分，而是适用于整个凯莱图。图 6.1 的模式不是仅出现在 S_3 凯莱图的某部分，而是适用于整个图的每一个结点。这也是我为什么不需要在图 6.1 中标记结点，因为图中的模式可以适用于 S_3 凯莱图的任何地方。

这个模式并不是唯一一个遍布于 S_3 的凯莱图的模式。S_3 中的其他等式也可以代表一种模式贯穿于这个群的整个凯莱图。因此，凯莱图总是有一个统一的对称，图中每一部分的结构都与其他地方相似。我们不能说 $frf = r^{-1}$ 在凯莱图的某些地方是正确的，而在某些地方是错误的。

定义 6.1（正则）　如果一个图以上面讨论的方式在整个图中重复了其内部的每一个模式[⊖]，那么我们就称这个图为正则的。特别地，每个凯莱图都是正则的；不具有正则性的图不能表示群，因此不是凯莱图。

例如，考虑图 6.2 中的凯莱图，其中箭头表示作用，数字 0 ~ 7 代表由这些作用联系起来的位置。在 4 ~ 7 的任意一个位置上，如果我们称红色作用为 r，那

么等式 $r^2 = 0$ 成立。然而在 0 ~ 3 中，事情发生了变化，在这些位置上，总是 $r^2 \neq 0$。所以这个图不是正则的，从而不是凯莱图，于是它并没有描述任何一个群。

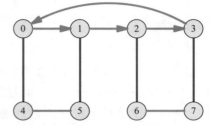

图 6.2　该图满足构成凯莱图的许多标准，但违反一点：生成元的关系式在图上是变化的。

正则性告诉我们群是如何体现对称性的。我们之前用群来度量对称性，并说凯莱图忠实地表示了群。其实，正则性是忠实表示的一个体现。群的每一部分看起来都与其余部分很像。群本身充满了对称。

6.1.1　完善我们的非正式定义

习题 4.16 要求你检验两个凯莱图，其中一个就是图 6.2。习题 2.14 ~ 2.17 要你制定判断一个图是否表示了一个符合定义 1.9 的群的标准。图 6.2 满足所有这些标准！因此，根据非正式定义 1.9，这个图似乎描述了一个群。这就是为什么我把这个定义称为非正式的原因，为了使第 1 章保持简单，我略去了一个技术点。

这个技术点就是上面阐述的：一个图不是凯莱图（即没有描述一个群）除非它是正则的。我在第 1 章没有提及图的正则性，因为这需要讨论群中的等式，当时提出还为时尚早。第 4.4 节中的非

⊖　这里，我使用正则这一术语是因为我讨论的性质来自文献 [16]，该文献把凯莱图归类为这样的图：其自同构群具有一个正则作用于图的结点的子群。这是对这个性质的更专业的描述。

正式论断，即任何满足定义 1.9 的群都满足定义 4.2，也由于非正式的属性掩盖了这一细节。要使我们的非正式定义转变为数学上的精准定义还需要严密的论证，这一点可以通过加入正则性来完成。

但其实没必要这么做，我们已经从正则性的介绍获得了所需要的，即对凯莱图的更好的理解，同时也为下节做好了准备。在本书剩下的部分，我将使用凯莱图作为基本的可视化工具（如果有需要的话，偶尔也使用乘法表）。下面的章节将使用正则这一新概念证明一些关于子群的基本定理。

6.2　看见子群

在第 5 章，我们认识了各种各样的群，并讨论了一点儿它们的内部结构。其中最重要的一点是，我们看到在每个群的内部都有一个或多个循环群，称为轨道。现在，该把这个结论推广到循环群以外了。

定义 6.2（子群） 当一个群完全包含在另一个群中时，内部的群称为外部群的一个子群。当群 H 是群 G 的一个子群时，记为 $H < G$。

我们在第 5 章见到的所有轨道都是子群。例如，S_3 中 r 的轨道 $\{e, r, r^2\}$ 是一个 3 阶循环子群，即 C_3 的一个副本。我们可以记作 $\{e, r, r^2\} < S_3$，或者，如果不拘泥于形式的话，还可以记为 $C_3 < S_3$。这是图 6.3 中的第一个例子。同一个图的第二个例子，$\{e, f\} < S_3$，也是一个轨道，但第三个例子不是，因为突显的子群不是一个单纯的圈。习题 4.25 中的生成元符号为我们提供了一种方便的方法来描述这些子群。例如，$\{e, r, r^2\}$ 是由 r 生成的，因而可以简洁地写成 $\langle r \rangle$。同理，图 6.3 中另外两个例子可以分别写成 $\langle f \rangle$ 和 $\langle 001, 010 \rangle$。

每个群都有子群，原因如下：单位元自己构成的集合 $\{e\}$，即 C_1 的副本，是任意群的一个子群，称为平凡子群。另外，严格来说，每个群都是它自身的一个子群（如 $S_3 < S_3$），称为非真子群。

很容易看出图 6.3 中的子群。在前面的章节我们已经熟悉了这些小型群，即使图 6.3 不突显它们，也能够一眼辨认出它们的凯莱图。但是并不是每个凯莱图的每个子群都是显而易见的。图 6.4 就是两个不明显的例子，这并不是说它们作为子群是不能可视化的。为了可视化子群，我们需要一种方法把它们从隐蔽中找出来。

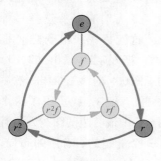

S_3 中的 C_3

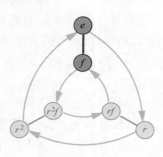

S_3 中的 C_2

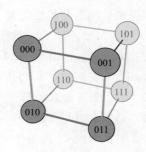

$C_2 \times C_2 \times C_2$ 中的 V_4

图 6.3　三个突显了子群的凯莱图。

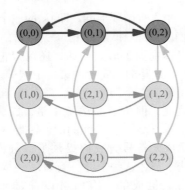 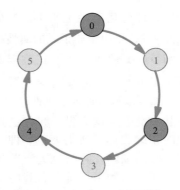

图 6.4　两个突显了不明显子群的凯莱图。左边的图是 C_3 在 $C_3 \times C_3$ 中的副本，该模式很容易被发现，但它并不是大家熟悉的 C_3 的环形模式。右图是 C_3 在 C_6 中的副本，其中，C_3 副本的每一步都是 C_6 圈中的两步。

6.3　显露子群

任何子群都可以通过对群的凯莱图做适当的重组而显现出来。例如，回忆图 5.29 给出的 A_5 的两个凯莱图，其中一个图的布局强调了 5 阶循环子群，另外一个则强调了 3 阶循环子群。五阶圈和三阶圈在各自的图中都是可见的。本节将解释如何重组凯莱图以强调某些子群，我在习题 6.26 中解释了如何对乘法表做类似的事情。

生成元的语言使得讨论如何组织凯莱图和乘法表变得更容易了。考虑 $C_6 = \{0, 1, 2, 3, 4, 5\}$。这个群可以用多种方式来生成，包括 $C_6 = \langle 1 \rangle$ 和 $C_6 = \langle 5 \rangle$。或许你不曾想过，我们还可以写成 $C_6 = \langle 2, 3 \rangle$。如果你真的被这个事实惊到了，那不妨花点时间来验证一下，只用元素 2 和 3 可以生成 C_6 的每个元素，这里使用的是模 6 加法运算。2 和 3 都不能单独生成 C_6，但合在一起可以。这些不同的生成 C_6 的方法对应着用箭头连接 C_6 凯莱图

的不同方式，你可能在做习题 2.9 时产生过这个想法。图 6.5 给出了上述每种生成方式对应的凯莱图。

图 6.5 的左边两个图显然表示了一个六元循环群，但是在右边两个图中这个圈却被掩盖了。左边两个图强调了非真子群 $\langle 1 \rangle = C_6$，而右边两个图则强调了子群 $\langle 2 \rangle$ 和 $\langle 3 \rangle$。请花几分钟在图 6.5 右边两个凯莱图中找出子群 $\langle 2 \rangle$ 和 $\langle 3 \rangle$。

这个例子告诉我们，通过选择含有子群生成元的群生成元，可以使得任何子群在凯莱图中突显出来。为了避免凯莱图中箭头交叉，有时有必要选择一种新的结点布局。这就是我找出子群 $\langle 2 \rangle$ 和 $\langle 3 \rangle$ 的方法：把 C_6 当作是由 $\langle 2, 3 \rangle$ 生成的，得到了图 6.5 的第三个图。然后为了使凯莱图更清楚些，我重组了这个图，结果见图 6.5 中最右边的图。因为有时候不只存在一个清楚的、有用的布局，所以并不存在什么"完美"或"正确"的图，只是个人偏好问题罢了。

对做箭头和新布局的明智选择使得

80

我们能够发现隐藏的子群，比如 $\langle 2 \rangle <$ C_6。利用 Group Explorer，你可以很容易

地用不同方式生成和重组凯莱图，详细信息见其参考资料。

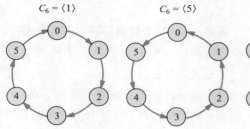

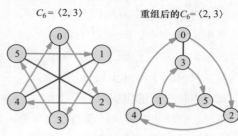

图 6.5　连接 C_6 凯莱图的四种方式，不同的方式基于不同的生成元。注意最右边的图与 S_3 的凯莱图非常相似，你能看出它们的区别吗？

6.4　陪集

深入研究子群的第一步是，注意到每个子群的副本都遍布于群的凯莱图。例如，考虑 C_3 在 S_3 中的副本，见图 6.3（左）。凯莱图的内环重复了外环的三元环状结构（虽然是反方向的）。类似地，C_2 在 S_3 中的副本（见图 6.3（中））在凯莱图中又重复出现了两次，如图 6.6 所示。

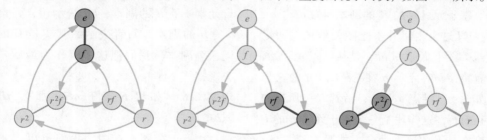

图 6.6　S_3 中子群 $\langle f \rangle$ 的副本。

但是，并不是所有的副本都是子群。一个子群，由于是群，所以必须含有单位元。在图 6.6 中，只有最左边的副本 $\{e, f\}$ 包含单位元 e。此外，在 $\{r, rf\}$ 中，让这两个元素相乘，不会得到这个集合中的另一个元素。这个理由也说明它不是一个群。于是，集合 $\{r, rf\}$ 和 $\{r^2, r^2f\}$ 有一个不同于子群的名字，叫做陪集，以说明它们从结构上是一个子群的副本，但本身不是群。

一般来说，学习子群及其陪集能揭

示群的重要结构特性。我们先来对陪集做一些观察。我称它们为"观察"而不是定理，因为它们十分简单，可以用非正式的说法来论证。第 6.1 节介绍了正则的概念，每个凯莱图都具有正则性，这个概念在下面将会多次出现。第一个观察指出，陪集不是图 6.6 中的例子特有的。

观察 6.3　每个子群都有陪集，这些陪集覆盖了群凯莱图的所有结点。

我们来分析为什么这个观察是对的。

在图 6.3 中，我们可以把 $\{e, f\}$ 写成 $\langle f \rangle$，$\{000, 001, 010, 011\}$ 写成 $\langle 001, 010 \rangle$，之所以能这样做是因为每个群都有一个生成元集合，即使这个群是另一个群的子群。在凯莱图上，从单位元结点出发，只利用子群的生成元进行勘察，我们就可以把子群的生成过程可视化。

不过，这样的勘察从任意结点出发都可以。我们可以从大群 G 的任意元素 g 开始，使用子群 H 生成元进行勘察。图的正则性保证，无论从哪儿开始，勘察都将揭示相同的模式。因此，这样的勘察将追踪到一个从 g 开始的 H 的副本结构。于是，群 G 的凯莱图上布满了 H 的副本，这些副本涵盖了 G 的每一个元素。

观察 6.4　我们也可以从代数角度描述陪集。基于元素 a 的 H 的副本叫做 aH。

aH 这个名字并不是随便取的。回忆在凯莱图上做乘积 ab，是从结点 a 开始，沿着路径 b 前行。aH 在凯莱图上的意义也是如此：从结点 a 开始，沿着 H 中所有的路径前行。这描述了一个基于元素 a 的 H 的副本，因此这个命名方式是有意义的。根据这个命名方式，图 6.6 中间的陪集应称为 $r\langle f \rangle$，右边的陪集为 $r^2\langle f \rangle$。

刚才我已经描述了如何可视化地计算陪集 aH，不过我们也可以用代数方法来计算它。就像 aH 这个名字所预示的，要计算它，需要用元素 a 左乘 H 中的每一个元素。例如，陪集 $r\langle f \rangle$ 的计算如下：

$$r\langle f \rangle = r\{e, f\} = \{r \cdot e, r \cdot f\} = \{r, rf\}$$

因为元素是左乘的，所以我们目前见过

的所有陪集其实应该称为左陪集。对应的还有右陪集，我会在下面的两个观察之后介绍。

观察 6.5　每个陪集都可以有多个名字。

例如，$r\langle f \rangle$ 是图 6.6 中间的陪集的名字，因为它是基于元素 r 的 $\langle f \rangle$ 的陪集。然而，也可以说它是基于元素 rf 的 $\langle f \rangle$ 的陪集。再举一个例子，考虑图 6.3 中突显的 $C_2 \times C_2 \times C_2$ 的子群（记为 H）。除 H 外的那个陪集可以描述为 $100H$、$101H$、$110H$ 或 $111H$，因为从这些元素中的任何一个出发，沿着 H 的生成元进行勘察，都将得到同一个陪集。凯莱图关于子群的正则性保证了这一点。

只要左陪集 aH 包含元素 b，我们就可以把这个陪集叫做 bH。因为 aH 表示包含元素 a 的 H 的副本，bH 表示包含元素 b 的 H 的副本，两者表示的其实是 H 的同一个副本。我们把这一点作为最后一个观察。

观察 6.6　如果 b 属于 aH，那么 $aH = bH^{\ominus}$。

因此，在图 6.6 中，我们也可以把 $r\langle f \rangle$ 叫做 $rf\langle f \rangle$，把 $r^2\langle f \rangle$ 叫做 $r^2 f\langle f \rangle$。你选择的用来命名陪集的元素称为代表元。

下面我们先把左陪集放一放，来看看与它对应的部分—右陪集。这个词我前面曾提到过，但并没有详细介绍。从代数观点看，你大概能猜出我将如何描述右陪集：右陪集 Ha 的计算与左陪集一样，但是乘法是右乘的。因此，计算 S_3 中 $\langle f \rangle$ 的右陪集是

⊖　如果想严密地论证观察 6.6，可以去做习题 6.15。——编者注

$\langle f \rangle r = \{e, f\} r = \{e \cdot r, f \cdot r\} = \{r, r^2 f\}$

$\langle f \rangle r^2 = \{e, f\} r^2 = \{e \cdot r^2, f \cdot r^2\} = \{r^2, rf\}$

这些右陪集没有一个是我们见过的 $\langle f \rangle$ 的左陪集。因此，它们在凯莱图中看上去一定会有所不同。下面我们来看看它们的样子。

为了可视地计算右陪集，我们要用与左陪集相反的计算过程：从子群 $\langle f \rangle$ 的每一个元素出发，沿着路径 r 前行。由所有的终点构成的集合就是右陪集 $\langle f \rangle r$。注意这与代数计算是一致的，即用 r 右乘子群的每个元素。

图 6.7 在凯莱图上比较了 $r\langle f \rangle$ 和 $\langle f \rangle r$ 的计算。图 6.8 超越了具体的例子，更一般地在凯莱图上展示了左陪集与右陪集的区别。左陪集看起来像子群的副本，而右陪集的元素通常比较分散，其原因是我采用的约定是箭头表示右乘。如果我用箭头表示左乘，那么右陪集将是子群的副本，而左陪集将是分散的。

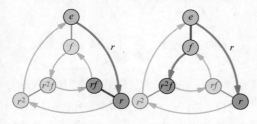

图 6.7 左图是 S_3 的左陪集 $r\langle f \rangle$，先走路径 r 之后 $\langle f \rangle$ 的箭头所到达的结点；右图是右陪集 $\langle f \rangle r$，从 $\langle f \rangle$ 的元素出发箭头 r 所到达的结点。

子群 $\langle f \rangle < S_3$ 是个很好的例子，因为它告诉我们，左右陪集一般是不同的。但是，因为它们并不总是不同，所以我们也应该看一个左右陪集相等的例子。图 6.9 演示了这样一个情形，子群 $H =$

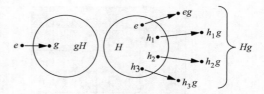

图 6.8 每个左陪集 gH 是从 g 出发 H 箭头可以到达的结点，看起来像基于 g 的 H 的副本。每个右陪集 Hg 是从 H 的元素出发 g 箭头可以到达的结点，如右图所示。

$\langle (0, 1) \rangle < C_3 \times C_3$。虽然图中只对 $g = (1, 0)$ 演示了 $gH = Hg$，但我们可以验证，无论 g 取群的哪一个元素，$gH = Hg$ 都是成立的。满足这一性质的子群称为正规子群，我们将在第 7 章学习这类子群的重要性。

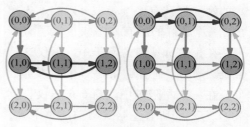

图 6.9 左右陪集相等。这里，子群 $H = \langle (0, 1) \rangle$，$g = (1, 0)$；左边计算的是 gH，右边计算的是 Hg，两边都等于 $\{(1, 0), (1, 1), (1, 2)\}$。

使用乘法表计算左、右陪集也很简单。图 6.10 演示了这个计算过程。我根据子群 $\langle f \rangle$ 及其左陪集对乘法表中的行列标题做了排序。左陪集 $r^2\langle f \rangle$ 必定出现在 r^2 行与 e、f 列，因为这些方格中是 $r^2 \cdot e$ 和 $r^2 \cdot f$。在任何乘法表中，你都可以用这种方法计算左陪集：gH 的元素在 g 行与 H 列。另一方面，右陪集 Hg 也可以用类似的方法计算，但"行"和"列"需要互换一下：Hg 出现在 H 行与 g 列。

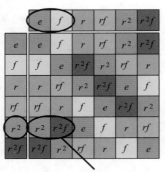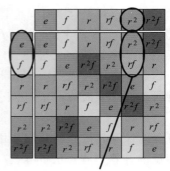

图 6.10 左、右陪集在乘法表中的可视计算。在群 S_3 中,

令子群 $H = \{e, f\}$,$g = r^2$,分别计算 gH 和 Hg。

6.5 拉格朗日定理

请注意,前面所有关于子群及其陪集的例子都具有一个模式。观察 6.3 指出,一个子群的所有左陪集覆盖了整个群。在我们所见到的例子中,不仅这一点是正确的,而且群中每一个元素都恰好只在一个左陪集中。图 6.6 不仅告诉我们 $\langle f \rangle$ 的所有左陪集覆盖了整个 S_3,而且没有任何一个元素属于一个以上的陪集,也就是说,没有任何两个陪集会重叠。这一事实对前一节计算过的 $\langle f \rangle$ 的右陪集也是对的,虽然我们并没有在凯莱图上描绘右陪集。

因为 $\langle f \rangle$ 的陪集互不重叠,所以我可以将图 6.6 的三个图合放到一个凯莱图中,并分别用不同的颜色表示不同的陪集,如图 6.11(左)所示。图 6.11(右)是一个类似的凯莱图,但它是针对右陪集的。这些图的着色方案是可行的,因为没有任何元素属于多于一个的陪集,从而没有任何元素需要着多于一种的颜色。

当集合被分成类,每个元素恰好只属于一个类时,数学家称之为集合的一个**划分**。图 6.11 表明 $\langle f \rangle$ 的左陪集是 S_3 的一个划分,$\langle f \rangle$ 的右陪集也是一个划分,但是为不同的划分。仔细观察图 6.9,我们会发现 $\langle (0,1) \rangle$ 的陪集也是 $C_3 \times C_3$ 的划分。

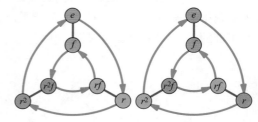

图 6.11 左边 S_3 的凯莱图演示了这个群是如何按子群 $\{e, f\}$ 的左陪集划分的;右图则演示了 S_3 是如何按 $\{e, f\}$ 的右陪集划分的。

我们很自然会问,这个模式是否是一种巧合。子群的陪集总能划分群吗?下面的定理给出了答案。为了简化讨论,我只对左陪集进行论证。习题 6.16 要求你对右陪集思考同样的问题。

定理 6.7 如果 H 是群 G 的一个子群,那么 G 的每个元素属于且只属于 H 的一个左陪集。

证明：假设 G 的元素 g 属于两个不同的左陪集 aH 和 bH。那么 aH 和 bH 必定是同一陪集的不同名字（参阅观察 6.5）。下面解释为什么是这样。

因为 $g \in aH$，根据观察 6.6，我们可推断出 $gH = aH$。又因 $g \in bH$，同理可得 $gH = bH$。因此，$aH = gH = bH$。

定理 6.7 告诉我们，一个群可以看作是由任一子群的互不相交的副本（即该子群的左陪集）组成的。我们在图 6.11 已经见过一个具体的例子。利用图 6.9，你可以很容易地得到 $C_3 \times C_3$ 的一个划分。在这两个例子中，虽然划分的形状是不同的，但抽象的思想却是一样的。这个思想就是，陪集划分了群，图 6.12 用几种方法描绘了这个思想。

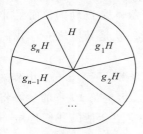 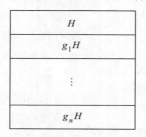 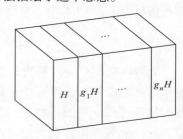

图 6.12　陪集划分群的几种描绘方法。由于图的布局不同，陪集在图中呈现的形式也不同，所以虽然每个图表现的思想都是一样的，但是凯莱图的布局却是不同的。

群的这种描绘方式揭示了群和子群之间的一个重要关系，可表述为下面的重要定理，这个定理是用意大利数学家 Joseph Louis Lagrange 的名字命名的。在这个定理中，我采用了标准符号 $|G|$ 来表示群 G 的大小（阶）。尽管这个定理也有一个适用于无限群的版本，但这里我们假设 G 是有限的。

定理 6.8（拉格朗日定理）如果 $H < G$，那么子群 H 的阶 $|H|$ 整除群 G 的阶 $|G|$。

这里，我用的是"整除"这个词的通常数学意义，即"平均分成"的简称。换句话说，当一个较小的整数是一个较大的整数的因数之一时，我们称这个较小的整数整除这个较大的整数。例如，6 整除 12，但不整除 20，因为 $20 \div 6$ 会剩下一个余数，这个除法并没有"均分"。

证明：由定理 6.7 可知，群 G 可被划分成子群 H 的副本。所以，G 的大小可由 H 副本的个数乘每个副本的大小 $|H|$ 来决定。因此，如果左陪集的个数是 n（其中包括 H 自己），则有等式

$$|G| = \overbrace{|H| + |H| + \cdots + |H|}^{n\text{个}} = n|H|$$

上述证明中的 n 在群及其子群的学习中会频繁出现，因此需要给它起个名字。

定义 6.9（指数）如果 $H < G$，那么 H 在 G 中的指数，记为 $[G:H]$，指的是 $|G|$ 是 $|H|$ 的多少倍。即

$$[G:H] = \frac{|G|}{|H|}$$

如果我们把 H 本身当作一个陪集，那么指数就是 H 的左陪集的个数。大多数时候，当使用陪集一词时，我们都默认为，子群本身既是一个左陪集也是一

个右陪集，因为 $H = eH = He$。

你或许注意到，指数 $[G:H]$ 也一定整除 $|G|$，因为上面的等式也可以写成

$$|H| = \frac{|G|}{[G:H]}$$

我们用前面的例子 $\langle f \rangle < S_3$ 来具体说明一下。S_3 的阶是 6，可以看出这是三个 2 阶陪集的大小之和。因此，$\langle f \rangle$ 在 S_3 中的指数为 3，因为它有 3 个陪集。

$$[S_3 : \langle f \rangle] = \frac{|S_3|}{|\langle f \rangle|} = \frac{6}{2} = 3$$

既然拉格朗日定理是由一个著名数学家的名字命名的，你可能猜测它有一些有趣的应用。你的猜测是对的！这个定理的一个重要用途就是，它在很大程度上减小了子群存在的可能性。例如，在一个 8 阶群中，你完全不必费力去寻找阶为 3、5、6 或 7 的子群，因为这些数都不整除 8。一般地，在任意群 G 中，你不必寻找满足 $|H| > \dfrac{|G|}{2}$ 的子群 H，因为大于 $\dfrac{|G|}{2}$ 的数都不整除 $|G|$。（唯一的例外是非真子群 $H = G$。）当你做本章习题

时，请牢记这个快捷方式。

一个自然且有价值的问题是拉格朗日定理能否"逆"过来。这个定理说的是，如果 H 是 G 的子群，那么 H 的阶整除 $|G|$。"逆"的意思是，对每一个整除 $|G|$ 的 n，我们是否都能在 G 中找到一个阶为 n 的子群 H。答案是否定的，习题 6.31 将引导你论证为什么。但是这个逆命题的一些修订版本是正确的，而且非常有用。西罗定理就是其中之一，我们将在第 9 章学习。

请一定要试着做一下第 6.6.3 小节关于哈斯图的习题，因为第 10 章的学习将依赖这些图。这些图会帮助我们理解一般情况下子群间的关系。

6.6　习题

6.6.1　基础知识

习题 6.1　下面三个图哪个是凯莱图？哪个图满足凯莱图除了正则性外的所有要求？

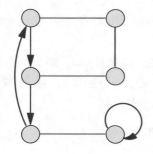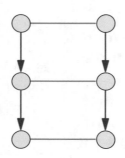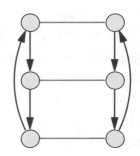

习题 6.2　下列每个图都突显了一些结点。对每个图，判断突显结点的集合是否构成一个子群。对某些图，你可能需

要重组或添加更多的箭头以便使答案更明显。

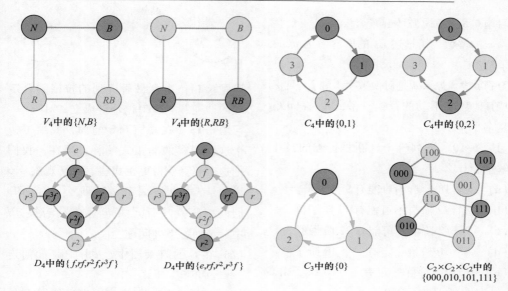

V_4中的{N,B}　　　V_4中的{R,RB}　　　C_4中的{0,1}　　　C_4中的{0,2}

D_4中的{f,rf,r^2f,r^3f}　　　D_4中的{e,rf,r^2,r^3f}　　　C_3中的{0}　　　$C_2 \times C_2 \times C_2$中的
{000,010,101,111}

6.6.2　理解子群

习题 6.3　画出下列群的凯莱图，每一个非单位元都要用箭头表示。

（**a**）C_3。

（**b**）V_4。

（**c**）C_5。

（**d**）S_3。

习题 6.4　根据拉格朗日定理，下列哪些群不可能是 C_8 的子群？哪些不可能是 D_5 的子群？

（**a**）C_2。

（**b**）C_3。

（**c**）V_4。

（**d**）C_5。

（**e**）S_3。

习题 6.5　找出下列群的所有子群，并计算每个子群的阶和指数。

（**a**）V_4（提示：共 5 个子群）。

（**b**）C_5。

（**c**）S_3（提示：共 6 个子群）。

（**d**）C_8。

（**e**）D_4。

（**f**）$C_3 \times C_3$。

习题 6.6

（**a**）在 D_n 中，左陪集 $r^m \langle f \rangle$ 的元素是什么？

（**b**）在 D_n 中，右陪集 $\langle f \rangle r^m$ 的元素是什么？

（**c**）在 D_n 的典型凯莱图中，这些陪集看起来是什么样的？

习题 6.7

（**a**）如果 e 是单位元，那么 $\langle e \rangle$ 是什么？

（**b**）如果 a 属于子群 $\langle b, c \rangle$，那么 $\langle a, b, c \rangle$ 是什么？

（**c**）如果 a 不属于子群 $\langle b, c \rangle$，且这个子群的指数为 2，那么 $\langle a, b, c \rangle$ 是什么？

（**d**）如果 a 不属于子群 $\langle b, c \rangle$，且这个子群的阶为 28，那么关于 $\langle a, b, c \rangle$ 的阶，你能知道什么？

习题 6.8 考虑循环群 C_n。设 m 是一个整除 n 的整数，请描述 C_n 的所有阶为 m 的子群。

习题 6.9 如果 a 是对换数字 1 和 2，且保持其他数字不动的置换，那么 $[S_n : \langle a \rangle]$ 是多少？

习题 6.10 下列哪个论断是正确的？并解释为什么。

（a） 一个 18 阶群不可能有 9 阶子群。

（b） 一个 22 阶群不可能有 12 阶子群。

（c） 一个 12 阶群不可能有 22 阶子群。

（d） 一个 10 阶群一定有一个 10 阶子群。

（e） 一个 12 阶群一定有一个 6 阶子群。

（参考习题 6.31）

习题 6.11 拉格朗日定理的一个特殊情形也非常耀眼。我们曾在第 5 章学过，在一个群中，任意元素 g 都能生成一个循环子群，称为 g 的轨道。我们把这个轨道的阶简记为 $|g|$（即 $|\langle g \rangle|$），并称它为 g 的阶。

请解释为什么任意元素 g 的阶 $|g|$ 必定整除群 G 的阶 $|G|$。

习题 6.12 回答下列问题，并解释为什么。

（a） 当 $|G|$ 为素数时，群 G 有多少子群？

（b） 在这样的群 G 中，一个元素的轨道是什么？

（c） 设 p 为素数，那么 p 阶群共有多少个？

习题 6.13

（a） 在 A_4 中，下列两个置换生成的子群是什么？

（b） 在 S_4 中，下列两个置换生成的子群

是什么？

习题 6.14 本章最后提到的拉格朗日定理的"逆"至少对循环群成立，对吗？

习题 6.15 在观察 6.6 前面，我给了一个这个观察的非正式解释。现在，我们把这个解释变得更正式些。回忆观察 6.6 说的是，如果 b 属于 aH，那么 $aH = bH$。假设在群 G 中，元素 b 落在左陪集 aH 中，请回答下列问题。

（a） 在 G 的凯莱图中，a 和 b 是如何连接的？

（b） 解释为什么每个从 b 出发使用 H 的生成元可以到达的结点，也可以从 a 出发使用 H 的生成元到达。

（c） 解释为什么每个从 a 出发使用 H 的生成元可以到达的结点，也可以从 b 出发使用 H 的生成元到达。

（d） 利用（b）和（c）证明：当 b 属于 aH 时，一定有 $aH = bH$。

习题 6.16 本题将表明，本章中对左陪集成立的结论，对右陪集也成立。

（a） 观察 6.3 后面的讨论是针对左陪集的。解释为什么观察 6.3 对右陪集也成立，即为什么群中每一个元素都在某个右陪集中？

（b） 习题 6.15 的问题和答案需要做哪些改动，才能论证观察 6.6 对右陪集也成立？

（c） 如果定理 6.7 是关于对右陪集的，那么你需要在证明中做哪些改动？可以参考（a）和（b）的答案。

（d） 为什么 Hg 的元素个数等于 $|H|$？

（e） 如果定理 6.8 是关于右陪集的，那

么你需要在证明中做哪些改动？同样，你可以利用前面各小题的答案。

习题 6.17 考虑习题 5.30 中的群 $\mathbb{Z}$。

（a） 如果 n 属于 $\mathbb{Z}$，那么 $\langle n \rangle$ 是 $\mathbb{Z}$ 的子群吗？它都包含哪些元素？

（b） 对哪个整数 $n \in \mathbb{Z}$，有 $\langle n \rangle = \mathbb{Z}$？

（c） 如果 n 和 m 都属于 $\mathbb{Z}$，那么什么时候有 $\langle n \rangle < \langle m \rangle$？

（d） $\langle n \rangle$ 可以有自己的子群吗？

（e） 由 2 和 5 生成的子群是什么？

（f） 由 4 和 6 生成的子群是什么？

习题 6.18

（a） 在 $\mathbb{Z}$ 中，$\langle 2 \rangle$ 的陪集是什么？

（b） 在 $\mathbb{Z}$ 中，$\langle 3 \rangle$ 的陪集有几个？它们是什么？

（c） $\langle n \rangle$ 是 $\mathbb{Z}$ 的正规子群吗？

习题 6.19 回忆习题 4.33（a）中有理数关于加法运算构成的群 $\mathbb{Q}$。

（a） 比较 $\mathbb{Q}$ 的子群 $\langle 2 \rangle$ 与 $\mathbb{Z}$ 的子群 $\langle 2 \rangle$，写出相同点和不同点。

（b） 比较 $\mathbb{Q}$ 的子群 $\langle 2, 3 \rangle$ 与 $\mathbb{Z}$ 的子群 $\langle 2, 3 \rangle$，写出相同点和不同点。

习题 6.20 对于下列每组 H、G，找出 H 在 G 中的所有左陪集，并计算指数 $[G:H]$。

（a） $H = \langle 4 \rangle$，$G = C_{20}$。

（b） $H = \langle 6 \rangle$，$G = C_{15}$。

（c） $H = \langle f \rangle$，$G = D_4$。

（d） $H = A_4$，$G = S_4$。

习题 6.21 列出下面 8 个群之间所有的子群关系。

C_2，C_3，C_4，C_6，$\mathbb{Z}$，$\mathbb{Q}$，$\mathbb{Q}^+$（见习题 4.33），$\mathbb{Z}$ 中的 $\langle 2 \rangle$。

6.6.3 哈斯图

习题 6.22 按照下述三个法则，可把一个群的所有子群安置在一个哈斯图中：

1. 在哈斯图的顶端放整个群，底端放平凡子群 $\{e\}$。

2. 子群放在中间，子群越大，放的位置越靠上。

3. 用垂线或斜线将较小的子群与包含它的较大的子群连接起来。

下面是两个例子，左边是 C_5 所有子群的哈斯图，右边是 S_3 的哈斯图。

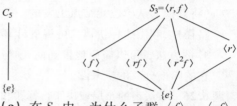

（a） 在 S_3 中，为什么子群 $\langle f \rangle$、$\langle rf \rangle$、$\langle r^2f \rangle$ 和 $\langle r \rangle$ 之间没有任何连线？

（b） 在 S_3 中，包含 f 和 rf 的最小的子群是什么？

（c） 在 C_5 中，包含多于一个元素的最小的子群是什么？

（d） 在上面两个哈斯图的连线上标出小群在大群中的指数。例如，在 S_3 的图中，左下方的线上应该标 2，因为 $[\langle f \rangle : \{e\}] = 2$。

习题 6.23 对习题 6.5 中的每个群，画出其哈斯图。

习题 6.24 画出群 C_{24} 的哈斯图。习题 6.8 的答案可加快你寻找子群的速度。

6.6.4 重组可视化图

习题 6.25 对下列每种情况，画出所给群的凯莱图，要求对所给子群加以强调。选择适当的结点布局，使得所给子群的每个左陪集集中在一起。

（a） C_4 中的子群 $\langle 2 \rangle$。

(b) C_9 中的子群 $\langle 3 \rangle$。

(c) $C_2 \times C_2 \times C_2$ 中的子群 $\langle 011, 110 \rangle$，（见图 6.3）。

(d) $D_4 = \langle r, f \rangle$ 中的子群 $\langle r^2, f \rangle$。

提示：用箭头表示 r，r^2 和 f。

(e) S_4 中的 A_4。

提示：从第 5 章选取 S_4 的一个凯莱图，选择一个结点作为单位元，然后在图中可视地对每个元素取平方（将其视为从单位元结点出发的一条路径）。利用这种快速、可视的计算 A_4 的方法，可以简便地得到使 A_4 与它的陪集分离的凯莱图。

习题 6.26 乘法表的布局取决于行标题和列标题中元素的排列次序。由于许多因素，列标题的次序应该与行标题的次序保持一致，所以行或列的次序只需选择一个。

通常，把元素组织有序地排列是非常有好处的。如果这个群是循环群，那么最自然的次序就是元素在圈中的次序。如果不是循环的，那么可以先选择一个子群列出来，然后依次列出它的陪集，就像图 6.10 所做的那样。

这样做可使该子群的乘法表位于整个乘法表的左上角，从而可强调这个子群。这一点你可以在图 6.10 和下面按子群 $\langle r \rangle$ 重组的 S_3 的乘法表中看到。

	e	r	r^2	f	r^2f	rf
e	e	r	r^2	f	r^2f	rf
r	r	r^2	e	rf	f	r^2f
r^2	r^2	e	r	r^2f	rf	f
f	f	r^2f	rf	e	r	r^2
r^2f	r^2f	rf	f	r^2	e	r
rf	rf	f	r^2f	r	r^2	e

注意这个子群是循环群，所以其元素也是按上述针对循环群的方法排序的，即按它们在圈中排列的次序。如果子群不是循环群，那么我会再选择它的一个子群继续重组，以此类推。

(a) 按一个 2 阶子群重组 V_4 的乘法表。

(b) 按子群 $\langle 2 \rangle$ 重组 C_8 的乘法表。

(c) 按子群 $\langle 4 \rangle$ 重组 C_8 的乘法表。

(d) 按子群 $\langle 3 \rangle$ 重组 C_9 的乘法表。

习题 6.27 前面的习题都是让你用不同方式重组凯莱图和乘法表。循环图是否也能用不同的方法组织呢？如果是，那么这些不同的组织方式有什么意义？它们能用来强调某个子群吗？为什么？

6.6.5 寻找例子

本节的习题将依赖于你在第 5 章学过的群族。

习题 6.28 对下面的每个问题，如果答案是肯定的，请找出相应的群的例子；如果答案是否定的，请详细解释为什么。

(a) 是否存在一个非循环群，其所有的真子群都是循环群？

(b) 是否存在一个非交换群，其所有的真子群都是交换群？

习题 6.29 对下面的每个问题，如果答案是肯定的，找出相应的例子，如果答案是否定的，请详细解释为什么。

(a) 是否存在一个 8 阶群，它有一个子群将它划分成两个不同的陪集（每个陪集包含 4 个元素）？

(b) 是否存在一个 8 阶群，它有一个子群将它划分成八个不同的陪集（每个元素构成一个陪集）？

(c) 是否存在一个 8 阶群，它有一个子群将它仅划分成一个大的陪集（每个元素都在这个陪集中）？

（d）是否存在一个 30 阶群，它有一个子群将它划分成 20 个不同的陪集？

（e）是否存在一个交换群，它有一个子群，其左陪集和右陪集对群的划分是不同的？

习题 6.30 对 1—5 之间的每个整数 n，找一个非交换群 G，使得它有一个子群 H 满足 $|H| \geqslant 3$ 且 $[G:H] = n$。

习题 6.31 本题是研究 A_4 的子群的。根据拉格朗日定理，A_4 的子群的阶只可能是 1、2、3、4、6 和 12。

你在做本题时，既可以使用置换，也可以用下面的乘法表。在下表中，每个元素都根据它的阶涂了色：元素 a、b、c、d 是 3 阶的，x、y、z 是 2 阶的。这种配色方案对回答下列问题是有帮助的。

	e	x	y	z	a	b	c	d	a^2	b^2	c^2	d^2
e	e	x	y	z	a	b	c	d	a^2	b^2	c^2	d^2
x	x	e	z	y	b	a	d	c	c^2	d^2	a^2	b^2
y	y	z	e	x	d	c	b	a	b^2	a^2	d^2	c^2
z	z	y	x	e	c	d	a	b	d^2	c^2	b^2	a^2
a	a	c	b	d	a^2	d^2	b^2	c^2	e	x	z	y
b	b	d	a	c	c^2	b^2	d^2	a^2	x	e	y	z
c	c	a	d	b	d^2	a^2	c^2	b^2	z	y	e	x
d	d	b	c	a	b^2	c^2	a^2	d^2	y	z	x	e
a^2	a^2	b^2	d^2	c^2	e	y	x	z	a	c	d	b
b^2	b^2	a^2	c^2	d^2	y	e	z	x	d	b	a	c
c^2	c^2	d^2	b^2	a^2	x	z	e	y	b	d	c	a
d^2	d^2	c^2	a^2	b^2	z	x	y	e	c	a	b	d

（a）描述所有的 1 阶子群。

（b）描述所有的 12 阶子群。

（c）2 阶子群的结构与哪个群一定是相同的？

用生成元符号表示 A_4 的每个 2 阶子群。

（d）3 阶子群的结构与哪个群一定是相同的？

用生成元符号表示 A_4 的每个 3 阶子群。

（e）在习题 5.37（a）中，我们看到 6 阶群只有两个：C_6 和 S_3。它们都有一个 2 阶元和一个 3 阶元。因此，我们可以通过对 2 阶元和 3 阶元配对来寻找 6 阶群。用生成元符号表示 A_4 的每个 6 阶子群。

（f）（e）的答案有什么意义？

第7章

积 与 商

第6章探讨了群的内部以寻找其子群，从而教会我们关于群内部结构的一些理论。这一章反其道而行之，将展示如何把群组合到一起从而构造出更大的群。我们将学习两种这样的构造方法，每一种都是群的一种积。这里，我用的是"积"的数学含义，指的是一种乘法运算。我们也将看到，可以以某些子群为切入点做乘法的逆运算，即商运算，从而分解上述两种乘积，进而揭示较大的群如何由较小的群构造而来。这将使我们可以简单明了地想象许多大群的结构，从而使得研究异常大而复杂的对象成为可能。

因此，本章将学习三道工序：如何进行两种乘积运算与如何进行一种商运算。每道工序都会通过若干个例子来说明，本章后面的习题会要求你练习每道工序。用这些练习来"弄脏你的手"是非常重要的，因为这样做能加强你感知这些工序本身以及它们构造与分解群的能力。

为了帮助你建立对每个主题的感知力，我是这样安排本章习题的：本章的每一节对应了习题中的一节。所以，当你读完第7.1小节时，如果你觉得在继续阅读之前需要练习一下这些概念以加强理解，那么你可以直接跳转到习题的第7.6.1小节，这部分习题只涉及了第7.1节的知识。

后面的每节也都是同样的模式，所以这些知识可以细嚼慢咽地来消化。

下面，我们先来学习两种乘积运算中较为简单的一种：直积。

7.1 直积

其实，你在本书中已经见过一些直积了。每个名字中包含乘号 × 的群都可以用所谓的直积来构造。我们初次见这样的群是在图2.10中，群 $C_3 \times C_3$ 和 $C_2 \times C_2 \times C_2$，后来我们又见到了其他这样的群，例如图5.9中的 $C_2 \times C_4$。为方便起见，我在图7.1中再次画出了这三个群的凯莱图。乘号 × 通常读作"乘"或"倍"，所以你可以读作"C_2 乘 C_4"。直积并不是只能在各种 C_n 之间进行，只是通用用 C_n 作为简单的例子罢了。在后面的几页我们就会遇到稍大一点的例子：$S_3 \times C_2$。

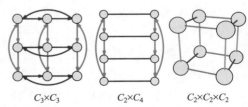

$C_3 \times C_3$ $C_2 \times C_4$ $C_2 \times C_2 \times C_2$

图 7.1　三个直积群的例子。

第7.1.1小节将解释怎样构造直积群，并通过几个例子演示这个过程。介绍完直积群后，我们就可以探讨直积是如何在群论中发挥作用的（见第7.1.3 小节）。

在详细学习直积运算之前，我们先观察图7.1 中的例子，从而对直积有个初步的了解。这些凯莱图告诉我们，为什么下面要学习的运算是一种**乘法**并且使用乘法符号 ×，原因有两个。第一，显然，$C_3 \times C_3$ 的图是一个三乘三的网格，这使得 $C_3 \times C_3$ 这个名字是合理的。第二，由于 $3 \times 3 = 9$，所以 $C_3 \times C_3$ 显然是一个由九个元素构成的群。从图上可以看出，这两个基本论断也适用于 $C_2 \times C_4$（一个由八个元素构成二乘四的网格）和 $C_2 \times C_2 \times C_2$（一个由八个元素构成的二乘二乘二的网格）。

7.1.1 可视地构造直积

我将用可视化的过程来介绍直积的

构造。我们将由群 A 和 B 的凯莱图来构造群 $A \times B$ 的凯莱图，这就是定义7.1 所描述的过程。图7.2 以 $A = C_2$、$B = C_4$ 为例演示了这个过程的每个步骤。当然，这个例子构造出的就是图7.1 中间的凯莱图。稍后，我将沿用这个方法来制作乘法表，届时我们将从代数角度来理解直积的意义。

定义 7.1（利用凯莱图构造直积的技术）由群 A 和 B 的凯莱图构造群 $A \times B$ 的凯莱图，过程如下：

1. 从 A 的凯莱图出发。

在图7.2 的例子中，$A = C_2$，其凯莱图在图7.2 的左边。

2. 让 A 凯莱图的每个结点膨胀变大，并用 B 凯莱图的副本代替每个结点。

在图7.2 中间，C_2 的每个结点都增高了，从而可以包含 C_4 凯莱图的副本。

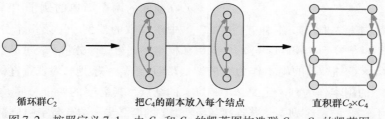

循环群C_2　　　　把C_4的副本放入每个结点　　　　直积群$C_2 \times C_4$

图 7.2　按照定义7.1，由 C_2 和 C_4 的凯莱图构造群 $C_2 \times C_4$ 的凯莱图。

3. 去掉 A 的（膨胀的）结点，同时用 A 的箭头连接 B 的每个副本中对应的结点。也就是说，去掉 A 的凯莱图，但把它的箭头作为如何连接 B 副本的对应结点的设计图。

在图7.2 的例子中，每个 C_4 有四个结点。于是最上面的一对结点彼此对应，我们把它们连起来，从而得到 C_2 的一个小副本。我们对下面的一对结点做同样的操作，再对第三对、第四对结点做，

这样就得到了 $C_2 \times C_4$ 的完整的凯莱图。由于这个步骤比前面两步复杂一些，所以我们用图7.3 单独演示一下。

由定义7.1 得到的群 $A \times B$ 称为 A 和 B 的**直积**，A 和 B 称为**因子**。注意在第2 步中，A 和 B 的箭头采用不一样的颜色是很重要的，这样才能保证第3 步构造出的是一个有效的图。同时也要注意，把 B 的副本竖直放置于 A 的副本中是有好处的（虽然并不是必须的）。

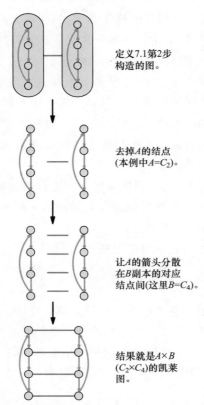

定义7.1第2步构造的图。

去掉A的结点（本例中A=C₂）。

让A的箭头分散在B副本的对应结点间（这里B=C₄）。

结果就是A×B（C₂×C₄）的凯莱图。

图 7.3 定义 7.1 第 3 步的演示，补全了图 7.2 的细节。与图 7.2 一样，本例中 $A = C_2$，$B = C_4$。

注意 $C_2 \times C_4$ 把 C_2 的副本作为它的行，而把 C_4 的副本作为列。定义 7.1 描述的过程用了 C_4 的两个副本，并连接了两个副本中的对应结点，使每对结点形成一个 C_2 的副本。但是，同一个凯莱图也可以通过用另一种次序做乘积来完成。

图 7.4 表明，直积 $C_4 \times C_2$ 是一个与 $C_2 \times C_4$ 同构的群。$C_4 \times C_2$ 的结构只不过是 $C_2 \times C_4$ 旋转了一下。事实上，对任意群 A 和 B，$A \times B$ 总是与 $B \times A$ 具有相同的结构。也就是说，直积运算是可交换的，习题 8.36 要求你给出其证明。现在，我先不加证明地用一下这个事实。

用直积构造的凯莱图没有给结点做标记，但其实标记是很有用的，因为有了它，我们就可以用名字来指明讨论的到底是哪个元素。这里介绍一种标准的命名直积中元素的方法。中学代数课教学生用 $(1, 3)$、$(-10, 6)$ 之类的名字来标记平面上的点。这些名字都是有序数对 (x, y)，其中，左边的数指出了该点的 x 坐标，右边的数指出了 y 坐标。在 $A \times B$ 中，我们给每个元素起一个名字：(a, b)，其中 a 来自群 A，b 来自群 B。在前面的两个简单的例子中，我们沿用中学代数的惯例，用第一个分量 a 表示横坐标，第二个分量 b 表示纵坐标，如图 7.5 所示。[○] 一般地，对任意直积凯莱图中的结点，其名字的两个分量均来自定义 7.1 的第 2 步。结点名字中分量 a 取决于它属于哪个膨胀的 A 结点，分量 b 取决于它曾是 B 的哪个结点。在图 7.5 的简单例子中，这些分别对应于列和行。

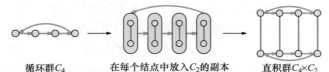

循环群C₄　　在每个结点中放入C₂的副本　　直积群C₄×C₂

图 7.4 按照定义 7.1，由 C_4 和 C_2 的凯莱图构造群 $C_4 \times C_2$ 的凯莱图。结果是得到一个与图 7.2 构造的 $C_2 \times C_4$ 等价的群。

[○] 你也可以选择另一种方法，采用矩阵代数里先行后列的惯例。两者的区别只是表面上的。在复杂的例子中，不可能再有横纵之说，不过在初学阶段这种说法有助于理解。

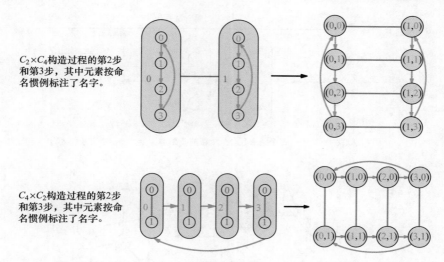

$C_2 \times C_4$构造过程的第2步和第3步，其中元素按命名惯例标注了名字。

$C_4 \times C_2$构造过程的第2步和第3步，其中元素按命名惯例标注了名字。

图 7.5 $A \times B$ 中的元素 (a, b)，其名字来自定义 7.1 第 2 步决定的 A 中的 a 与 B 中的 b。这里使用了彩色数字，以便看出膨胀的 A 结点的名字到了元素对的左边，内部的 B 结点的名字到了右边。

结合我们刚学过的子群概念，你可能注意到 C_2 是 $C_2 \times C_4$ 的一个子群。确切地说，它就是子群 $\langle (1, 0) \rangle$。另外，还可以清楚地看出，$\langle (1, 0) \rangle$ 的陪集就是 $C_2 \times C_4$ 的行。它们既是左陪集又是右陪集，这说明 C_2 是正规子群。我在第 6 章捎带提到过正规子群，这个概念在本章将十分重要，所以是时候给它一个正式的定义了。

定义 7.2（正规子群）子群 $H < G$ 称为正规的，如果 H 的每个左陪集都是 H 的一个右陪集（反之亦然）。我们用 $H \lhd G$ 表示 H 是 G 的正规子群。

现在，我们可以把刚才观察到的事实写为 $\langle (1, 0) \rangle \lhd C_2 \times C_4$。同理，$C_4$ 作为子群 $\langle (0, 1) \rangle$ 在 $C_2 \times C_4$ 里也是正规的，它的陪集就是 $C_2 \times C_4$ 的列。我们将看到，在任何直积中，其因子都是正规子群（见习题 7.12）。也就是说，对任何群 A 和 B，

总是有 $A \lhd A \times B$，$B \lhd A \times B$。

7.1.2 更多直积的例子

为了加深对直积的理解，下面我们离开 $C_2 \times C_4$ 这个基础的例子，来分析一下群 $C_2 \times C_2 \times C_2$。我们第一次见这个群是在很久以前（见图 2.10）。一个形如 $C_2 \times C_2 \times C_2$ 的三维直积，可以看作连续的两次直积，比如 $(C_2 \times C_2) \times C_2$。这里括号的意思是，我们先计算 $C_2 \times C_2$，然后再做这个群与 C_2 的直积。这涉及连续用两次定义 7.1 的过程，如图 7.6 所示。注意每次做直积时，图中的结点都要膨胀从而包含 C_2 的副本，为清楚起见，图中使用了一个新的方向。第一次膨胀产生了竖直方向的 C_2 副本，第二次膨胀产生了深入并垂直于纸面的 C_2 副本。结果是一个二乘二乘二的网格，恰如它的名字 $C_2 \times C_2 \times C_2$。

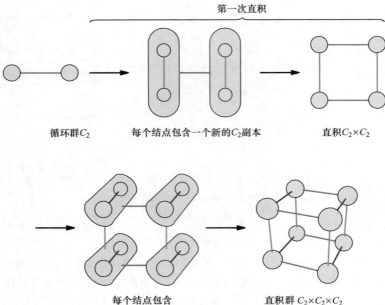

第一次直积

循环群C_2　　　　每个结点包含一个新的C_2副本　　　　直积$C_2 \times C_2$

每个结点包含
一个新的C_2副本

直积群 $C_2 \times C_2 \times C_2$
第二次做直积

图 7.6　三个因子的直积，$C_2 \times C_2 \times C_2$。如图所示，构造这样的一个乘积需要用两次定义 7.1。

把这个群看作（$C_2 \times C_2$）$\times C_2$ 的做法暗示了群中元素的命名方式，如（（0，1），0）。然而，通常的惯例是只使用一对括号，即，用（0，1，0）等来命名群元素。在这个三元名字中，第一个数字来自第一个因子 C_2 的元素，第二个数字来自第二个因子，第三个数字来自第三个因子。类似地，对形如 $C_2 \times C_2 \times C_2 \times C_2$ 的群，群元素名字将是（1，0，1，1）等，对更大的乘积也是如此。有时候，我会对这样的名字进行缩写，以便于阅读，我在图 2.10 中曾这样做过：去掉括号和逗号，把（0，1，0）简写成 010。在元素名字没有歧义的前提下，这种简写可增加图的可读性。

再举最后一个例子，$S_3 \times C_2$，这里涉及了一个稍大的非阿贝尔群。在这个例子中，若像上一个例子那样把 S_3 的元素

都放到一行，这种做法并不适合，所以我采用之前的方式（见图 7.7（左））。当在 S_3 的每个结点中放入 C_2 副本（见图 7.7（中））时，我让 C_2 的副本延伸进入纸面，就像在 $C_2 \times C_2 \times C_2$ 的例子中做过的那样。结果如图 7.7（右）所示，这是我们遇到的第一个非阿贝尔直积。根据前一节的命名惯例，这个直积中元素的名字如下：

前面的 S_3 副本：（e，0），（r，0），（r^2，0），（f，0），（rf，0），（r^2f，0）

后面的 S_3 副本：（e，1），（r，1），（r^2，1），（f，1），（rf，1），（r^2f，1）

7.1.3　为什么做直积？

前面我们已经看到了如何构造直积，然而这个技术有什么价值呢？其价值在于，它是构造大群的几种常用的、简单的

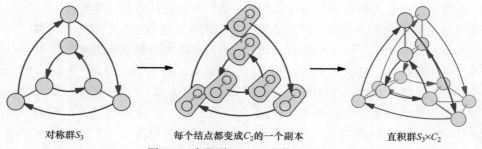

对称群S_3 每个结点都变成C_2的一个副本 直积群$S_3 \times C_2$

图 7.7 直积群 $S_3 \times C_2$ 的构造过程。

技术之一。我们如果理解了这个技术，就可以更容易地理解一些大群。这就是本节将阐述的内容。首先，我们需要注意一个事实：在一个直积中，因子是相互独立的。在 $A \times B$ 的凯莱图中，沿 A 的箭头行进，既不会影响到在群 B 中的位置，也不会受其影响。

举例来说，在图 7.4 构造的 $C_4 \times C_2$ 的凯莱图中，沿着水平的（C_4）箭头行进，将到达一个新的列，但仍停留在原来的行。换句话说，绿色的 A 箭头只会影响每个元素名字的左分量（分量 A）。在 $C_4 \times C_2$ 中，绿色箭头的轨道如下：

$$(0, 0) \longrightarrow (1, 0) \longrightarrow (2, 0) \longrightarrow$$
$$(3, 0) \longrightarrow (0, 0) \longrightarrow \cdots$$

类似地，沿着竖直的（C_2）箭头行进将改变所在的行，从而改变元素名字的第二个分量，但仍会停留在原来的列，所以

元素名字的第一个分量保持不变。

$$(0, 0) \longrightarrow (0, 1) \longrightarrow (0, 0) \longrightarrow \cdots$$

从某种意义上说，A 箭头只能让你在 A 中移动而不能在 B 中移动，B 箭头只能让你在 B 中移动而不能在 A 中移动。直积中两个因子的这种独立性，启发我们以一种新的、有用的方式来看待直积群，这就是我下面要说的事情。

我们在凯莱图中行进时，通常是把每个结点看作一个地点，把箭头看作地点间的路径。你可以想象你自己每次只在一个结点处，沿路径走可以到达另一个结点。在这个行走于群中的想象中，怎样停下来查看路边图呢？这样的一个图应该就是群的凯莱图，不过图上需要增加一个"你在这里"的标志，以说明你所在的结点，图 7.8 给出了几个这样的图。

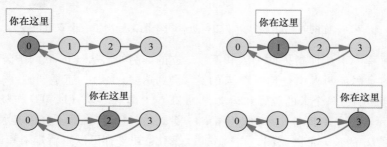

图 7.8 四个以群 C_4 的凯莱图做成的路边图，每个图对应于一个结点。

在直积群中行进可以看作同时在两个不同的凯莱图中独立行进。图 7.9 展示的图与图 7.8 类似，但每个图都画出了两个群，并在每个群上用彩色标出了一个位置。或许想象你一个人同时在两个地点不如想象你遥控另外两个人的运动，你时而指挥在 C_4 中行走的人走哪条路径，时而指挥另一个在 C_2 中行走的人走哪条路径。指挥两个人在两个凯莱图中行进是你一个人在直积群中行进的完美升级。$C_4 \times C_2$ 的每个结点都是用 C_4 的一个结点与 C_2 的一个结点共同命名的，

我们可以把这些名字理解为结点在 $C_4 \times C_2$ 网格中的水平位置和竖直位置，也可以理解为两个独立的凯莱图中两个不同的结点：一个是 C_4 的，一个是 C_2 的。例如，$C_4 \times C_2$ 的元素（1，0）既可以指图 7.5 中 $C_4 \times C_2$ 凯莱图的第二行第一列的结点，也可以指图 7.9 的上面一行的第二个路边图。于是，我们就有两种等价的方式来考虑像 $C_4 \times C_2$ 这样的直积群：既可以考虑直积群的凯莱图，也可以考虑两个串联的凯莱图。

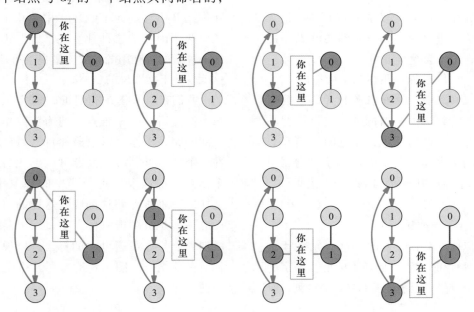

图 7.9　你同时在群 C_4 与 C_2 中行进，每个图都标出了一个双重位置。

我再解释一下让你指挥两个人相互独立运动的意思：两人中任何一个人的运动都不会影响另一个人的位置和运动。图 7.10 演示了一个不具备这种独立性的情形，这是 D_4 的长方形凯莱图。在这个图中，竖直方向的运动会改变水平位置，所以水平方向的运动与竖直方向不是独

立的。例如，从（1，0）作竖直运动不会到达（1，1），而是到了（3，1）。而在 $C_4 \times C_2$ 中，从（1，0）作竖直运动将会到达（1，1），而不会引起水平位置的变化。虽然你可以重新排列和命名 D_4 的结点，从而解决掉这个有问题的列，但是 D_4 结构中固有的缠结将会导致其他列

出现类似的问题。

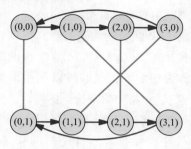

图 7.10 D_4 的长方形布局。按照直积群的方式（实际上它不是直积群）根据每个元素所在的行与列对元素进行了命名。

我们见到的第一个两个群相互独立地放在一起的例子是图 2.8。在这个双开关的群中，拨动其中任何一个开关都不会改变另一个，在这个意义下，每个开关都独立于另一个。分开来看，每个开关都可描述为群 C_2，所以合起来看，它们就可描述为群 $C_2 \times C_2$，这个群更常用的名字是 V_4。

把直积看作同时在两个群中行进的好处之一是，一些大群变得更容易可视化。例如，含有 56 个元素的群 $D_4 \times C_7$，与其画一个非常混乱的含有 56 个结点的凯莱图，我们不如画两个并排的凯莱图（一个 D_4 的，一个 C_7 的），然后想象同时、独立在这两个群中行进。像 $(r^2, 5)$ 这样的元素代表了两个位置，一个表示在 D_4 中的位置与一个表示在 C_7 的位置，如图 7.11 所示。这样只需画出（以及观察）几个结点和箭头，而不需要去看任何多于 8 个结点的结构。另外，这样不仅忠实地表示出了 56 元群（尽管不那么直接），而且采用图 7.11 的表示方式，我们能够看出这个群是如何由直积构造

而来的，从而帮助我们更好地理解 56 元群的整体结构。因此，直积是使得大群更容易被理解的一种方法，它用简单的过程向我们展现出怎样由小群构造大群。

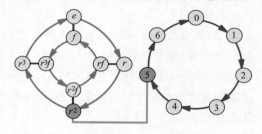

图 7.11 把群 $D_4 \times C_7$ 中的元素 $(r^2, 5)$ 看作一对元素，其中一个来自 D_4 的凯莱图，一个来自 C_7 的凯莱图。

7.1.4 代数观点

本书教了我们两种学习群论的方法，一种是基于作用观点的，一种是基于代数观点的，这两种方法对理解群的抽象概念都很有帮助。所以，我们也从代数观点来理解一下直积群，把直积群看作一个带有二元运算的元素集合。由于乘法表能从这个角度向我们展现群，所以了解如何构造直积群的乘法表是一个很好的切入点。幸运的是，与我们有一个可视的方法构造直积群的凯莱图（定义 7.1）一样，我们也有一个可视的方法构造直积群的乘法表。

定义 7.3（构造乘法表直积的技术）要由群 A 和 B 的乘法表构造直积群 $A \times B$ 的乘法表，需遵从下面三个步骤。注意这些步骤与定义 7.1 非常类似。图 7.12 以 $A = C_4$，$B = C_2$ 为例演示了这些步骤。

1. 从 A 的乘法表出发。

图 7.12 中，C_4 的元素是用蓝色显

示的。

2. 让表中的每个方格膨胀，并放入 B 乘法表的副本。为避免原来的 A 乘法表的信息丢失，每个方格原来的标识也要保留。

在图 7.12 中间，大的、蓝色的数字是 C_4 的乘法表遗留下来的，现在这些蓝色数字浮于 C_2 乘法表的红色副本之上。

3. 用元素对重新命名表中的元素，把 A 的元素放在每个元素对的左边，B 的元素放在右边。

在本例中，$C_4 \times C_2$ 的每个元素对的

每个数字都保持了其原来的颜色，以便你能判断出它来自哪个乘法表。

图 7.12 演示的构造过程，可以告诉我们关于 $C_4 \times C_2$ 中二元运算的很多信息。作为初学者，我们可以利用最终的表来做 $C_4 \times C_2$ 中的乘法。例如，要计算 $(2, 1) \cdot (3, 1)$，我们可以在表中查找 $(2, 1)$ 行与 $(3, 1)$ 列的交叉点，得到答案 $(1, 0)$。然而，我们真正想知道的是这个表**为什么**会给出这个答案。这个问题可由表的构造方法来回答。

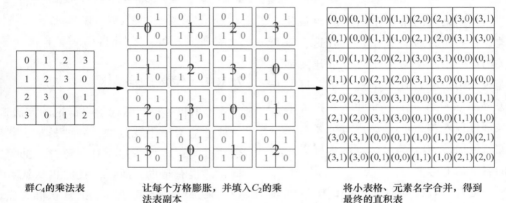

群 C_4 的乘法表　　　　让每个方格膨胀，并填入 C_2 的乘法表副本　　　　将小表格、元素名字合并，得到最终的直积表

图 7.12　按照定义 7.3 的技术，由 C_4 和 C_2 的乘法表构造 $C_4 \times C_2$ 的乘法表。行和列的表头不难给出，不过没有表头构造过程会更清晰。

图 7.12 中终表的结构，是由该图中间重叠放置的两个表决定的。直积表里蓝色数字的模式，直接复制了中间的表里大的蓝色数字的模式，而中间表里的蓝色数字又来自原始的 C_4 乘法表。于是，终表里位于元素对左边的（蓝色的）元素之间的关系就取决于原始的乘法表；也就是说，只取决于它们在 C_4 中的位置，而和与之配对的红色元素毫无关系。所以，$(2, 1) \cdot (3, 1)$ 的计算结果左边的分量是 1，原因就是在 C_4 中 $2 + 3 =$

1. 在计算答案的左半部时，右边的元素是不相关的。图 7.13 左边的表说明了这一点，这个表显示出，任何左分量为 2 的元素乘任何左分量为 3 的元素，结果一定是一个左分量为 1 的元素。

这个事实对图 7.12 的终表里的红色数字也成立。红色数字的模式源自 C_2 乘法表的副本。在中间的表中，覆盖在 C_2 副本上的蓝色数字对这个副本没有任何影响；这些副本都是完全相同的。所以，$(2, 1) \cdot (3, 1)$ 的计算结果右边的分量

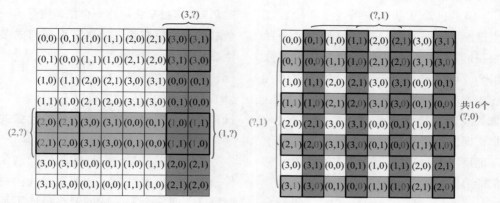

图 7.13 用图 7.12 构造的 $C_4 \times C_2$ 的乘法表来说明直积因子的独立性。左边的表说明
任何 $(2,?)$ 乘任何 $(3,?)$ 结果都是 $(1,?)$. 右边的表说明任何 $(?,1)$
乘任何 $(?,1)$ 结果都是 $(?,0)$.

是 0，是因为在 C_2 中 $1+1=0$，而与左边的 2，3 无关。图 7.13 的右表说明了这一事实，这个表显示，任何右分量为 1 的元素乘任何右分量为 1 的元素，结果都是一个右分量为 0 的元素。这个模式依赖于一个事实：所有的 C_2 副本都是相同的。当我们在 16 个相同的 C_2 副本中计算 $1+1$ 时，会得到 16 个相同的结果。

于是我们发现，要在 $C_4 \times C_2$ 中计算 $(2,1) \cdot (3,1)$，只需要知道如何在 C_4 中计算 $2+3$ 和在 C_2 中计算 $1+1$ 即可。元素对中的每个分量都可以完全单独地来处理，总结起来就是下面的等式：
$$(2,1) \cdot (3,1) = (2+3,1+1) = (1,0).$$
我们已经看到，凯莱图揭示出直积因子的独立性；上述原理阐述了这个独立性在乘法表中是如何呈现的。

现在我们该用代数术语来表达这种独立性了。取元素 $a \in A$，$b \in B$。如果我们用 e 表示每个群的单位元，那么在直积群中的对应元素就是 (a, e) 和 (e, b)。下面的一系列等式说明，基于直积

因子的独立性，(a, e) 和 (e, b) 是可交换的。

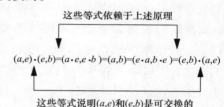

因此，直积因子的独立性意味着一个因子中的元素与另一个因子中的元素是可交换的。回到凯莱图看，一个因子的箭头与另一个因子的箭头总是可交换的。图 7.14 用两个不同的凯莱图说明了这个思想。

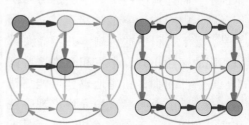

图 7.14 左边的凯莱图说明了在 $C_3 \times C_3$ 中 $a \cdot b = b \cdot a$，右边的凯莱图说明在 $C_4 \times C_3$ 中 $a^3 \cdot b^2 = b^2 \cdot a^3$. 在两个图中，$a$ 都是红色生成元，b 是蓝色生成元。

101

我们已经从基于作用观点和代数观点全面了解了直积。现在该学习另一种乘积运算了，这种运算同样对将大群分解为较小的碎片十分有用。虽然它比直积要难理解一些，但二者确有相同之处：如果我们能理解构造要件和构造过程，那么即使所得到的大群太过复杂以致于不能用图表呈现，我们也具备了理解它的能力。

7.2　半直积

我们刚刚学过的直积运算又简单又清楚，其实它还有两个表兄弟，不过要比它复杂些。这里，我将介绍一下半直积，而扭结积要更为复杂，本书就不做探讨了。甚至半直积也要用到一些第8章的概念，所以本节对半直积只能浅尝辄止，深入的理论只能留到下一章。与直积的情况一样，学习半直积也是为了掌握描述大群的更简单方法。

我们已经学过，直积是由一个因子的一些完全相同的副本组成的，副本中的对应元素根据另一个因子的模式相连接。半直积与直积非常相似，它也有两个因子，而且其中一个因子决定另一个因子副本中对应元素的连接模式。不同的是，在半直积中这些副本并不需要都以相同的面貌出现。半直积允许这些副本出现一些扭曲，相应地也就可能更错综复杂。为了说明半直积允许出现哪些扭曲，我引入了下面的术语。这不是标准的群论术语。事实上，我们稍后也将用更专业的术语来代替它。但就现在而言，这样一个可视的术语是值得一用的。

定义 7.4（重布线）称一个凯莱图是另一个凯莱图的重布线，如果下面所有的条件都满足：

(a) 两个图的结点分布必须相同。

(b) 两个图的箭头放置可以不一样。

(c) 在两个图中，群元素之间的代数关系必须相同。

条件（b）其实并不是一个限制条件，把它列出来是为了强调重布线的主要特征，即两个凯莱图的箭头模式不一样。条件（c）的另一个说法是，虽然两个凯莱图不一样，但是对应的是同一个乘法表，因而描述了同一个群。

图 7.15 是 C_3 和它的一个重布线。我们来分析它是如何满足定义 7.4 的每个准则的。条件（a）要求两个凯莱图的结点分布相同，从图上可以看出这显然满足。条件（b）允许两个图箭头连接结点的方式不同，这一点也满足，一个图是顺时针，另一个是逆时针。验证条件（c）意味着要验证，一个图满足的每一个等式另一个图也都满足。（这就是"代数关系"在这里的含义。）例如，左图满足 $a \cdot a = a^2$，因为从 e 出发往前走两个红色 a 箭头会到达 a^2。我们必须验证右图也满足这个等式。事实上，这个等式的确成立，但与左图的理由不一样。在右图中，a 代表两个连续的红色箭头，所以 $a \cdot a$ 是四个红色箭头，这在绕整个图走了一圈之后由 e 到达了 a^2。同样可以验证两个图都满足 $a^3 = e$ 以及诸多其他等式。为了全面彻底，我们可以把每个凯莱图都转化为乘法表，然后将会发现得到的乘法表是完全一样的。所以两个图描述了同一个群。于是图 7.15 满足所有

的条件。

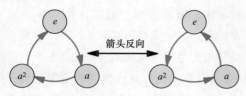

图 7.15 左图为 C_3 的常见形式，右图是它的一个重布线。令其中任一个图的箭头反向都会变成另一个。

图 7.16 是一个稍大一点的例子：两种对 V_4 重布线的方式，其中每种都被描述为凯莱图箭头间的置换。把上面的重布线过程进行两次，凯莱图就会回到初始的状态，这是由于它只是简单地互换了水平箭头与竖直箭头。而下面的重布线，必须重复三次才能回到初始图，因此它可以被描述为一个 3 阶置换。

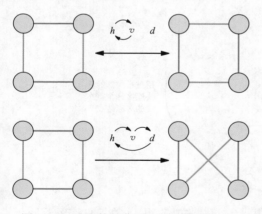

图 7.16 两种对 V_4 凯莱图重布线的方式，每种方式都被描述为水平箭头（h）、竖直头（v）和对角箭头（d）的置换。虽然初始图只有水平和竖直箭头，但这些置换仍然涉及了对角箭头（d），这是由于水平箭头和竖直箭头可以被放置到对角位置。

或许，再举两个不同于前两例的、不是重布线的例子会有助于理解，如图

7.17 所示。该图上的第一行重置了凯莱图箭头，得到的却不是一个凯莱图。所以，它不是重布线，因为定义 7.4 只适用于两个凯莱图。下行演示的变换，虽然确实把一个 4 - 循环变成了另一个 4 - 循环，但没有保持群元素间的代数关系。例如，在右图中，$2+2=1$，但按照定义 7.4 条件（c），这个等式应该与左图一样，是 $2+2=0$。

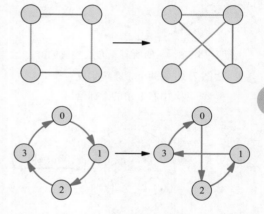

图 7.17 两个重置凯莱图箭头但不是重布线的例子。

图 7.16 用置换来描述重布线，也许你已经在猜测，能否把所有的重布线放在一起形成一个群。最简单的例子莫过于图 7.15。这不仅由于它演示的是一种对 C_3 重布线的方式，而且如果我们把图 7.15 中的每个凯莱图看作一个单独的结点，那么整个图就具有群 C_2 的结构，这个群唯一的箭头就是在图的中间标有"箭头反向"的那个。一个更有趣的例子是由 V_4 的所有重布线构成的群，这个群可由图 7.16 的两个重布线生成。它具有 S_3 的结构，如图 7.18 所示。

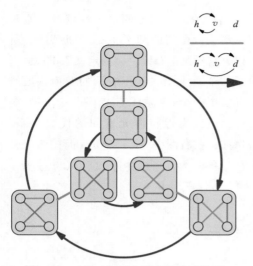

图 7.18　由 V_4 的所有重布线构成的群，由图 7.16 的两个重布线生成。箭头的含义由右上角的图标给出。

图 7.15 和图 7.18 让人不禁想起直积的结构，因为它们把凯莱图当作结点并连接起来，这正是定义 7.1 的步骤 2 要求我们做的事情（见图 7.2 和图 7.4 中间的图）。直积结构与重布线群的重要区别在于，在一个重布线群里，不是所有的凯莱图都相同。恰恰相反，每一个凯莱图都是不同的！如果我们按定义 7.1 步骤 3 教我们的那样连接图 7.15 或 7.18 中的重布线，那么所得到的群就叫做一个半直积群。图 7.19 演示了对图 7.15 做上述连接。由于被看作结点的群是 C_3 的重布线，而整体是 C_2 的结构，所以我们把所得到的群叫做 C_3 与 C_2 的半直积。C_3 与 C_2 的半直积记作 $C_3 \rtimes C_2$

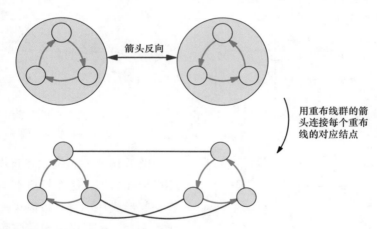

箭头反向

用重布线群的箭头连接每个重布线的对应结点

图 7.19　将定义 7.1 的步骤 3 应用于图 7.15，得到 C_3 与 C_2 的半直积，它在结构上等同于 S_3。

更一般地，我们可以把半直积的构造过程叙述如下：从一个群 G 出发，先画出它的重布线群的凯莱图，然后像我们做直积时连接副本那样（见定义 7.1 步骤 3）连接重布线。你可以用这个过程在图 7.18 的基础上画出 $V_4 \rtimes S_3$ 的凯莱图。然而，用此过程构造的半直积只是所有半直积的一部分。要想能够描述和构建其他的半直积群，则需要用同态的概念来描述重布线及其连接。我们把这些内容留到第 8 章，届时我们将会学习对任意两个群 A 和 B，怎样构造各种各样的半直积 $A \rtimes B$。

7.3 正规子群与商

在第 7.1.3 节，我们看到把一些大群描述为直积群更便于理解。通过理解因子和直积构造过程，我们可以理解原本十分复杂的群。我们也需要一个类似的技术来分解半直积群。所以，当我们看到一个凯莱图时，我们自然想要知道怎样才能识别出它是否是一个乘积群。也就是说，如果这个凯莱图不是你自己构建的，那么你该如何判断这个图是否代表了某两个群 A 和 B 的直积 $A \times B$ 或半直积 $A \ltimes B$，并且确定出 A 和 B 是什么？

最常见的将大群分解成两个因子的方法叫做取商。取商不仅可用于直积，而且对半直积也适用。当用商分解了直积或半直积后，我们就可以清楚地看到群的内部结构。（当我们在第 8 章深入学习半直积后，这一点会得到进一步证实。）商甚至可用来组织那些不是由直积或半直积运算构造出来的群，而由商揭示的群结构通常对我们理解这些大群很有帮助。群的积让群相乘，而群的商则让它们相除。下面来介绍用一个群的子群去除这个群的过程。与本章介绍其他过程时一样，我还是在介绍定义的同时通过一个例子来演示该过程。

定义 7.5（商运算） 用群 G 的一个子群 H 去除 G，步骤如下：

1. 根据子群 H 组织 G 的凯莱图（像在第 6.3 节做的那样）。

图 7.20 最上面的图以 $G = C_6$，$H = \langle 2 \rangle$ 为例来做示范。注意 H 的陪集是成行放置的，这是为下面的步骤做准备的。

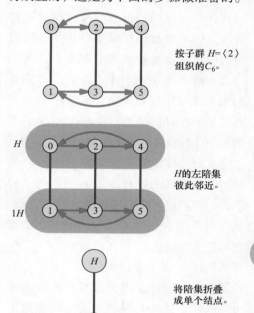

按子群 $H = \langle 2 \rangle$ 组织的 C_6。

H 的左陪集彼此邻近。

将陪集折叠成单个结点。

图 7.20 对群 $G = C_6$，子群 $H = \langle 2 \rangle$（同构于 C_3）应用定义 7.5 的商过程。注意根据子群 H 组织 G 的凯莱图有利于折叠 H 的陪集。

2. 把 H 的每个陪集折叠成一个大结点。[⊖] **合并起点和终点都相同的箭头。于是得到一个新的、结点和箭头相对较少的图。**

图 7.20 的中间和下端分两步演示了这个过程。

3. 如果这个新图是某个群的凯莱图，那么你就得到了 G 关于 H 的商群，而且新图描述的就是这个商群。如果不是，那么 G 不能被 H 除。

⊖ 从现在起，我用非正式词语"折叠"来表示把一些结点聚集或收集起来变成一个结点。也许，用英文单词"grouping"表达这种形式的合并最为合适，但显然，我们已经用"group"来表示其他意思了。

图 7.20 最下面的图是群 C_2 的凯莱图，所以 C_6 除以 C_3 等于 C_2。

可以看出，商运算显然是我们见过的两种积运算的逆过程。两种积过程都要构造副本以及连接副本的箭头，而商过程则把副本与箭头折叠起来。在本例以及下面的每个例子中，还有一个重要的细节需要注意和理解：商群中的元素都是原子群 H 的陪集。在图 7.20 最下面的图中，结点的名字明确体现了这一点。

然而，被商运算分解掉的原始群的结构是什么样的呢？C_6 是直积还是半直积，亦或其他？我们可以断定它是直积，因为图 7.20 最上面的 C_6 凯莱图可以由直积构造：它是由 C_3 的两个副本按照 C_2 的模式连接对应元素得到的。定义 7.5 的步骤 1 不可或缺，因为重新组织凯莱图可使隐藏于该图其他布局的结构显现出来。所以，群 C_6 其实就是群 $C_3 \times C_2$，这一点我们在上一章（见图 6.5）已经看到了。如果你想要知道还有哪些循环群内部也隐藏着直积结构，我们将在第 8.4 节回答这个问题。

利用商过程分解直积群，直积因子的确定方式如下：左因子 A 是步骤 1 中用来重组凯莱图的子群，而右因子 B 是做商所得的结果，也就是该过程最终产生的凯莱图。

群 S_3 也有一个同构于 C_3 的子群，这个群与 C_6 有许多共同点。我们来试试用 C_3 去除 S_3，并与前面的例子进行比较。图 7.21 演示了对 S_3 做商过程的三个步骤。虽然两个商 C_6/C_3 与 S_3/C_3 的结果都是 C_2，但这两个群却是不同的。商过程消除了它们的不同点。

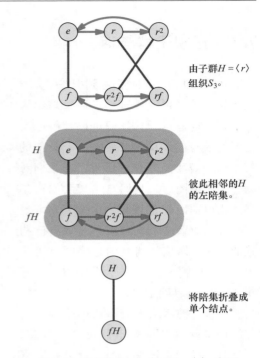

由子群 $H = \langle r \rangle$ 组织 S_3。

彼此相邻的 H 的左陪集。

将陪集折叠成单个结点。

图 7.21　对群 $G = S_3$ 与 $H = \langle r \rangle$ 应用定义 7.5 的商过程。结果与我们用同构于 C_3 的子群除 C_6 相同，因为原始群的不同点被商过程去掉了。

前面我曾说商 C_6/C_3 分解了一个直积，那么我们自然要问 S_3/C_3 是否也如此呢。注意在图 7.21 上端的图中，S_3 的蓝色箭头是交叉的，它们并没有连接子群 C_3 与其陪集的对应元素。因此，S_3 不是 C_3 与 C_2 的直积。如果重新排列 S_3 底行的结点使蓝色箭头不交叉，就得到图 7.22。虽然现在对应元素相连接了，但是底行却不再是上面行的精确副本，而是它的一个重布线。因此，S_3 不是一个直积，而是 C_3 与 C_2 的半直积。事实上，图 7.22 只不过是图 7.19 的另一种形式。

我们已经看到商运算怎样分别揭示两种不同的乘积结构。当商运算处理的

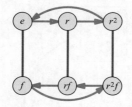

图 7.22 重新布置图 7.20 中 S_3 的底行，使得竖直箭头不交叉。

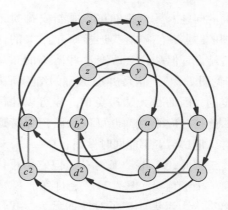

根据子群 $H = \langle x, z \rangle$ 重新组织 A_4。

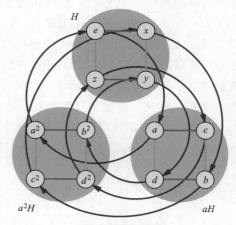

H 的左陪集彼此相邻。

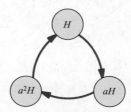

把陪集折叠成单个结点。

是对应结点相连接的相同副本时，它揭示的是直积结构。当处理的是对应结点相连接的重布线时，它揭示的是半直积结构。我们还将看到商运算揭示这两种模式以外的结构，这也会帮助我们看清大群的结构（见习题 7.18）。

前面两个例子为我们提供了许多信息，但有点小。一个富有启发性的、稍大的例子是群 A_4，我们曾在图 5.27 中见过这个群。该图显示出 A_4 与四面体的对称性之间的联系，但关于群内部结构的信息却不多。找一种取 A_4 的一个商的方式会揭示出其内部的一个简单结构。下面，我们来取 A_4 关于一个与 V_4 同构的子群的商。

按照定义 7.5 步骤 1，首先将 A_4 根据子群 $\langle x, z \rangle$ 重新组织（见图 7.23（上））。这个重组要用到生成元 x 和 z 的箭头以及一个连接 $\langle x, z \rangle$ 的陪集的生成元箭头，这里是 a。定义 7.5 步骤 2 要求我们把 $\langle x, z \rangle$ 的每个左陪集折叠成一个结点，并合并这些结点间多余的箭头。做完这些之后，A_4 中的一个 3 阶循环结构就显现出来，如图 7.23（下）所示。因此，A_4/V_4 同构于 C_3。

这个商是某个积的逆吗？我们可以断定这不是一个直积，因为图 7.23（上）

图 7.23 计算商 A_4/V_4。所有由 H 出发的蓝色箭头都到达 aH，所有由 aH 出发的蓝色箭头都到达 a^2H，所有由 a^2H 出发的蓝色箭头都回到 H。的凯莱图显示，连接 H 陪集的箭头并没有连接对应元素。例如，H 的右上方结点没有连接到 aH 的右上方结点。与上面 S_3 的例子一样，这并不仅仅是凯莱图布

局的问题。虽然我们可以重新安排凯莱图的结点，使得箭头连接每个陪集的对应结点，但是这会改变这些陪集的布局（见图 7.24）。这是由 A_4 杂乱的结构所决定的，因而是无法避免的。你可以让箭头连接对应结点，也可以让陪集保持原样，但这两者不能同时做到。

因此，A_4 不是 $V_4 \times C_3$，但它仍可能是一个半直积。图 7.24 重新排列了 V_4 的陪集，让箭头连接了对应的元素，我们发现得到的是半直积 $V_4 \rtimes S_3$ 的外环（见图 7.18）。图 7.25 展示了这个模式。因此，群 A_4 是这个大群的一个子群，当我们在第 8 章全面学习半直积的一般性时，我们将会学习怎样把 A_4 表示成 C_3 与 V_4 的半直积。现在，商过程向我们揭示出 A_4 具有图 7.25 中的简单结构。

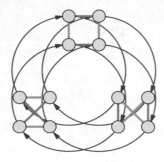

图 7.24　对 V_4 在 A_4 中的陪集重新布线，以显示出 A_4 的半直积结构。

定义 7.5 步骤 3 的用词表明，商运算在某些情况下并不顺利，得到的可能是无效的凯莱图。因此，对我们来说，一个无效结果的例子是重要的，这样的例子也可以由 A_4 来提供。这个例子将引导我们总结出一个定理，以此来判断商运算何时成功和何时失败。

当我们初次见到群 A_4（见图 5.27）

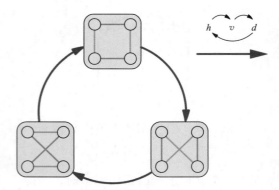

图 7.25　A_4 作为重布线群的子群。若要构造 A_4，用 3 阶圈中的箭头连接每个重布线的对应结点即可。

时，它是按 3 元子群 $\langle a \rangle$ 组织的。图 7.26 演示了用这个子群去除 A_4 的过程，不过结果并不是一个有效的凯莱图。它无效的原因有好几个，但最明显的一个原因是图中唯一的一类箭头（蓝色的）是不一致的。例如，从上方结点出来的蓝色箭头不只连接了一个结点，还连接了其余所有的三个结点。因此，这个图并没有描述一个群。（回忆习题 2.14 至 2.17 以及定义 6.1 的判别准则。）

因此，商对某些子群适合，而对另一些不适合。为了真正地理解商过程，我们需要知道其中的原因。群或子群的什么特性决定了是否可以做商？正如本节的标题所预示的，其决定因素在于该子群是否是正规的。

定理 7.6　如果 $H < G$，那么仅当 $H \lhd G$ 时，才能够构建商群 G/H。

证明　由定义 7.5，仅当得到的图为有效凯莱图时，商过程才是成功的。商过程保证了有效凯莱图的大部分要素。例如，由于在初始图中，对每个结点以及每种颜色，都有一个该颜色的箭头从该结点

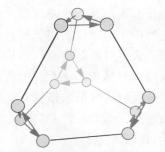

根据子群 $H = \langle a \rangle$ 重新组织 A_4。

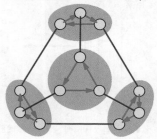

H 的左陪集彼此相邻。

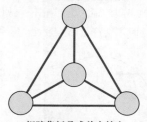

把陪集折叠成单个结点。

图 7.26 按一个非正规子群组织 A_4，
因此不允许我们取商。

离开，所以最后得到的图也具有这个性质。由于初始图是正则的（见定义 6.1），折叠的是图中结构相同、布局各异的部分，所以终图也是一个正则图。

这里有一个问题。回忆图 7.26 中的终图不满足的要求：对指定结点与指定颜色，只能有一个该颜色的箭头进入或离开该结点。因为我们把许多结点折叠成了一个结点，从而会牵扯到它们之间形形色色的箭头，所以终图可能不满足这个要求。所以，本定理可转化为如下

事实，这个事实其实我已经给出过证据：当且仅当该子群是正规子群时，折叠左陪集才不会产生不一致的箭头。下面，我将通过比较折叠后变得不一致的箭头与不会变得不一致的箭头来论证这个事实的正确性。

当同一颜色的箭头由一个左陪集的结点连接到两个或更多个不同陪集的结点时，折叠陪集就会产生不一致的箭头。图 7.27 的左图演示了这一点，这就是导致图 7.26 中问题的原因。另一方面，当由任一个左陪集出发的同一颜色的所有箭头全体一致地到达另一个陪集时，不一致性就不会产生，如图 7.27 右图所示。这就是我们在前面三个商群的例子中看到的情形（见图 7.20、图 7.21 和图 7.23）。

仅当该子群正规时，左陪集间的箭头才具有一致性，其原因可在第 6 章左右陪集的可视化图中找到。请回到图 6.8，该图帮助我们把左陪集 gH 想象成 H 的一个副本，g 箭头从 e 指向此副本。同时，该图把右陪集 Hg 描述为由 H 出发的 g 箭头可到达的结点。这些视图告诉我们，正规子群的定义特征 $gH = Hg$ 可重述如下：

无论由 H 出发的 g 箭头连接到哪个陪集（左陪集 gH），

所有的 g 箭头指向都是一致的（因为它也是右陪集 Hg）。

图 7.28 演示了这一点，这里合并了图 6.8 中的两个插图。因此，当且仅当离开子群 H 的箭头都一致时，该子群才是正规的。而且，由于凯莱图是正则的，在整个图中，连接 H 与其每个陪集的箭

头模式将会在 H 的每个副本（左陪集）处重复出现。因此，当且仅当陪集间每种颜色的箭头都一致时，即商运算成功时，该子群才是正规的。

这个定理向我们展示出正规子群在群论中的重要作用。我们最初把它描述为左右陪集相等的子群，那时并没有看出它有什么重要性。然而现在，我们知道了它的应用：通过正规子群，我们可以做商，从而揭示群的整体结构，进而帮助我们更好地理解大群。因此，我要把本章的最后两节用来拓宽对正规子群和商的理解，从而为第 9 章和第 10 章更深入的知识奠定基础。

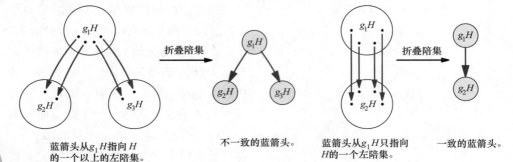

蓝箭头从 g_1H 指向 H 的一个以上的左陪集。 不一致的蓝箭头。 蓝箭头从 g_1H 只指向 H 的一个左陪集。 一致的蓝箭头。

图 7.27 当折叠陪集时，把一个左陪集连接到若干其他陪集的箭头会产生不一致性。统一地由一个陪集到达另一个陪集的箭头在折叠时不会产生不一致性。

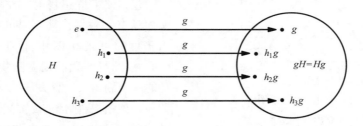

图 7.28 当 H 正规时，等式 $gH = Hg$ 成立，于是根据图 6.8 的说明，g 箭头一致地连接着 H 与 gH。

7.4 正规化子

本节我们从一个简单的问题开始回到对正规子群的研究：有没有一种方法来衡量一个子群有多接近正规子群？这个问题的答案会揭示出一些有趣的模式，从而帮助我们感知正规子群。

我们曾说过，当群中的每个元素 g 都满足条件 $gH = Hg$ 时，子群 H 是正规的。于是，一个简易的衡量子群有多接近正规的方法，是检查有多少 $g \in G$ 满足这个条件。就好比 G 是一个民主国家，我们给每个 $g \in G$ 一张选票来表决 H 是否应该是正规的，然后看看有多少张赞同票。只有获得全数赞同票的子群才能获得"正规"的荣誉称号。

我们知道，至少每个 $g \in H$ 一定会投赞同票，这是由于对任何 $g \in H$ 来说，gH 与 Hg 都等于 H（候选人通常会获得家乡人的支持。）。另一个极端是当 H 正规时，所有的 $g \in G$ 都会投赞同票。但在这两个极端之间的情况也可能存在不同程度的差异，在这些情况中，我们可以用给 H 投赞同票的元素个数来衡量 H 离当选为正规相差多少。G 中投票同意 H 正规的元素所组成的集合，称为 H 在 G 中的正规化子，通常记作 $N_G(H)$。

在这个民主国家里，H 的陪集总是投一样的票。如果某个 $g \in G$ 满足 $gH = Hg$，那么 gH 中所有其他元素也都满足。这是由于观察 6.5 告诉我们，任意 $k \in gH$ 都可以作为陪集的代表元，所以 $gH = kH$，$Hg = Hk$。于是当且仅当 g 为 H 投赞同票（$gH = Hg$）时，k 才为 H 投赞同票（$kH = Hk$），因为 gH 与 kH 是同义词，Hg 与 Hk 也是同义词。这个投票模式缩小了 $N_G(H)$ 的可能范围，尤其是它的阶。由于 $N_G(H)$ 是由陪集成块地组成的，所以它的阶总是 $|H|$ 的整数倍。

此外，一个左陪集如何投票，其决定因素很简单，就是它是否也是一个右陪集，因为只有当 $gH = Hg$ 时 gH 才投 H 的赞同票。于是正规化子 $N_G(H)$ 由所有同时也是右陪集的左陪集组成。这就给了我们一个直接的方法，可以在凯莱图上可视地挑选 $N_G(H)$。由于它由那些也是右陪集的左陪集组成，我们可以更直观地将其描述为是由那些用一致箭头连接到 H 的 H 副本组成的。下面来看几个例子。

为简单起见，我先从一个正规子群开始。我们在图 7.23 中看到 $\langle x, z \rangle \lhd A_4$，因此它的三个左陪集都是右陪集，

它们由一致箭头彼此相连。由于该子群是正规的，所以 $N_{A_4}(V_4) = A_4$。另一个极端的例子出现在图 7.26 中，也就是 $\langle a \rangle$，这是 A_4 的一个非正规子群。它有四个左陪集（其中包括它自身），但是箭头非常分散，以致于没有任何左陪集也是右陪集。于是在子群 $\langle a \rangle$ 以外没有任何元素为它投票，也就使得 $\langle a \rangle$ 成了我们所能见到的最"不正规"的子群，$N_{A_4}(\langle a \rangle) = \langle a \rangle$。

当然，非极端的例子会更有趣，即一个子群在一定程度上正规，但又不完全正规。图 7.29 是按 $\langle f \rangle$ 的左陪集组织的 D_6。考虑图中标出的左陪集 $r\langle f \rangle$。$\langle f \rangle$ 与 $r\langle f \rangle$ 之间没有一致的箭头相连接。从 e 到 r 的箭头使得 $r\langle f \rangle$ 成为一个左陪集，而另一个从 H 出发的 r 箭头却与之不同，指向了 $r^5\langle f \rangle$。你可以自己验证，同样的事实也适用于 $r^2\langle f \rangle$、$r^4\langle f \rangle$ 和 $r^5\langle f \rangle$。它们与 $\langle f \rangle$ 之间都没有一个一致的箭头集合连接。然而 $r^3\langle f \rangle$ 的情况却不同，r^3 路径的确是一致地由 $\langle f \rangle$ 指向了 $r^3\langle f \rangle$，尽管从凯莱图上看，它们一个是顺时针，另一个是逆时针。同样，由 $r^3\langle f \rangle$ 回到 $\langle f \rangle$ 的 r^3 路径也是一致的。于是，正规化子 $N_{D_6}(\langle f \rangle)$ 不仅包含 $\langle f \rangle$，还包含它的一个陪集：$r^3\langle f \rangle$。虽然 $\langle f \rangle$ 没有当选为正规子群，但却获得了家乡以外的一些选票。

图 7.29（右）把 $N_{D_6}(\langle f \rangle)$ 从 D_6 中提炼出来。你可以看出，它并不只是一个结点集合，而是一个群，并且 $\langle f \rangle$ 在这个群中是正规的。这两个事实并不是巧合。或许我们没有期望正规化子会是一个群，但显然可以预见，原子群在其

正规化子中一定是正规的。毕竟，正规化子是由所有投票赞成该子群正规的元

素组成的！下面，我们来看看为什么每个正规化子都是一个群。

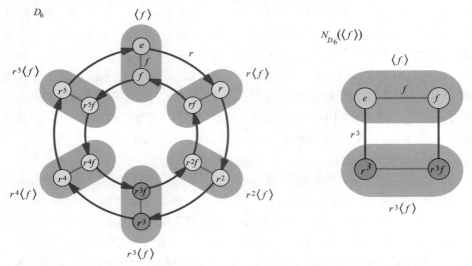

图7.29　子群 $\langle f \rangle$ 在 D_6 中不是正规的，但其正规化子也不是它本身。它的正规化子 $N_{D_6}(\langle f \rangle)$ 等于 $\langle f, r^3 \rangle$，是一个与 V_4 同构的群，如右图所示。

定理7.7 对任意 $H < G$，都有 $N_G(H) < G$。

证明 前面我曾用符号 $\langle a, b, c \rangle$ 表示由元素 a、b、c 生成的子群。生成该子群的意思是用所有可能的方式来合并 a、b、c 以及它们的逆。我们知道，这样得到的一定是一个子群，因为这种由生成元出发的勘察是我们最初构造群时的做法（见第2章）。

设 $N_G(H)$ 的元素为 g_1, g_2, $\cdots$, g_n，并考虑它们生成的子群 $\langle g_1, g_2, \cdots, g_n \rangle$。我将证明生成这个子群实际上并没有涉及任何新的元素，即 $\langle g_1, g_2, \cdots, g_n \rangle$ 就是 $N_G(H)$。这就证明了 $N_G(H)$ 是 G 的一个子群，而且它是由自身元素生成的子群。为此，我首先证明 $N_G(H)$ 的两个元素相乘不会到达 $N_G(H)$ 以外，然后再证明 $N_G(H)$ 的每个元素的逆也是

$N_G(H)$ 的一个元素。

考虑 $N_G(H)$ 的两个元素 g_1 和 g_2。每个元素都对应于 G 的凯莱图中的一条路径。由于它们是 $N_G(H)$ 中的元素，所以这些路径一定一致地连接着 H 的陪集。图7.30 显示出一个简单的结论：组合路径 $g_1 g_2$ 也一定一致地连接着 H 的陪集。于是，$g_1 g_2$ 也在 $N_G(H)$ 里，我们看到合并 $N_G(H)$ 中的元素仍在 $N_G(H)$ 之内。

$N_G(H)$ 中元素的逆也在 $N_G(H)$ 中，理由如下。任取 $N_G(H)$ 中的元素 g，考虑从某个左陪集 aH 一致到达另一左陪集 bH 的 g 箭头集合。除了来自 aH 的，不会有其他进入 bH 的 g 箭头，因为它们没有地方可作为终点：bH 中的每个元素都已经连接了一个来自 aH 的元素（元素个数与 bH 恰好相同）的 g 箭头，而且不会有两个箭头拥有相同的终点。因此，进入 bH

的 g 箭头只能来自 aH，这使得由 bH 出发的 g^{-1} 箭头都一致地指向 aH。这说明 N_G

(H) 中任意元素 g 的逆也在 $N_G(H)$ 中。

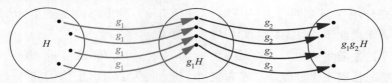

图 7.30　由 H 出发依次追踪 g_1 和 g_2 的箭头——两个一致连接着 H 陪集的箭头集合，结果表明乘积 $g_1 g_2$ 也一定一致地连接着 H 的陪集。

因此，$N_G(H)$ 是由其自身元素生成的子群，从而是一个子群。

这个定理表明，$N_G(H)$ 总是一个群，我之前曾提到过，它是一个使得 H 在其中正规的群。它被称为正规化子，因为

它回答了需要从 G 中去掉多少元素才能使得 H 正规，也就是本节开篇问题的变形。

图 7.31 强调了关系式 $H \lhd N_G(H) < G$ 的几个重要方面。第一，$N_G(H)$ 的阶是

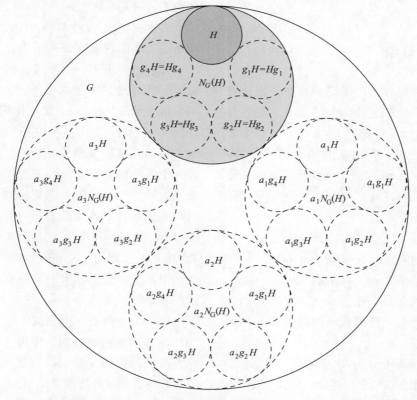

图 7.31　关系 $H \lhd N_G(H) < G$ 的抽象可视化。其中，H 的陪集记作 $g_1 H$、$g_2 H$ 等，$N_G(H)$ 的陪集记作 $a_1 N_G(H)$、$a_2 N_G(H)$ 等。

|H| 的某个倍数，而 G 的阶又是 |$N_G(H)$| 的某个倍数，所以只有当 H 与 G 比起来充分小（至多四分之一）时，这三者才可能彼此不同。第二，$N_G(H)$ 的边界在 H 的左陪集的边界处，而不会切断它们中的任何一个，即，它或者包含整个陪集，或者一点也不包含，就像我们之前见到的那样。第三，它恰好包含了那些也是右陪集的 H 的左陪集。尽管整个 G 都布满了 H 的副本（它的左陪集），但 $N_G(H)$ 的边界必须保证关系式 $H \triangleleft N_G(H) < G$ 成立。在第 9 章关于子群的更深入的学习中，正规化子将会是一个有力的工具。

7.5 共轭

到目前为止，我们一直在使用正规子群最常见的定义：$H < G$ 是正规的，如果对每个 $g \in G$ 都有 $gH = Hg$。另一个常用（且等价）的方式是将等式 $gH = Hg$ 写成 $gHg^{-1} = H$。这个转换形式是由原形式两边同时右乘 g^{-1}，再消去得到的，具体过程如下。

原等式：$\qquad\qquad gH = Hg$

两边同时右乘 g^{-1}：$gHg^{-1} = Hgg^{-1}$

等号右边消去 gg^{-1}：$gHg^{-1} = H$

这个等式与第一个等式表达了相同的信息，因此是一种被认可的描述 H 正规的等价说法。

就像等式 $gH = Hg$ 等号两边都是一个由群元素组成的集合一样，等式 $gHg^{-1} = H$ 等号两边也是如此。这个新等式的意思是，如果你取遍所有 $h \in H$，并对每个元素左乘 g，右乘 g^{-1}，得到 ghg^{-1}，那

么你得到的新的集合—记作 gHg^{-1}—其实就是子群 H。从图上看，这个等式说的是所有 g^{-1} 箭头都由左陪集 gH 回到了子群 H。

把 $gH = Hg$ 改写成 $gHg^{-1} = H$ 的动机，是为了引出正规子群与一种叫做共轭的运算之间的联系。选取 h，并用 g 及其逆将之包围（得到 ghg^{-1}），这一过程称为取 h 关于 g 的共轭，所得的结果称为 h 关于 g 的共轭，或简称共轭。类似地，gHg^{-1} 称为 H 关于 g 的共轭。由于正规子群可以用共轭来定义，所以这两个概念联系十分紧密。本节将阐述一些关于两者之间关系的结论。

表达式 ghg^{-1} 或许看上去让人有些不明所以，下面我来解释一下为什么取一个群元素 h 关于另一个元素 g 的共轭常常具有既自然又实用的意义。从作用序列的角度看，共轭 ghg^{-1} 是先作用 g，再作用 h，然后作用 g 的逆。其实，许多日常事件都遵从这个模式。比如，让 h 代表一个简单的作用—打开一个罐子。当盖子太紧，以致作用 h 遇到困难时，你可以先用滚烫的水加热盖子（作用 g），再打开罐子（作用 h），然后让盖子冷却（作用 g^{-1}）。作用 h 经由作用 g 暂时转化为一个不同的形式，因而结果也与单独进行 h 有所不同。

再举一个例子，比方说作用 h 是一个乐队演唱他们的歌曲，作用 g 是该乐队开车去他们即将演出的礼堂。这个乐队在排练时经常进行作用 h，但是演唱会之夜是不一样的。他们对其寻常行为 h 关于 g 取了共轭，因此将之推到一个新的境界（一个更激动人心、且能够从中

获利的境界）。他们开车到礼堂（g），完成演唱（h），再开车回去（g^{-1}）。把 ghg^{-1} 看作是作用 h 经由作用 g 转化为一个新的形式，是一个理解共轭的好方法。正因如此，一个作用与它的共轭总是有很多共同点。

上面两个共轭的例子虽然容易理解，但不是群论中的例子。在群论中，可以找出无数个共轭的例子。下面我们来看一个来自正四面体对称群 A_4 的例子。和以前一样，我用 a、b、c、d 来分别表示 A_4 中正四面体关于四个不同顶点的 120° 顺时针旋转。在图 7.32 中，我分别用 A、B、C 和 D 标记了对应于这四个作用的顶点。这四个旋转中的每一个都是其余三个的共轭。这与上面非群论的例子形成呼应，因为每个 120° 顺时针旋转除形式外，本质上都与其余任何一个没有区别。下面我们来看看它们究竟为什么是共轭的。

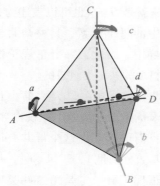

图 7.32 顶点为 A、B、C 和 D 的正四面体。从每个顶点引出了一条通过其对面的直线，绕这些直线顺时针旋转四面体 120° 的作用分别记为 a、b、c 和 d。（这里，"顺时针"是对从四面体外侧看向该顶点的角度而言的。）

我将说明如何对 a 取关于 A_4 中另一元素的共轭来得到 b，其实如果我换一对旋转，下面的讨论也是一样的。（习题 7.37 要求你试着对另一对旋转进行讨论。）作用 a 是关于顶点 A 顺时针旋转。我们需要一个改变四面体方位的作用，从而使得作用 a 关于顶点 B 旋转。这可以由 A_4 中任何一个把 B 转到最左边位置（即图 7.32 中 A 所在的位置）的作用完成，从而"骗"作用 a 关于顶点 B 旋转正四面体。比如，作用 c 就是这样一个作用。

图 7.33 演示了当取 a 关于 c 的共轭时发生的情形。图中每部分代表了共轭中三个作用中的一个，并展示出这一作用完成后四面体的方位（假设初始状态为图 7.32）。最终的结果是顶点 A、C 和 D 顺时针旋转了一下，就好像我们所做的一切只是一个作用 b。于是对 a 关于 c 取共轭的结果确实是 b。我们可以用代数形式将之表达为等式 $cac^{-1} = b$。类似地，可以证明任何两个 120° 顺时针旋转都是共轭的。

由于共轭的元素常常具有许多共同的性质，所以把群划分成共轭的集合能够为我们提供更多的信息。我们之所以能够用像共轭这样的关系对群进行划分，依赖于三个关键的事实。习题 7.36 将要求你证明这些事实，所以我在这里就不证明了。其中一个事实是，只要元素 a 是元素 b 的一个共轭，那么元素 b 一定也是元素 a 的一个共轭。基于这个原因，"a 与 b 共轭"这一更简单（且适度模糊）的说法颇为常见。

表 7.1 对 A_4 的元素进行划分，每行中所有的元素都彼此共轭，但都不与其

他行中的任何元素共轭。注意每行都配有一个言简意赅的描述，揭示出这些共轭元素所具有的共同点。表 7.1 的四行叫做共轭类。

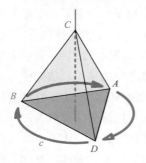

做完 c 后，B 到了 A 的位置。

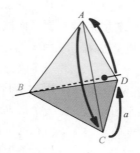

因此，作用 a 现在是关于顶点 B 旋转。

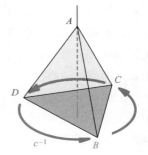

作用 c^{-1} 使顶点 B 又回到它的初始位置。

图 7.33　a 关于 c 的共轭等于 b，记作 $cac^{-1} = b$。本图假设四面体的初始状态是图 7.32。你可以通过在图 7.32 上画出 b 的作用效果来验证等式 $cac^{-1} = b$，你画出的结果应该就是这里显示的共轭的结果。

表 7.1　A_4 的共轭类。

元素	描述
e	单位元
x，y，z	180°翻转（见习题 5.25）
a，b，c，d	关于顶点的 120°顺时针旋转
a^2，b^2，c^2，d^2	关于顶点的 120°逆时针旋转

一个常用的总结共轭类表中信息的方法是，将其写成一个共轭类基数相加等于群的阶的等式。例如，在表 7.1 中，共轭类的基数分别是 1、3、4 和 4，我们可以写作

$$1 + 3 + 4 + 4 = 12$$

这叫做 A_4 的类公式，其中左边每个数字代表了一个共轭类，右边的数字是群的阶。相对于类公式短小简单的形式，它所承载的信息量简直惊人。现在，我希望你注意到类公式的重要应用，它将带我们回到提出共轭的地方，即它与正规子群的联系。

我从正规子群的定义特征可以表达为 $gHg^{-1} = H$ 开始，引出了关于共轭的话题。结论是，正规子群 H 中的任何元素 h 的所有共轭元一定也在 H 中，因为任何共轭 ghg^{-1} 都在 gHg^{-1} 中，而对正规子群来说，这就是 H。这也可以表述为，对正规子群中的每个元素，其整个共轭类也在该子群中。因此，每个正规子群都是由若干整个的共轭类组成的。

因此，类公式可以大大缩小正规子群的搜索范围，方法如下：仅由 A_4 的类公式，我们可以看出这个群共有四个共轭类，基数分别是 1、3、4 和 4。A_4 的任何一个正规子群一定是由这些类中的一个或几个组成的。也就是说，基于上一段的分析，我们不能把一个共轭类的一半放到一个正规子群中去，而必须放入整个共轭类。所以，要找到 A_4 的所有正规子群，我们可以尝试数字 1、3、4 和 4 的不同组合，从而找出共轭类组成的子

群。在这个过程中，我们有两个限制条件。第一，由于我们要构造的是子群，所以必须将含有单位元的共轭类包含在内。第二，拉格朗日定理告诉我们，所得子群的阶必须整除整个群的阶，也就是 12。考虑到这两个原则，就只剩下三种可能性。

整个群 A_4，$1+3+4+4$

单位元和翻转，$1+3$

平凡子群，1

1、3、4 和 4 的其他组合都不是 12 的因子。整个群与平凡子群是任何群的正规子群，所以它们出现在列表中不足为奇。有意思的是中间那个，它代表了表 7.1 的前两行，即 $\{e, x, y, z\}$。

仅由这个工作，我们并不能断定 $\{e, x, y, z\}$ 就是一个正规子群。我们需要通过凯莱图或乘法表来判断 $\{e, x, y, z\}$ 是否为 A_4 的子群，而不仅仅是子集。当然，我们在本章已经做过这件事情了，甚至还通过用 $\{e, x, y, z\}$ 来除 A_4 验证了它是正规的（见图 7.23）。但是一般来讲，合并共轭类并不总是得到子群。合并的意义在于为我们在寻找正规子群时提供一个更小的搜索范围。

因此，类公式为寻找正规子群提供了一个捷径。我们只需对少数几个子集进行检验（本例中，只需检验一个），而不需通过商过程检验众多子群的正规性。虽然共轭与正规子群的联系十分有用，但这并不是共轭这个概念的唯一价值。第 7.6.5 小节的部分习题会揭示共轭的一些新用途，本书接下来的几章也会依赖于共轭。

7.6 习题

回忆本章开头曾说过，本章每一节对应了习题中的一小节。例如，第 7.6.1 小节中的习题对应于第 7.1 节的知识点。这些习题只涉及直积，而与第 7.1 节以外的内容无关。这使得你可以边阅读边做习题，以巩固对这些知识的掌握。

7.6.1 直积

习题 7.1 下列这些群中各有多少个元素？

(a) $C_2 \times C_6$。

(b) $S_3 \times A_5$。

(c) C_3^5，即 $C_3 \times C_3 \times C_3 \times C_3 \times C_3$。

习题 7.2

(a) 考虑两个凯莱图：一个是群 A 的，其中有两种类型的箭头（分别代表两个生成元）；一个是群 B 的，其中只有一种箭头类型。那么按照定义 7.1 构造的 $A \times B$ 的凯莱图中会有多少种箭头类型呢？

(b) 如果 A 的凯莱图中有 n 种箭头类型，群 B 的凯莱图中有 m 种箭头类型，结果会怎样？

习题 7.3 判断下列说法是否正确。

(a) 如果 A 和 B 是任意两个群，那么 $|A \times B| = |A| \cdot |B|$。

(b) 群 $C_3 \times C_4$ 与群 $C_4 \times C_3$ 含有相同的元素。

(c) 对任意群 A 和 B，群 $A \times B$ 都是阿贝尔的。

(d) 群 $C_2 \times C_2$ 与群 C_4 结构相同。

(e) 如果 A 和 B 是任意两个群，那么 $A \triangleleft$

$A \times B$。

(f) 群 D_n 与群 $C_2 \times C_n$ 结构相同。

习题 7.4

(a) 构造 $C_4 \times C_4$ 的凯莱图，这个群可称为 C_4^2，读作 "C 四的平方"。

(b) 构造 $C_3 \times C_3 \times C_3$ 的凯莱图，这个群可称为 C_3^3，读作 "C 三的立方"。

(c) 构造 $C_2 \times C_2 \times C_2 \times C_2$ 的凯莱图，这个群可称为 C_2^4，读作 "C 二的四次方"。

(d) C_4^2 与 C_2^4 相同吗？

习题 7.5

(a) 描述 $C_5 \times C_1$ 的构造过程。它同构于哪个群？

(b) 描述 $C_1 \times C_5$ 的构造过程。它同构于哪个群？

(c) 一般地，关于 $C_1 \times G$ 与 $G \times C_1$，你能得出什么结论？

习题 7.6　如果 $|A| = n$，$|B| = m$，那么 $|A \times B|$ 等于多少？

习题 7.7　虽然只要读了第 7.1 节就可以回答本题的所有小题，但如果你读了第 7.3 节，那么（b）和（c）会更容易些。

(a) 用直积符号表示下列凯莱图所描绘的群（为表明其结构，该图从两个不同角度分别做了展示）。

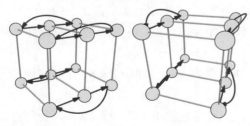

(b) 群 C_{10} 是一个直积。其因子是什么？

(c) 下面的凯莱图所描绘的群是一个直积群吗？说明你的理由。

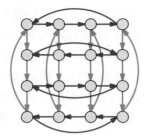

习题 7.8

(a) 如果 A 和 B 都是阿贝尔的，那么 $A \times B$ 呢？

(b) 用视图验证你对（a）的回答。如果你回答是，那么给出理由，解释为什么对两个阿贝尔凯莱图做直积一定会得到一个阿贝尔凯莱图。如果你回答不是，那么给出阿贝尔群 A 和 B 以及对应的非阿贝尔群 $A \times B$ 的凯莱图。

(c) 用代数方法验证你对（a）的回答（用群二元运算的性质或者乘法表）。

(d) 如果 A 是非阿贝尔的，那么你觉得 $A \times B$ 会怎样？

(e) 用视图验证你对（d）的回答（用凯莱图）。

(f) 用代数方法验证你对（d）的回答（用群二元运算的性质或者乘法表）。

习题 7.9　习题 4.4 中出现过 Q_4 的一个凯莱图。

(a) 重新组织这个图，以显示出子群 $\langle i \rangle$ 及其陪集。$\langle i \rangle$ 是 Q_4 的正规子群吗？

(b) 推断 Q_4 是否是子群 $\langle i \rangle$ 与另外某个子群 $A < Q_4$ 的直积，A 的阶应该等于多少？

(c) 在（b）的基础上，推测 A 可能是什么。

(d) Q_4 是 $\langle i \rangle$ 与 Q_4 的某个子群 A 的直积吗？如果是，那么 A 是什么？如果不是，原因是什么？

习题 7.10 简要说明对 A_4 的任何子群 A，A_4 都不是直积 $\langle x \rangle \times A$、$\langle y \rangle \times A$ 或 $\langle z \rangle \times A$。

习题 7.11 找出一种方法，使得对任意正整数 n，都能构造出一个群，其凯莱图上至少存在 n 种箭头类型。

习题 7.12 证明 $A \triangleleft A \times B$，$B \triangleleft A \times B$。你可能会觉得从代数角度图 7.14 上面的公式用得上，或者从视觉上图 7.14 可以用。

习题 7.13 画出群 $\mathbb{Z}^2$ 的无限凯莱图的具有代表性的一部分。

7.6.2 半直积

习题 7.14

(a) 构造并画出 C_5 的重布线群。

(b) 构造并画出 C_7 的重布线群。

(c) 关于 C_p 的重布线群，其中 p 是一个素数，你能做出什么猜想？

(d) S_3 的重布线群是什么？

习题 7.15

(a) C_4 与它的重布线群的半直积是什么？

(b) C_6 与它的重布线群的半直积是什么？

(c) 你猜 C_5 与它的重布线群的半直积会服从（a）和（b）的模式吗？为什么？

(d) 画出 C_5 与它的重布线群的半直积的凯莱图。

(e) 考虑并描述（不需画出）C_7 与它的重布线群的半直积的凯莱图。

习题 7.16 $\mathbb{Z}$ 的重布线群是什么？计算对应的半直积群。

7.6.3 商

习题 7.17 考虑图 7.23 的商运算。

(a) 这个商是关于哪个子群的？你在图中哪个地方能看到这个子群？

(b) 这个子群的阶是多少？该图如何显示出这个阶？

(c) 这个子群的指数是多少？该图如何显示出这个指数？

(d) A_4 有 3 阶子群吗？该图如何显示出这样的子群，或者如何显示出不存在这样的子群？

(e) A_4 能被它其余的子群除吗？

习题 7.18 对下列每组 H 与 G（其中 $H < G$），试着按定义 7.5 做商过程。如果成功了，那么画一个像图 7.20 那样的图，并说出该商群的名字。如果商运算揭示出一个直积或半直积结构，则说出它是直积还是半直积，并说出因子的名字。如果商运算失败了，则画一个像图 7.26 那样的图。

(a) $G = C_4$，$H = \langle 2 \rangle$。

(b) $G = V_4$，其生成元为 a 和 b，$H = \langle a \rangle$。

(c) $G = C_{10}$，$H = \langle 2 \rangle$。

(d) $G = D_4$，$H = \langle r^2 \rangle$。

(e) $G = D_4$，$H = \langle f \rangle$。

(f) 群 G 的凯莱图如下所示，H 代表由绿色箭头生成的 2 阶子群。

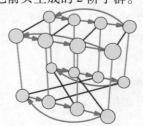

（**g**）群 G 同上，但 H 代表由蓝色箭头生成的 2 阶子群。

（**h**）群 G 的凯莱图如下所示（该群有时称为 $G_{4,4}$），H 代表由红色箭头生成的 2 阶子群。

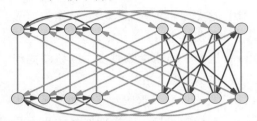

习题 7.19 对任何群 G 来说，$G \triangleleft G$ 和 $\{e\} \triangleleft G$ 都是对的（其中 e 代表单位元）。

（**a**）G/G 是什么？

	e	r	r^2	f	fr^2	fr
e	e	r	r^2	f	fr^2	fr
r	r	r^2	e	fr^2	fr	f
r^2	r^2	e	r	fr	f	fr^2
f	f	fr	fr^2	e	r^2	r
fr^2	fr^2	f	fr	r	e	r^2
fr	fr	fr^2	f	r^2	r	e

（**c**）从习题 7.18 中选择一个群，构造它的乘法表，再对它的一个子群应用你的技术。这个子群是正规的吗？如果是，那商群是什么？

（**d**）清楚仔细地写出你的技术，并把你在本题中的一些工作作为例子来解释你的论述。

习题 7.21 说明为什么阿贝尔群的每个子群都是正规的。

习题 7.22 阿贝尔群的每个商群都是阿贝尔的吗？请说明理由。（习题 7.20 的答案或许能帮助你。）

习题 7.23

（**a**）证明如果 $H < G$，且 $[G : H] = 2$，

（**b**）$G/\{e\}$ 是什么？

习题 7.20

（**a**）由乘法表进行商过程。（提示：你在上一章曾学过怎样找子群及其陪集。）只有你用来做除的子群正规时，你的过程才会成功。在成功的情况下，所得的结果应该是商群的乘法表。你在为商群表中的元素命名时需谨慎。

（**b**）用下面的两个乘法表测试你的过程。左边的表是 S_3 的乘法表，按正规子群 $\langle r \rangle$ 组织的。右边的表是同一个群的乘法表，但是按非正规子群 $\langle f \rangle$ 组织的。

	e	f	r	fr^2	r^2	fr
e	e	f	r	fr^2	r^2	fr
f	f	e	fr	r^2	fr^2	r
r	r	fr^2	r^2	fr	e	f
fr^2	fr^2	r	fr	e	f	r^2
r^2	r^2	fr	e	f	r	fr^2
fr	fr	r^2	fr^2	r	f	e

那么 $H \triangleleft G$。

（**b**）此时 G/H 将是什么？验证你的回答。

（**c**）一般来说，$[G : H]$ 与 $|G/H|$ 是什么关系？

习题 7.24 回忆习题 4.33 介绍的群 $\mathbb{Q}$（关于加法）和群 $\mathbb{Q}^*$（关于乘法）。

（**a**）描述商群 $\dfrac{\mathbb{Q}}{\langle 1 \rangle}$。

（**b**）描述商群 $\dfrac{\mathbb{Q}^*}{\langle -1 \rangle}$。

7.6.4 正规化子

习题 7.25 对下列每种情形，计算 H 在 G 中的正规化子。所有的情况都不需要画

图，只需思考即可（也许需要发挥你的想象）。

（a）$G = C_9$，$H = \langle 3 \rangle$。

（b）G 为任意群，$H = G$。

（c）G 为任意群，$H = \langle e \rangle$。

（d）$G = D_n$，$H = \langle r \rangle$。

习题 7.26 仿照图 7.29 中 $\langle f \rangle < D_6$ 的情形，指出下列每种情况中 H 在 G 中的正规化子。

（a）$G = D_3$，$H = \langle f \rangle$。

（b）$G = D_4$，$H = \langle f \rangle$。

（c）$G = D_4$，$H = \langle f, r^2 \rangle$。

（d）$G = D_5$，$H = \langle f \rangle$。

习题 7.27 观察习题 7.26，你能说出对哪些 n，正规化子 $N_{D_n}(\langle f \rangle)$ 不等于 $\langle f \rangle$ 吗？

7.6.5 共轭

习题 7.28 对一个元素取关于它自己的共轭，结果是什么？

习题 7.29 证明一个元素所有的共轭都与该元素具有相同的阶。

习题 7.30 下列每个群中都选取了一个元素。描述该元素的共轭类。

（a）$r \in D_3$。

（b）$r^k \in D_n$。

（c）$m \in C_n$。

（d）在正方体的对称群中，关于一个面的 90° 顺时针旋转。

（e）在正方体的对称群中，关于一个面的 180° 顺时针旋转。

（f）S_n（$n \geq 2$）中互换 1 和 2 的置换。

（g）S_n 中如下所示的置换（其中 $k < n$）。

习题 7.31 计算下列群的类公式。

（a）C_3。

（b）V_4。

（c）任意 n 阶阿贝尔群。

（d）S_3。

（e）Q_4（同习题 4.4 和习题 7.9）。

（f）D_4。

习题 7.32 令 c 和 t 分别表示下图所示的置换，它们都是 S_n 的成员。

$$c = 1 \quad 2 \quad 3 \quad \cdots \quad n \qquad t = 1 \quad 2 \quad 3 \quad \cdots \quad n$$

可以看出，c 表示的是 n 个数字的循环置换，t 表示只互换数字 1 和 2 而其余不动的对换。本题要确定 S_n 的子群 $\langle c, t \rangle$ 含有哪些元素。

（a）t 关于 c 的共轭，即 ctc^{-1} 是什么？对任意不大于 n 的 k，t 关于 c^k 的共轭是什么？

（b）（a）中所有的共轭都落在 $\langle c, t \rangle$ 中。请描述这个由共轭元素组成的集合。

（c）t 关于如下只互换数字 2 和 3、而保持其余不动的置换的共轭是什么？

$$1 \quad 2 \quad 3 \quad 4 \quad \cdots \quad n$$

你怎样用 $\langle c, t \rangle$ 中的两个元素来生成互换 $1 \sim n$ 中任意两个数字、而保持其余不动的置换？

（d）（c）中构造的元素也是 $\langle c, t \rangle$ 的成员，描述这些元素组成的集合。

（e）先做 t，再做（c）中画出的置换，得到的是什么置换？你怎样只利用 $\langle c, t \rangle$ 中的元素来得到任何一个循环置换？

（f）所有置换都可以分解成互不交叉的循环置换的序列，例如

$$1 \;(2\;3\;4\;5) = \Big(1 \;\;\;2\;3\;4\;5\Big) \cdot \Big(1 \;\;\;2\;3\;4\;5\Big)$$

这对确定 S_n 的子群 $\langle c,\ t \rangle$ 有帮助吗？这个子群到底是什么？

习题 7.33

(a) 计算前面几个 D_n 的类公式，其中 n 为奇数，直到你发现其中的模式。说出这个模式，并给出一些理由。

(b) 计算前面几个 D_n 的类公式，其中 n 为偶数，直到你发现其中的模式。说出这个模式，并给出一些理由。

(c) 类公式可以通过对群中的元素着色来表示，根据共轭类划分的集合，给每个集合配以不同的颜色。请用彩色凯莱图表示出（a）和（b）的模式。

(d) 循环图把元素的阶体现得相当明确。这与共轭类之间有怎样的联系？利用循环图，用 Group Explorer 来描述（a）和（b）的模式。

习题 7.34 下列等式是某个群的类公式吗？如果是，找出所有以此等式为类公式的群。如果不是，解释为什么。

(a) $1+2=3$。

(b) $1+1+1+1+1=5$。

(c) $1+2+3=6$。

(d) $1+3+3=7$。

(e) $1+3+4=8$。

习题 7.35 gHg^{-1} 与 H 共有的元素可以少到什么程度？找出一个最少的例子，并解释它为什么是最少的。

习题 7.36 等价关系是可以用来划分集合的关系；等价关系具有三个性质。本题要求你证明共轭是一个等价关系，用代数方法或视图方法均可，选择你认为最好用的。

(a) 证明共轭是一个反身关系：任何 $g \in G$ 都与自己共轭。

(b) 证明共轭是一个对称关系：如果 g_1 与 g_2 共轭（即存在 $h \in G$，使得 $g_1 = hg_2h^{-1}$），那么 g_2 也与 g_1 共轭。

(c) 证明共轭是一个传递的关系：如果 g_1 与 g_2 共轭，g_2 与 g_3 共轭，那么 g_1 也与 g_3 共轭。

习题 7.37 回忆图 7.33，该图演示了在 A_4 中 a 与 c 共轭。找出 A_4 中的一个元素，使得 b 与 d 关于该元素共轭，从而证明 b 与 d 共轭。可以通过代数方法（用 A_4 的凯莱图或乘法表作为参考）或视图方法（用图 7.32 或一个真实的正四面体作为参考）。试仿照图 7.33 阐述该共轭关系。

第8章
同态的力量

在这本书中，我常说"这个群与那个群有相同的结构"或"在那个群中有这个群的一个副本"这样的话。第一次这样说（关于图 2.7 和 2.8 的等价性）时，我曾详细解释过那两个结构为什么是相同的。但此后，当提到两种结构相同时，我就会让你凭借自己的能力去观察它们的模式是如何匹配的，而不再详细说明。本章的目的是给出并探讨两个结构相同的精确描述，因为这将显著推进我们对群论的研究。

为了描述具有相同结构的群，我在第 3 章曾介绍过专用术语"同构"，但当时并没有给出正式的定义。与此相关的术语还有"同态"（homomorphism），它指的是两个群之间的一种对应关系。希腊词根"homo"和"morph"放在一起的意思是"相同的形状"。而同构是一种特殊的同态，本章将对这两者进行探讨。第 8.1 节将通过我们已经学过的两个主题之间的关系来引出同态。本章其余的部分将介绍群论中四个重要的思想，在这四个思想中，同态都在帮助我们更好地描述、理解和可视化群。

8.1 嵌入和商映射

其实，同态隐藏在我们已经学习过

的两个重要情形中。现在是时候让它现身并学习它教给我们的东西了。这两个情形分别是：第一，只要一个群是另一个群的子群，我们就会遇见同态；第二，只要做商，我们也会遇见同态。

先来看子群的情形。考虑数学表达式 $C_3 < S_3$，我们第一次用这个说法是在图 6.3（左）。图中突显的部分显示出 S_3 包含一个 3 阶循环子群，该子群在结构上等同于 C_3。也就是说，事实上，C_3 中没有任何一个元素（0，1，2）属于 S_3。当我们说 C_3 是 S_3 的子群时，其实指的是 S_3 中出现了 C_3 的结构，即使这些元素并不是 0、1、2。

在第 6 章，我希望你能自己发现图 6.3 中结构上的对应，这个对应是相当明显的。然而本章将学习这种对应，所以我们可以从精确描述这个例子开始。为了更好地解释 C_3 和 S_3 中轨道 $\langle r \rangle$ 在结构上的对应，图 8.1 并排画出了 C_3 和 S_3 的凯莱图。

顶端的元素 $0 \in C_3$ 对应于顶端的 $e \in S_3$。如果我们在两个凯莱图中沿着红色箭头顺时针行进，那么这个对应可以继续下去。在 C_3 中沿红色箭头的路径行进一步到达元素 1，对应地，在 S_3 中沿红色箭头的路径行进一步到达元素 r。继续沿路径行进，得到 $2 \in C_3$ 对应于 $r^3 \in S_3$，再

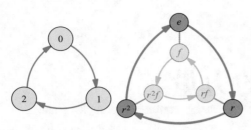

图 8.1　并排的 C_3 和 S_3 的凯莱图，可以明显地看出，S_3 中突显的模式就是 C_3 的模式，同时可以看出元素之间的对应。

继续行进，两边同时回到了起点。在 C_3 中的三步行走对应于在 S_3 中轨道 r 的三步行走。

　　这个解释毫无疑问说明了 C_3 是 S_3 的子群，但过于冗长！描述这样一个简单的对应不应该占用整整一段。同态是能够简洁地表达结构上的对应的数学工具。图 8.2 中给出了表示上述解释的同态。图中用虚箭头将 C_3 的每个元素连接到 S_3 中对应的元素，同时该图右侧给出了图例。其中，$0 \mapsto e$ 表示 $0 \in C_3$ 对应于 $e \in S_3$，以此类推。

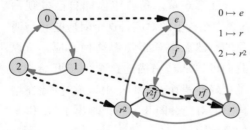

图 8.2　通过显示出元素间的对应来说明 C_3 与 S_3 的轨道 $\langle r \rangle$ 之间的对应。其中用虚线连接了对应的元素，并在右侧用图例给出了说明。

　　因为同态描述了一个群的元素如何对应到另一个群的元素，所以它其实是一种函数。在数学中，我们经常绘制和学习函数：自变量 x 的每个值都对应于

因变量 y 的唯一一个确定的值。变量 x 和 y 的值通常都是数字，但也不总是。群论中的函数一般都不是关于数字的，图 8.2 就给出了一个从群 C_3（一个数字群）到群 S_3（不包含数字）的函数。我们说这个函数将 C_3 的元素映射到 S_3 的元素。

　　通常用希腊字母表示群之间的映射，所以我用 ϕ 表示图 8.2 的映射。我可以用数学符号 $\phi: C_3 \to S_3$ 来表示 ϕ 将 C_3 映射到 S_3。标准函数符号用 $f(2)$ 表示 f 将 2 映射到的数，在群论中也一样，我们可以写作 $\phi(2)$。对图 8.2 中的同态来说，$\phi(2) = r^2$。就像可以用 $f(x) = x^2 + 1$ 这样的符号来定义函数一样，我也可以用表达式 $\phi(n) = r^n$ 来简洁地定义 ϕ。这个定义适用于任何 $n \in C_3$（如果我们把 r^0 当作 e），并且它突显了 C_3 与轨道 $\langle r \rangle$ 之间的联系。

　　函数出发的群称为这个函数的**定义域**（本例中为 C_3），映射到的群称为**陪域**（本例中为 S_3）。在陪域中函数所接触到的元素称为这个函数的**像**（本例中为轨道 $\langle r \rangle$）。用符号 $Im(\phi)$ 表示同态 ϕ 的像。

　　我在之前给出的对 ϕ 的原始描述，清楚地表明 ϕ 在其陪域 S_3 中仔细地仿制了其定义域 C_3 的结构。群论对群本身的研究，大多要用到具有这一属性的函数，其定义如下：

定义 8.1（同态）　同态是两个群之间的一个函数，它在陪域中仿制出定义域的结构。这个要求可表述为下列条件。我用了两个等价的表述方式，并用图 8.3 给出了说明。

（1）从凯莱图看：如果在定义域中箭头 b

从元素 a 指向元素 c，那么在陪域中箭头 $\phi(b)$ 一定从元素 $\phi(a)$ 指向元素 $\phi(c)$。

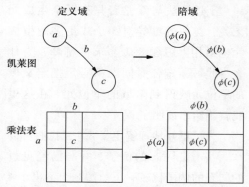

图 8.3 定义 8.1 所阐述的准则。左上是定义域凯莱图的一部分，b 由 a 连接到 c。此在陪域凯莱图的某个地方，$\phi(b)$ 由 $\phi(a)$ 连接到 $\phi(c)$（右上）。在左下角，定义域乘法表包含 $a \cdot b = c$，于是陪域乘法表必包含

$$\phi(a) \cdot \phi(b) = \phi(c)。（右下）。$$

（2）从乘法表看：如果定义域乘法表显示 $a \cdot b = c$，那么陪域乘法表一定显示 $\phi(a) \cdot \phi(b) = \phi(c)$。

上述条件必须对定义域中任意的 a、b 和 c 都成立。请思考为什么两个条件都表达了在陪域中仿制定义域结构的意思。

另一个例子能帮助我们更好地理解这个定义。回忆 C_3 也是 C_6 的一个子群，如图 6.4（右）和 6.5（右）所示。我们可以利用 C_3 到 C_6 的同态 $\theta(n) = 2n$ 来说明 $C_3 < C_6$，如图 8.4 所示。下面几段将以 θ 为例指出一些关于同态的重要事实。

同态 θ 将结点 1 映射到结点 2，同时将 C_3 中的 1 - 箭头映射到 C_6 中代表 2 的两步路径。在 C_3 中，沿 1 - 箭头追踪得到轨道 $\{0, 1, 2\}$，在 C_6 中沿 $\theta(1)$ 路径追踪得到轨道 $\{\theta(0), \theta(1), \theta(2)\}$，即 $\{0, 2, 4\}$。因此，同态不仅把定义

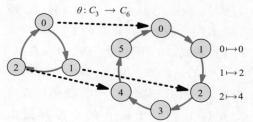

图 8.4 该图通过指出 C_6 中哪个元素对应于 C_3 的每个元素，说明了 C_3 与 C_6 中的轨道 $\langle 2 \rangle$ 之间的对应。

域凯莱图的结点映射到陪域凯莱图的结点，而且把定义域凯莱图的路径映射到陪域凯莱图的路径。定义 8.1 的条件（2）要求定义域中从 a 到 b 的路径对应于陪域中从 $\theta(a)$ 到 $\theta(b)$ 的路径。在图 8.4 中，C_6 的凯莱图并没有包含箭头 $\theta(1)$，但这是可以加进来的。或者我们可以直接把 $\theta(1)$ 看作是由两个连续的红箭头组成的。于是 θ 把数字和箭头都翻了倍。通过在 C_6 中把每一对连续箭头作为跳过奇数编号结点的一步，我们就在 C_6 中找到了 C_3 的结构。

因此，当利用凯莱图可视化同态时，我们可以在两个层面上考虑同态：把定义域中的结点映射到陪域中的结点，同时把定义域中的路径映射到陪域中的路径。此外，我们如果知道同态把定义域的箭头映射到哪儿，就可以推断出同态把定义域的每个元素映射到哪儿。这是因为凯莱图的箭头代表群的生成元。就像这些元素能够生成群一样，它们被映射到的地点能够生成同态。例如，假设 $\theta': C_3 \to C_6$ 是不同于图 8.4 中 θ 的另一个同态。已知条件只有 $\theta'(1) = 4$，那么要确定同态的其余部分，也是可实现的。

你可以利用定义 8.1 的条件（2）来进

行推导。例如，因为在 C_3 中 $1+1=2$，所以在 C_6 中，我们必须要求 $\theta'(1)+\theta'(1)=\theta'(2)$。因此，我们可以如下确定 $\theta'(2)$：

$$\theta'(2)=\theta'(1)+\theta'(1)=4+4=2$$

类似地，由 C_3 中 $1+2=0$，我们可以确定 $\theta'(0)=0$。于是 θ' 的全部都是由 $\theta'(1)=4$ 生成的。请试着画出同态 θ'，并与图8.4中的 θ 相比较。

类似步骤可以用来生成任意同态。令 $\phi:G\rightarrow H$，假设 $G=\langle a,b\rangle$，并给出 $\phi(a)$ 和 $\phi(b)$ 的值。那么对任意元素 $g\in G$，我们都可以如下确定 $\phi(g)$ 的值：元素 g 可以表示为 a 和 b 的乘积序列，比如 $g=a\cdot b\cdot a\cdot a\cdot b$，由定义8.1的条件（2）得

$$\phi(g)=\phi(a)\cdot\phi(b)\cdot\phi(a)\cdot\phi(a)\cdot\phi(b)$$

于是我们可以通过在群 H 中计算 $\phi(a)\cdot\phi(b)\cdot\phi(a)\cdot\phi(a)\cdot\phi(b)$ 得到 $\phi(g)$ 的

值。根据这个方法，任意同态都是由它对群生成元的映射方式生成的。

上述方法与 G 是否只有两个生成元无关，类似的推导对3个或更多的生成元也适用。习题8.7要求你解释，为什么由此可断定任意同态都必定把定义域的单位元映射到陪域的单位元。在这里我就不给出证明了。

为了更好地理解定义8.1，我们可以举一些不是同态的例子，并与已经见过的同态的例子比较一下。图8.5给出了4个非同态的例子，并注明了各自不满足定义8.1的原因。其中有两个不是同态是因为它们连函数都不是，另外两个是函数但没有在陪域中仿制出定义域的结构。请花点时间好好理解一下图8.5中的每个例子。

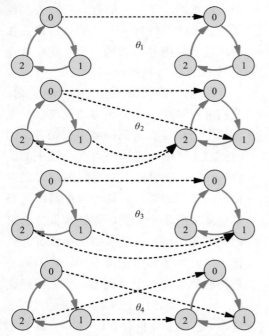

一个函数必须把定义域的每个元素都映射到陪域的某个元素，但 θ_1 忽略了定义域中的另外两个元素，因此它不是函数。

一个函数必须把定义域的每个元素映射到陪域中唯一一个元素。但 θ_2 将0映射到陪域的两个不同元素，因此它不是函数。

虽然 θ_3 是一个函数，但它不是同态。在定义域中，$1+1=2$，但在陪域中 $\theta_3(1)+\theta_3(1)\neq\theta_3(2)$。

虽然 θ_4 是一个函数，但它不是同态。尽管它的像与定义域一样是一个3阶圈，但并没有把定义域单位元映射到陪域单位元。如 $\theta_4(0)+\theta_4(1)\neq\theta_4(1)$。

图8.5　4个不是同态的例子，并注明了原因。为简单起见，我令每个例子中的定义域和陪域都是 C_3，但类似的例子对许多定义域和陪域都可以构造出来。

虽然我觉得使用凯莱图对同态的可视化是最有帮助的，但我们也可以用乘法表或循环图代替。例如，图 8.6 给出

了与图 8.2 和 8.4 相同的同态，但是是用乘法表表示的。图 8.7 是用循环图表示的。

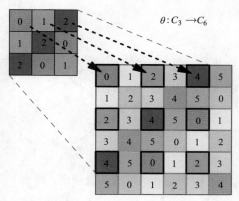

图 8.6　表示图 8.2 和 8.4 中同态的乘法表。

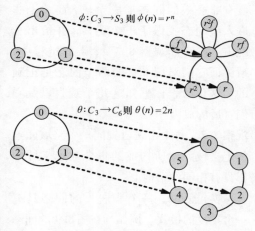

图 8.7　表示图 8.2 和 8.4 中同态的循环图。同态 θ 看起来跟图 8.4 没有太大区别，因为循环群的循环图与凯莱图几乎是一样的。

8.1.1　嵌入

我在第 8.1 节一开始就说，同态出现在我们前面见过的两个群论情形中。其中第一个情形是同态帮助我们具体说明一个群如何是另一个群的子群，如上面的例子。我们把这样的同态称为**嵌入**，

因为它们显示了如何将一个群嵌入到另一个群中。

因为任何嵌入都要在陪域中找到定义域的一个副本，所以它的像跟定义域是大小相同的。正因如此，嵌入有一个有趣的性质：它绝不会把两个不同的定义域元素映射到同一个陪域元素。不然的话，它的像将会比定义域小，从而不能构成其副本。这个性质在图中很容易验证，因为很容易识别出两个具有相同终点的同态箭头。

如果一个嵌入的像就是整个陪域，那么不难看出，定义域和陪域具有完全相同的结构。在这种情况下，我们说这个函数不仅是一个同态，而且是一个**同构**。图 8.8 给出了一个简单的例子。如果两个群之间存在同构映射，那么它们就是同构的。我从第 3 章开始就用同构这一术语，现在总算给出了正式的定义。两个同构的群，可能对元素的命名不同，而且由于布局不同，凯莱图或乘法表看

起来也可能不同，但是它们之间的同构映射保证了它们具有相同的结构。若群 G 和 H 是同构的，则记作 $G \cong H$，读作"G 同构于 H"。

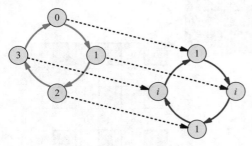

图 8.8　这个同构映射的定义域是 C_4，陪域是复数集 $\{1, -1, i, -i\}$ 关于乘法运算构成的群。该同构映射指出尽管这两个群的元素和运算都不同，但它们具有相同的结构。

8.1.2　商映射

图 8.9 给出了两个不是嵌入的同态的例子。它们满足定义 8.1 的所有要求，因而是同态，但它们把多个定义域元素映射到同一陪域元素。这时，它们的像变小了，成了定义域的简化版本。图 8.9 中的图有些复杂，请仔细研究它们。请验证它们满足定义 8.1，并试着找出它们共有的模式。

$$\tau_1: Q_4 \to V_4$$

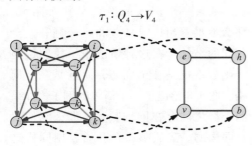

$$\tau_2: C_{10} \to C_6, \quad \tau_2(n) = \begin{cases} 0, & \text{若 } n \text{ 是偶数} \\ 3, & \text{若 } n \text{ 是奇数} \end{cases}$$

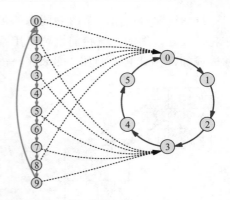

图 8.9　两个不具有嵌入的定义特征的同态。每个同态都将多个定义域元素映射到同一个陪域元素。

这里有几个有用的模式需要注意，它们并不是这两个例子特有的，而是对所有非嵌入的同态都成立。下面关于非嵌入型同态我做了三个观察，并给出了理由。在阅读观察 8.2 ~ 8.4 的过程中，请验证它们对图 8.9 的两个同态是正确的。这有助于你感知这几个观察以及它们背后的成因。

观察 8.2　每个由映射到同一个陪域元素的定义域元素所构成的集合在定义域中都具有相同的结构。

换句话说，每个非嵌入的同态具有一个重复的模式。例如，在图 8.9 的同态 τ_1 中，陪域的每个元素都对应于定义域中的一个 C_2 副本，即由箭头 -1 连接的两个元素。在同态 τ_2 中，像的每个元素（0 和 3）都对应于定义域的五个元素，它们由一对红箭头连接成一个链。下面我们来证明观察 8.2 对任意非嵌入的同态都成立。

证明　在同态 ϕ 的像中取元素 a、b。令 A 代表被 ϕ 映射到 a 的定义域元素的集合，B 代表映射到 b 的元素的集合。下面我来

解释为什么 A 和 B 一定具有相同的结构。或许用一个具体的例子来可视化下面的讨论能帮助理解。对 ϕ，考虑图 8.9 的 τ_2，在陪域中令 $a = 0$，$b = 3$，于是 $A = \{0, 2, 4, 6, 8\}$，$B = \{1, 3, 5, 7, 9\}$。

A 和 B 的结构由其内部的路径组成。选择两个起始点 $a_1 \in A$，$b_1 \in B$，如图 8.10 所示。我来解释为什么由 a_1 到 A 中另一元素的每条路径都由 b_1 到达 B 中的某个其他元素。

令 p 是从 a_1 到 A 中某点 a_2 的路径。定义 8.1（1）告诉我们，$\phi(p)$ 从 $\phi(a_1)$ 指向 $\phi(a_2)$。但是 $\phi(a_1) = \phi(a_2) = a$，所以 $\phi(p)$ 是从 a 到 a 的路径。这是一个零步路径（或者你可以把它当作到达某处但最后又回到起始结点的路径）。那么如果从 b_1 出发，路径 p 会到达哪儿呢？不妨设它到达结点 b_2，重要的问题是 b_2 是否属于 B。由于 $\phi(p)$ 从 $\phi(b_1)$ 指向

$\phi(b_2)$，而 $\phi(p)$ 是空路径，故它们相等。所以 $\phi(b_2) = \phi(b_1) = b$，这就意味着 $b_2 \in B$，因为 B 是映射到 b 的元素的集合。

这说明 A 中从 a_1 出发的路径对应着 B 中从 b_1 出发的一条路径。同理，B 中从 b_1 出发的路径也对应着 A 中从 a_1 出发的一条路径。从而 A 和 B 结构完全相同。由于它们是在定义域任取的两个映射到陪域的单个元素（a 和 b）的集合，所以所有这样的集合都具有相同的结构。观察 8.2 对任意非嵌入同态都成立。

如图 8.10 所示，定义域被划分成了结构相同的副本。这让我们不禁想起在第 6 章群被划分成子群的陪集。事实上，这也正是这里正在发生的事情。

观察 8.3　观察 8.2 中提到的那些定义域元素的集合实际上是一个子群和它的左陪集。

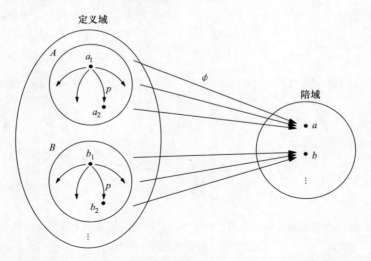

图 8.10　一个非嵌入的同态 ϕ，集合 A 和 B 的元素分别映射到 a 和 b。该图演示了观察 8.2 的论证。

由第 6 章我们知道任意子群的左陪集都是该子群的结构副本，它们划分了整个群。于是，如果观察 8.2 提到的相同结构中有一个是子群，那么其他的一定都是它的左陪集。如果某个这样的结构是子群，那么它一定是包含单位元的那个，因此它一定是映射到陪域单位元的那个。下面，我来解释为什么映射到陪域单位元的结构确实是定义域的一个子群，从而证明观察 8.3。

我将采用与定理 7.7 相同的论证方式。令 C 代表映射到陪域单位元的元素集合。我将证明由 C 生成的子群就是 C。显然，C 生成的子群至少包含它自己的元素，而我需要证明的是它不会产生更多的元素。即，对 C 中的任意元素 a、b，它们的积 ab 一定还在 C 中吗？

元素 ab 是由 a 出发的箭头 b 所到达的元素，因而 $\phi(ab)$ 是由 $\phi(a)$ 出发的箭头 $\phi(b)$ 所到达的元素。由于 b 属于 C，ϕ 将 b 映射到单位元，所以 $\phi(b)$ 是空路径。于是 $\phi(a) = \phi(ab)$，又因为 ϕ 将 a 映射到单位元，所以 ϕ 也一定将 ab 映射到单位元。故 ab 属于 C。

所以，由映射到陪域单位元的元素所构成的集合是定义域的一个子群，并且它的每个左陪集都映射到陪域的一个不同元素。子群 C 被称为同态 ϕ 的**核**，记为 $Ker(\phi)$。

观察 8.4 观察 8.3 中的左陪集也是右陪集，故该子群是正规的。

我们在第 7 章看到，正规子群是那些陪集间没有不一致箭头的子群，如图 7.27 所示。如果定义域中某个元素 g 的箭头是不一致的，把 $Ker(\phi)$ 同时连接到了 $gKer(\phi)$ 和 $kKer(\phi)$，如图 8.11 所示，那么根据定义 8.1 (1)，陪域中 $\phi(g)$ 就应该把 e 同时连接到 $\phi(g)$ 和 $\phi(k)$。因为陪域是一个群，所以这是不可能的。因此，同态的核必定是一个正规子群。

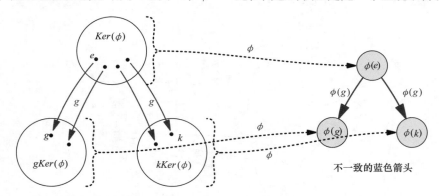

图 8.11 这里描绘的模式是不可能发生的，因为陪域是一个群，所以其中的蓝色箭头不可能出现不一致性。

把观察 8.2 ~ 8.4 放到一起，我们就会看出图 8.9 的同态的映射过程与定义 7.5 的商过程非常相似。商过程把正规子群的陪集折叠成代表陪集的单个结点。同态把它的核的每个陪集映射为单个结点的方式，也是一种折叠的方式。例如，

图 8.9 的同态 τ_1 把 Q_4 中的 C_2 副本折叠成 V_4 的单个结点。这对应于 Q_4 关于子群 〈-1〉（同构于 C_2）的商。这个商过程如图 8.12 所示。

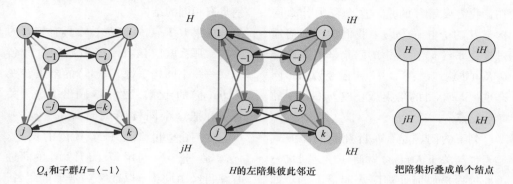

图 8.12　Q_4 关于 C_2 的商，对应于图 8.9 中的 τ_1。这个商过程是按照
第 7 章图 7.20（及其他图）做的。

同态与商之间的这个关系是第 8.2 节的主要内容，届时我们将从一个著名的定理开始正式地阐述这个关系。因为这个关系，我把非嵌入的同态称为**商映射**。这是关于同态的重要事实之一：同态只有两种类型——嵌入和商映射。嵌入从不把两个定义域元素折叠成一个陪域元素，而商映射与商过程是一样的，总是做这种折叠。在本节中，你先学习了嵌入，然后学习了商映射，除此之外再没有其他类型的同态了。

8.2　同态基本定理

下面的定理有一个庄严大气的名字，因为它总结了我们已观察到的关于同态的很多东西，甚至更多。下面我先简要地叙述定理，然后再讨论它的含义和证明。

定理 8.5（同态基本定理）如果 $\phi: G \to H$ 是一个同态，那么 $Im(\phi) \cong \dfrac{G}{Ker(\phi)}$。

当我们试图理解这个定理为什么正确的时候，不妨先看看它的一些最简单的含义。首先，考虑这个定理对嵌入的情形。任何嵌入 ϕ 都必定只把一个元素映射到陪域单位元，所以它的核就是平凡子群 $\{e\}$。由定理 8.5，$Im(\phi)$ 同构于 $G/\{e\}$，即同构于 G。因此，该定理表明，嵌入是名副其实的，因为它的像是定义域的一个副本。

当 ϕ 不是嵌入时，它一定把某两个定义域元素折叠成了一个陪域元素。事实上，因为商映射服从重复模式，$Ker(\phi)$ 的每个陪集都至少含有两个元素。于是，商 $G/Ker(\phi)$ 将陪集折叠成了单个元素，从而得到一个更小的群（不同于商 $G/\{e\}$）。所以定理 8.5 告诉我们，商映射也是名副其实的，因为它执行了一个非平凡的商过程。事实上，在证明了定理之后，我们将利用它来分析商过程和商映射到底是什么关系。

证明　对任意同态 $\phi: G \to H$，由观察

8.2~8.4 知，$Ker(\phi) \lhd G$，所以我们可以取商 $G/Ker(\phi)$ 并得到一个商群。现在，我需要解释的是，这个群为什么同构于 H 的子群 $Im(\phi)$。我们学过如何通过折叠 $Ker(\phi)$ 在 G 中的陪集来计算商群 $G/Ker(\phi)$。观察 8.2~8.4 已经说明，同态也把 $Ker(\phi)$ 的陪集折叠成 $Im(\phi)$ 中的单个结点。

剩下的问题是，ϕ 折叠箭头的方式是否也与关于 $Ker(\phi)$ 做商一样。回忆一下商过程是如何处理陪集间箭头的。如果在 G 中箭头 b 从陪集 $aKer(\phi)$ 指向 $cKer(\phi)$，那么在把陪集折叠为结点时，箭头 b 也被折叠成了商群中连接结点 $aKer(\phi)$ 和 $cKer(\phi)$ 的箭头。也就是说，商过程要求做商后箭头连接结点的方式与做商前是一样的，只是重复的箭头变成了一个。这跟同态的做法是完全相同的。定义 8.1（1）要求：只要 G 中的箭头 b 连接着 a 和 c，那么在 H 中就必须是箭头 $\phi(b)$ 连接着 $\phi(a)$ 和 $\phi(c)$。而且，因为 H 是群，所以结点间没有重复的箭头。任意同态 ϕ 折叠陪集和箭头的方式都与关于 $Ker(\phi)$ 做商是一样的，因此它们具有相同的结构。

如果 $G/Ker(\phi)$ 与 $Im(\phi)$ 具有相同的结构，那么就应该有一个适当的重命名方式——一个同构—将 $Ker(\phi)$ 的陪集转变为 $Im(\phi)$ 的元素。图 8.13 画出了这个关系，并把这个同构叫做 $i: G/Ker(\phi) \rightarrow Im(\phi)$。图 8.14 给了一个具体的例子。同态 $\phi: A_4 \rightarrow C_3$ 与用 $Ker(\phi)$ 除 A_4 的商过程 q 再经由同构 i 以数字对陪集重命名，结果是一样的。

但 i 用公式表示是什么呢？由图 8.14 可知，i 必须将 $G/Ker(\phi)$ 中的陪集映射到该陪集中所有元素在 ϕ 下对应的那个元素。毕竟，我们希望先 q 后 i 的结果与 ϕ 是一致的。因此，同构 i 应该将任意陪集 $gKer(\phi)$ 映射到 H 中元素 $\phi(g)$。这里没有歧义，因为无论选择哪个元素作为陪集的代表元，ϕ 都将把它映射到同一个地点。同构 i 是使得 $G/Ker(\phi)$ 同构于 $Im(\phi)$ 的映射。

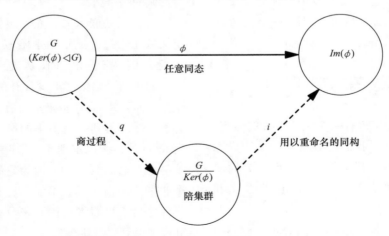

图 8.13 同态基本定理（定理 8.5）图解。

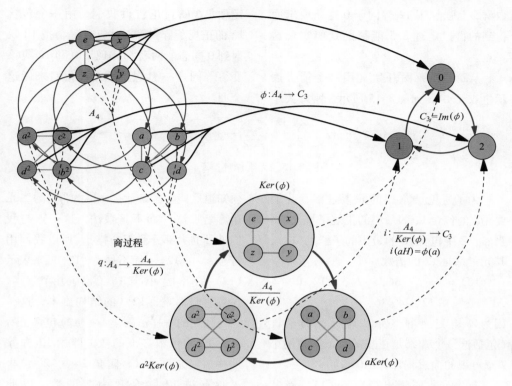

图 8.14　同态基本定理（定理 8.5）图解，以群 A_4 与核为子群 $\{e, x, y, z\}$ 的商映射 ϕ 为例。

我们可以把定理 8.5 诠释为，任何同态都能通过一个商过程与一个适当的用以重命名的同构的复合来仿造。你可能还推测，商过程本身就是一个同态。它是从群到商群的函数，且遵循群运算。因为这个原因，图 8.13、图 8.14 的商过程被命名为 q，在图中的表示方式也跟其他同态一样。事实上，"商映射"这个术语变得相当模糊。我一直在用它表示一个非嵌入的同态，其过程就像一个商过程，比如图 8.9 中的 τ_1 就像图 8.12 的商过程。但商过程本身就是一个同态，于是也被称为商映射。

因为有了同态，我们已经为学习群论打下了坚实的基础。本章剩余的部分将讨论同态和定理 8.5 的各种用途。它们的用途十分广泛，这里我只挑选了四个最重要和著名的应用，并用第 8.3 ~ 8.6 节逐一介绍它们。

8.3　模运算

在第 5.1.2 节我们学习了群 C_n 的二元运算—模 n 加法。我通过对比 C_{12} 与时钟介绍了这一概念。时钟和 C_{12} 凯莱图编号几乎一模一样，只是时钟有 12，而凯莱图用 0 代替了 12。这引发了一个非常有用的看待群 C_{12} 的方式。它是通过在整数群**Z**上强加了 12 等同于 0 这条要求而得到的群。定理 8.5 能帮助我们实现这一点。

从**Z**的凯莱图开始（用一个箭头表示生成元 1），如图 8.15 所示。刚才关于

定理 8.5 的讨论告诉我们，用一个包含 12 的正规子群去除**Z**对应着一个把 12 映射到 0 同态。两者都体现了 0 和 12 应该变得等同这一思想。下面，我们来做这个商。

图 8.15　无限循环群**Z**。

为了避免被拿掉的元素过多，我们要用**Z**的包含 12 的最小的正规子群去除。当然，**Z**中包含 12 的最小的子群是 $\langle 12 \rangle$，其元素都是 12 的倍数。

$$\langle 12 \rangle = \{\cdots, -36, -24, -12, 0,$$
$$12, 24, 36, \cdots\}$$

因为**Z**是交换群，所以其所有的子群（包括这一个）都是正规的。下面我用第 7 章可视的商过程计算**Z**$/\langle 12 \rangle$。

首先，我要画出**Z**关于 $\langle 12 \rangle$ 及其陪集的凯莱图。要做到这一点，我们必

须知道这些陪集是什么。因为群**Z**的二元运算是加法（而不是乘法，这一点与我们见过的大部分群不一样），所以我们用符号 $k + \langle 12 \rangle$（而不是 $k \langle 12 \rangle$）来表示 $\langle 12 \rangle$ 的陪集。图 8.16 给出了几个陪集，注意它们都是 $\langle 12 \rangle$ 的结构副本，这一点与预期的一样。陪集 $1 + \langle 12 \rangle$ 包含了所有比 12 的倍数多 1 的数，即用 12 去除这些数时余数为 1。陪集 $2 + \langle 12 \rangle$ 包含了所有被 12 除余数为 2 的数，以此类推。

$\langle 12 \rangle = \{..., -36, -24, -12, 0, 12, 24, 36, ...\}$

−12	−10	−8	−6	−4	−2	0	2	4	6	8	10	12	14	16

$1 + \langle 12 \rangle = \{..., -35, -23, -11, 1, 13, 25, 37, ...\}$

| −13 | −11 | −9 | −7 | −5 | −3 | −1 | 1 | 3 | 5 | 7 | 9 | 11 | 13 | 15 |

$2 + \langle 12 \rangle = \{..., -34, -22, -10, 2, 14, 26, 38, ...\}$

| −12 | −10 | −8 | −6 | −4 | −2 | 0 | 2 | 4 | 6 | 8 | 10 | 12 | 14 | 16 |

图 8.16　**Z**的片段，其中突显了 $\langle 12 \rangle$ 的几个陪集。其他陪集也遵循类似的模式。

这些陪集称为**模 12 的同余类**，如果两个元素属于一个同余类，我们就称它们是**模 12 同余**的，即它们被 12 除的余数相等。当 a 和 b 模 12 同余时，我们记为 $a \equiv_{12} b$。例如，下列同余都是正确的。

$6 \equiv_{12} 18$，$1 \equiv_{12} 25$，$12 \equiv_{12} 1200 \equiv_{12} 0$

按这些陪集组织群**Z**形成的是一个无限的螺旋，如图 8.17 所示。陪集在这个布局中的聚集方式显示出 $\dfrac{\mathbf{Z}}{\langle 12 \rangle} \cong C_{12}$。

134

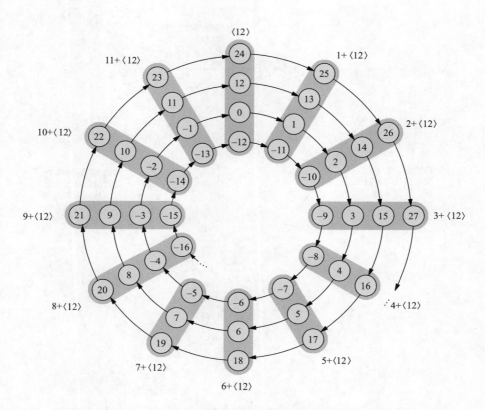

图 8.17　按 $\langle 12 \rangle$ 的陪集组织的群 **Z** 的凯莱图。商群的结构变得清晰了，
可以看出这些陪集形成 C_{12}。

然而，从这个例子中我们还可以学到更多。图 8.18 用图 8.13 和图 8.14 的模式描绘了这个商。同态 $\phi: \mathbf{Z} \to C_{12}$，或商与同构 $i: \dfrac{\mathbf{Z}}{\langle 12 \rangle} \to C_{12}$ 的复合，是一个自然且有意义的函数。

对任意整数 k，$q(k)$ 是包含所有被 12 除余数与 k 相同的整数的陪集。然后 i 把这个陪集映射到它与 C_{12} 共有的那个元素。因为 ϕ 是先 q 后 i，所以它把陪集 $k + \langle 12 \rangle$ 中的所有元素都映射到 $k \in C_{12}$。

当然，C_{12} 恰好包含了所有可能的余数（$0 \sim 11$），所以对任意整数 k，$\phi(k)$ 就是 k 除以 12 所得的余数。同态 ϕ 是找余数的自然算术运算。

上述关于 $\dfrac{\mathbf{Z}}{\langle 12 \rangle}$ 的分析可对任何 $\dfrac{\mathbf{Z}}{\langle n \rangle}$ 做，而不仅限于 $n = 12$。任何 C_n 都同构于 $\dfrac{\mathbf{Z}}{\langle n \rangle}$，相应的同态 ϕ 就是计算模 n 的余数。当且仅当 ϕ 把它们映射到 C_n 中的同一元素时，两个数才是模 n 同余的（$a \equiv_n b$）。

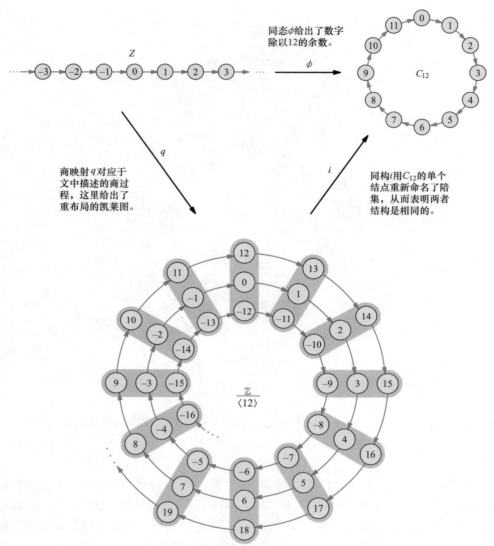

图 8.18　商映射和重命名同构的复合等于映射 ϕ。对任意整数 k，$\phi(k)$
就是 k 除以 12 所得的余数。

8.4　直积与互素

　　有的循环群能被改装成直积，有的
则不能。前面我曾利用生成元 2 和 3 的箭
头改装了 C_6，从而揭示出它的一个等价

变形—C_2 和 C_3 的直积（见图 6.5 和第
7.3 节）。与之相反，C_8 除了循环群不能
被改装成任何其他形式。或许，你可以
添加一些不必要的箭头，或去掉一些箭
头使它不再是一个连通图（从而不能如
实描述 C_8）。然而，C_8 的一个有效凯莱

图总是包含一个 8 阶箭头，因此是循环的。为什么会有这样的区别呢？为什么有的 C_n 可以被改装，而有的不可以？这个问题可以用同构来回答，但这要依赖于互素的概念。

两个数 a 和 b 互素可以用多种方式来定义。其中，最方便的定义基于 a 和 b 同时能整除的数，即它们的公倍数。对任意两数 a 和 b，它们的乘积 ab 都是它们的公倍数。但是它们可能还有更小的公倍数，例如 6 和 15 都整除 30，这就小于它们的乘积 $6 \cdot 15 = 90$。

定义 8.6（互素[⊖]）　当整数 a 和 b 的最小公倍数就是它们的乘积 ab 时，称它们是**互素**的。

我们来看一下如何将这个定义应用于循环群及其直积的凯莱图。3 和 4 是互素的，图 8.19 为 $C_3 \times C_4$ 的凯莱图，其中 $(1,1)$ 轨道的开头部分被加亮了。元素 $(1,1)$ 的阶是多少？你可以通过在凯莱图上追踪轨道其余的部分来回答。

你可能已经注意到，在追踪轨道时，$(1,1)$ 的每一步都向右移动一列，最后在第 4 步从最右边的列返回到最左边，第 8 步再次返回，以此类推。因为图中只有 4 列，所以每经过 4 步都要返回到第 1 列。$(1,1)$ 的轨道在返回 $(0,0)$ 时结束，而 $(0,0)$ 是第 1 列的一个元素。因此，轨道的步数一定是 4 的倍数。类似的结论对行也成立，$(1,1)$ 的每一

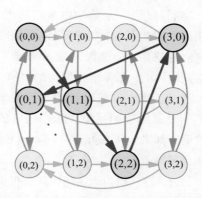

图 8.19　在群 $C_3 \times C_4$ 中追踪 $(1,1)$ 的轨道。

步都向下移动一行，每 3 步返回到顶行。因为 $(0,0)$ 也在第 1 行，所以 $(1,1)$ 的轨道步数一定是行数 3 的倍数。因此，$(1,1)$ 的阶同时是 3 和 4 的倍数，也就是它们的一个公倍数。由于 3 和 4 的最小公倍数是它们的乘积 12，所以 $(1,1)$ 的阶至少是 12。于是，它的轨道覆盖了整个 $C_3 \times C_4$，这说明 $C_3 \times C_4$ 是由 $(1,1)$ 生成的循环群。图 8.19 中的凯莱图可以被解开，变成一个由 $(1,1)$ 生成的单一的 12 阶圈。

在上述推导过程中，关于 3 和 4 的性质只用了一个，就是它们是互素的。你可以把上段中的凯莱图换成 $C_n \times C_m$，其中 n 和 m 互素，结论仍然是对的。这也证明了下面重要定理的一半，我们将用这个定理来回答本节第一段提出的问题。

定理 8.7　$C_n \times C_m \cong C_{nm}$ 当且仅当 n 和 m 互素。

⊖　一个等价的定义可以用公因子给出。任意两个数 a 和 b 都有公因子 1，但可能还有更大的公因子。例如，6 和 15 有公因子 3。你可以定义，当 a 和 b 只有公因子 1（这使得 1 也是它们的最大公因子）时，它们称为互素的。这个定义和定义 8.6 是等价的，这是数论中的一个事实，这里我就不证明了。

"当且仅当"是数学中常用的短语，它用来表明句子的前后两部分总是同时发生。也就是说，如果 n 和 m 互素，那么群是同构的；如果群是同构的，那么 n 和 m 一定互素。我已经证明了这两个论断的一个是正确的：定义 8.6 之后的段落说明，如果 n 和 m 互素，则 $C_n \times C_m$ 同构于循环群 C_{nm}。

另外，这一段为确定同构映射提供了足够的信息。在 $C_n \times C_m$ 中 $(1，1)$ 的轨道是一个充满整个群的圈，所以 $C_n \times C_m$ 和 C_{nm} 都是恰好包含 nm 个元素的圈。C_{nm} 的圈中的每一个元素对应着 $C_n \times C_m$ 中 $(1，1)$ 轨道的一步，这个同构映射为：

$$\theta : C_{nm} \to C_n \times C_m，$$

其中 $\theta(k) = (1，1)$ 轨道的第 k 步。现在，我来证明定理的另一半。

证明　如果 $C_n \times C_m$ 是循环的，那么它一定是由某个元素生成的，不妨设这个生成元为 $(a，b)$，当然我们并不知道 a 和 b 到底是 C_n 与 C_m 中的哪个元素。因为 $(a，b)$ 的轨道包含 $C_n \times C_m$ 所有的元素，所以 a 的轨道一定包含 C_n 所有的元素，b 的轨道一定包含 C_m 所有的元素。（如果 $\langle a \rangle$ 不包含某个元素 $c \in A$，那么 $\langle (a，b) \rangle$ 怎么会包含积中以 c 打头的元素呢？）因此，a 生成了 C_n（且为 n 阶元），b 生成了 C_m（且为 m 阶元）。因此，图 8.20 是一种可行的组织 $C_n \times C_m$ 凯莱图的方式，其中用生成元 $(a，e)$ 和 $(e，b)$ 作为箭头。于是，$(a，b)$ 的轨道遍历了整个凯莱图，就像 $(1，1)$ 的轨道遍历了图 8.19 一样。

我们来看一下为什么 $(a，b)$ 的阶一定是 n 和 m 的最小公倍数。轨道到达

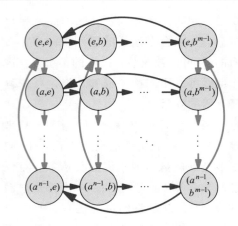

图 8.20　群 $C_n \times C_m$ 的凯莱图。

图的第 1 列是在第 m 步后，第 $2m$ 步后，第 $3m$ 步后，等等，即 m（图的列数）所有的倍数。同理，轨道到达第 1 行是在 n 的倍数步后。因此，它在 n 和 m 的倍数（任意一个公倍数）步后到达单位元（第一行第一列元素）。$(a，b)$ 的阶定义为第一次回到单位元的步数。所以在这个情况下，$(a，b)$ 的阶就是 n 和 m 的最小公倍数。但是，我们知道 $(a，b)$ 的轨道包含了 $C_n \times C_m$ 的所有（nm 个）元素。所以，n 和 m 的最小公倍数为 nm，故它们是互素的。

定理 8.7 回答了何时可以把循环群改装成一个直积。如果循环群的阶能分解成两个互素因子的乘积，例如 $6 = 2 \cdot 3$，那么它能被表示为一个直积（$C_6 \cong C_2 \times C_3$）。相反，8 只能分解成 $2 \cdot 4$，它们是两个不互素的数，所以 C_8 不同构于 $C_2 \times C_4$。定理 8.7 还有其他应用，其中一些你将在本章习题中遇到。它可以用来确定某些循环图的形状（见习题 8.23），还可以确定 C_n 在 S_m 中的有效嵌入（见习题 8.27）。它还将应用在下一节和相关习题中。

138

8.5　阿贝尔群基本定理

　　阿贝尔群有一个简洁的定义：任意两个元素都可交换（$ab = ba$）。但就是这样一个小小的要求，其影响却是十分显著的：它指引了大部分群论研究的方向！本节将告诉我们为什么是这样。

　　通过观察几个具有代表性的阿贝尔群凯莱图，我们可以感受到阿贝尔群是多么的特殊。图 8.21 给出了六个阿贝尔群的凯莱图。其中包括两个一维凯莱图（一个生成元的阿贝尔群，即循环群）、两个二维的凯莱图（两个生成元的阿贝尔群）和两个三维的凯莱图（三个生成元的阿贝尔群）。阿贝尔群的典型模式（见图 5.8（右））出现在图 8.21 的每个凯莱图中。这个模式使得所有的箭头都平行于与之颜色相同的箭头，同时垂直于其他颜色的箭头。（图 8.21 中有些箭头是弯曲的，那是为了提高可读性，它们是可以变直的。）

一个生成元的阿贝尔群：

两个生成元的阿贝尔群：

三个生成元的阿贝尔群：

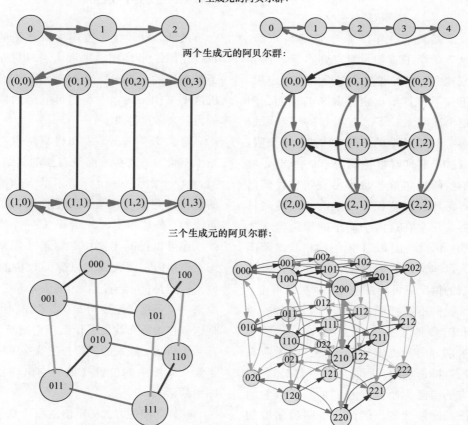

　　图 8.21　六个阿贝尔群的凯莱图，其中两个是单生成元的阿贝尔群，两个是双生成元的阿贝尔群，两个是三生成元的阿贝尔群。单生成元（循环）群排列成了线型，以强调其是一维的。四维以及更高维的群也是存在的，但这里没有给出。

　　如图 8.21，阿贝尔群的凯莱图都呈　　网格状。其中有些是一维网格（直线），有些是二维网格（像方格纸），有些是三维网格（一个或多个盒子）。但所有的图都具有刚才提到的平行—垂直模式。最重要的是，这些模式不仅表明了群是可交换的，**而且揭示了它的直积结构**。阿贝尔群基本定理准确地阐述了阿贝尔群与直积之间的这一重要联系。

定理 8.8 （阿贝尔群基本定理）每个有限阿贝尔群 A 都同构于循环群的直积。也就是说，存在整数 n_1, n_2, $\cdots$, n_m，使得

$$A \cong C_{n_1} \times C_{n_2} \times \cdots \times C_{n_m}$$

虽然我们在第 5 章学了阿贝尔群，在第 7 章学了直积，但直到本章才遇到了同构，所以到现在才能给出这个定理。这里我不打算给出定理 8.8 的证明，因为这个证明太长了。有兴趣的读者可以在第 8.7.10 小节的习题中构造一个证明。

这个定理对群论研究有一个重要的影响：阿贝尔群非常容易理解！我们已经对循环群和直积非常熟悉了，而阿贝尔群是建立在这两个简单的群论概念之上的。因此，图 8.21 中的网格状凯莱图给人以非常清晰有序的印象，那些错综复杂的情况只可能发生在非阿贝尔群中。

我们不妨把群比作城市。长岛的地图和巴黎非常不一样。在长岛，你很容易辨别方向和确定你的位置，因为所有的街道都是直的，所有的转弯都是直角，所有的街区大小都是相同的。所以它的地图是网格状的，就像一个阿贝尔群的凯莱图，所以和阿贝尔群一样容易理解。巴黎是一个很难导航的城市，街道是弯的，街道与街道之间的角度不同，街道的长度也不一样。你很难摸清你周围的

路线，就跟非阿贝尔群一样需要做更多的探究。

这就是我前面说的，阿贝尔群基本定理影响了我们研究的侧重点，因为阿贝尔群是如此地容易理解，所以群论大部分的研究都是针对非阿贝尔群的。下一节和第 9 章都涉及了一些非阿贝尔群的理论，旨在让读者更好地理解非阿贝尔群。

8.6 再访半直积

在第 7 章，我通过连接凯莱图的重布线介绍了半直积。我承认当时只介绍了半直积的**一部分**，并承诺稍后继续完成这项工作。现在，我们可以借助同态的力量来做这件事。

定义 7.4 指出，重布线只是重新排列了凯莱图的箭头，而没有挪动其结点。因为这个原因，一个标记了结点和箭头的重布线完整记录了该图是如何被重新布线的。例如，图 8.22 是 V_4 的一个重布线。你可以推断出图中红绿箭头原来是怎么连接的，因为显然，箭头 v（绿色）原来一定是把 e 连接到 v，箭头 h（红色）原来一定是把 e 连接到 h。或者我们可以把这叙述为重布线做了什么：它把箭头 h 移到了箭头 v 原来的位置，把箭头 v 移到了箭头 d 原来的位置（如果它出现在原图中的话）。

这样的叙述方式揭示出重布线是一个函数，它将群的每个生成元映射到另一个元素。但并不是任何函数都是重布线，其定义（见定义 7.4）要求重新布线之后群的乘法表不改变。换句话说，重新布线后

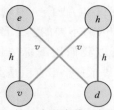

图 8.22　V_4 的一个重布线，标记了结点和
　　箭头，以记录重布线做了什么。

的群与原来的群必须有一样的结构。这正是成为同构的条件！一个群的每个重布线都是该群到自身的一个同构。虽然重布线只显示了把凯莱图的箭头映射到哪儿，但那些箭头生成的群，如前所述，我们如果知道生成元被映射到哪儿，就知道了如何去生成整个同态（这里是同构）。

我们来从图 8.22 的重布线构造一个同构。令 $\tau: V_4 \to V_4$，满足 $\tau(h) = v$，$\tau(v) = d$。由第 8.1 节的方法可以得到：

$\tau(e) = e$，$\tau(h) = v$，$\tau(v) = d$，$\tau(d) = h$

从一个对象到它自身的同构，标准的数学术语称为**自同构**（automorphism）。其中前缀"auto"是"自"的意思。

第 7 章告诉我们群 G 的重布线（现在叫自同构）的集合还是一个群，我们把它记为 $Aut(G)$。回到图 7.18，它给出了重布线群 $Aut(V_4)$。我们在这样的图上连接重布线中对应的元素，就构造了半直积群 $G \rtimes Aut(G)$，如图 7.19 所示。然而，一般地，对任意群 H，都存在半直积群 $G \rtimes H$。在第 7 章，我们没有工具来描述这样的积如何构造，但现在我们有了。

半直积的构造过程与定义 7.1 给出的直积过程是类似的。直积过程是用一个因子的副本填充另一个因子的结点，然后连接对应的元素。半直积的过程是连接重布线，所以我们需要一种方法，即用 G 的一个重布线填充 H 的每一个元素。也就是说，我们需要一个把 H 的元素对应到 $Aut(G)$ 元素的映射。图 8.23 给出了这样的一个同态，它把 C_3 映射到了 $Aut(V_4)$，其像是该自同构群的外环。

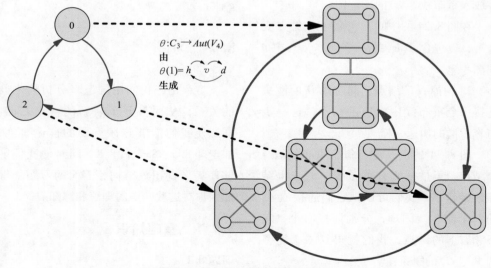

图 8.23　一个到自同构群的同态。

如图 8.23 所示，任意陪域为自同构群的同态，都使得我们能够构造一个半直积群。下面的定义详细地阐述了这个过程。请与定义 7.1 的直积过程比较一下，看它们有什么相似之处。与定义 7.1 一样，该定义也配了一个例子，如图 8.24 所示。因为不同的同态产生不同的半直积，所以我们用下标来加以区别：$G \rtimes_\theta Aut(G)$ 表示这个半直积是由同态 θ 构造的。

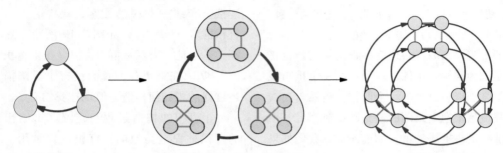

循环群 C_3　　每个结点 h 包括 $\theta(h)$ 的一个副本　　半直积群 $V_4 \rtimes_\theta C_3$

图 8.24　用图 8.23 中的 θ 构建半直积 $V_4 \rtimes_\theta C_3$。通过这个例子演示了定义 8.9 描述的过程，它与图 7.2 和 7.4 描述的直积过程是平行的。

定义 8.9　（利用凯莱图构造半直积的技术）用 G 的一个凯莱图和同态 $\theta: H \to Aut(G)$ 构造 $G \rtimes_\theta H$ 的凯莱图，过程如下：

1. 从 H 的凯莱图开始。

图 8.24 的例子中，$H = C_3$ 在最左边。

2. 让 H 凯莱图的每个结点 h 膨胀，并放入重布线 $\theta(h)$ 的一个图。

在图 8.24 的中间，C_3 的三个结点变大了，以包含 $\theta(h)$ 的一个副本，其中 θ 同图 8.3。

3. 删掉 H 的结点，同时用 H 的箭头连接每个重布线中对应的结点，这一步与直积群的构造一样。

图 8.24 的例子中，每个重布线有 4 个结点。于是把所有重布线中的左上结点连接起来，我们可以把它们连接成 C_3 的一个副本。同理，分别连接右上、左下和右下的结点，我们就得到一个完整的 $V_4 \rtimes_\theta C_3$ 的凯莱图。

正如第 7 章承诺的，我们现在明白究竟为什么 A_4 是 V_4 和 C_3 的半直积，它就是图 8.24 中的半直积。因此，我们可以用 A_4 的元素名字来标记 $V_4 \rtimes_\theta C_3$ 的元素。但是，在任意半直积中，我们也选择用元素对来命名结点，就像直积的情形一样。例如，把重布线 $\theta(h)$ 中的元素 g 命名为 (g, h)。

8.7　习题

本章允许我们用同态来分析群之间的关系，从而打开了崭新的群论之路。同态使我们能够陈述重要的群论事实，如定理 8.5、8.7 和 8.8，同时使我们能够理解半直积等结构。下面的习题能够加强你对这些知识的理解和感知。

8.7.1　基础知识

习题 8.1

(a) 对于图 8.2 中的同态 ϕ，$\phi(2)$ 是

什么？

（**b**）对于图 8.4 中的同态 θ，$\theta(1)$ 是什么？

（**c**）对于图 8.8 中的同构，定义域中的等式 $1+2=3$ 对应着陪域中的哪个等式？

（**d**）对于图 8.9 中的同态 τ_1，什么元素映射到 b？

（**e**）对于图 8.9 中的同态 τ_2，什么元素映射到 0？

习题 8.2　判断下列说法是否正确。

（**a**）对任意群 H 和 G，都存在 H 到 G 的同态。

（**b**）对任意群 H 和 G，都存在 H 到 G 的嵌入。

（**c**）一个同态或者是嵌入，或者是商映射。

（**d**）嵌入是指核为空集的同态。

（**e**）当 $A \cong B$ 时，存在同构 $i: A \to B$，所以也存在同构 $j: B \to A$。

8.7.2　同态

习题 8.3　如果 $\phi: G \to H$ 将 G 的每个元素都映射到 H 的单位元，那么 ϕ 是同态吗？

习题 8.4　对于下面的定义域和陪域，列出所有的同态（包括嵌入和商映射）。这些同态是否与自同构一样构成一个群？

（**a**）定义域 C_3 和陪域 C_2。

（**b**）定义域 C_2 和陪域 C_3。

（**c**）定义域和陪域都是 C_4。

（**d**）定义域 C_2 和陪域 V_4。

（**e**）定义域和陪域都是 V_4。

习题 8.5　考虑函数 $\phi: \mathbb{Z} \to \mathbb{Z}$，$\phi(n) = 2n$。回答下列关于 ϕ 的问题：

（**a**）ϕ 是同态吗？如果是，它是嵌入还是商映射？

（**b**）如果把 2 换成别的系数，那么 ϕ 还是同态吗？如果是，那么哪些数可以用来代替 2？

（**c**）$Ker(\phi)$ 和 $Im(\phi)$ 是什么？

习题 8.6　假设有同态 $\phi: G \to H$。回答下列问题：

（**a**）如果有子群 $K < G$，那么 K 中的元素在 ϕ 下的像在 H 中是否也构成子群？

（**b**）如果有正规子群 $K \lhd G$，那么 K 中的元素在 ϕ 下的像在 H 中是否也构成正规子群？

（**c**）如果有子群 $K < H$，那么 G 中所有被 ϕ 映射到 K 的元素是否也构成子群？

（**d**）如果有正规子群 $K \lhd H$，那么 G 中所有被 ϕ 映射到 K 的元素是否也构成正规子群？

习题 8.7　利用生成一个同态的概念，解释为什么任何同态都把定义域的单位元映射到陪域的单位元。

8.7.3　嵌入

习题 8.8　能否用一个同态将 C_n 嵌入到 $\mathbb{Z}$ 中？并说明理由。

习题 8.9

（**a**）从 C_4 到它自身的嵌入有多少个？

（**b**）C_4 的自同构有多少个？

（**c**）任何群到它自身的一个嵌入都是自同构吗？

习题 8.10　对下列每个小题给出的定义域与陪域，描述所有的嵌入。请选择一个（如果有的话）画出图。

（**a**）定义域 C_2 和陪域 V_4。

（**b**）定义域 C_2 和陪域 C_3。

(c) 定义域 C_2 和陪域 C_4。

(d) 定义域 C_3 和陪域 S_3。

(e) 定义域 C_n 和陪域 $\mathbb{Z}$。

(f) 定义域和陪域都是 $\mathbb{Z}$。

8.7.4 商映射

习题 8.11（a） 仿照图 8.17 中 $\mathbb{Z}/\langle 12 \rangle$ 的图，画出商 $\mathbb{Z}/\langle 3 \rangle$。

（b） $\mathbb{Z}$ 到 C_3 的商映射是什么？

（c） 你能想出一种方法来用乘法表画出商吗？

习题 8.12（a）～（c） 各给出了一个群 G 以及它的一个正规子群 H。请描述商映射 $q: G \rightarrow G/H$，并描述嵌入 $\phi: H \rightarrow G$，使得 $Im(\phi) = Ker(q)$。这里给了一个例子，其中 $H = C_2$，$G = C_6$。H 的元素（以及它们被映射到的元素）都被加亮了。

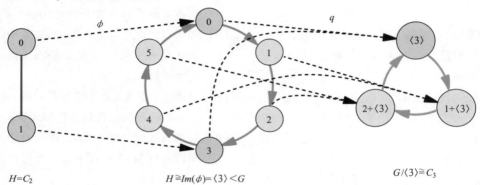

$H = C_2$ $H \cong Im(\phi) = \langle 3 \rangle < G$ $G/\langle 3 \rangle \cong C_3$

（a） $H = C_3$，$G = C_6$。

（b） $H = C_3$，$G = S_3$。

（c） $H = V_4$，$G = A_4$。

请回答下列关于（a）～（c）问题。

（d） 陪域为 H 的什么映射 θ 满足 $Im(\theta) = Ker(\phi)$？请选择定义域阶最小的映射。

（e） 定义域为 G/H 的什么映射 θ' 满足 $Im(q) = Ker(\theta')$？请选择陪域阶最小的映射。

（f） 在你的图上添加映射 θ 和 θ'。

新得到的四个同态的链称为**短正合列**。这是用同态诠释商的一种方式，也显示了嵌入和商映射之间的关系。

习题 8.13 对任意群 G 和任意整数 n，我们都可以构造一个同态，使得群中每个元素都对应到它的 n 次方幂，即 $\phi: G \rightarrow G$，$\phi(g) = g^n$。（在像 $\mathbb{Z}$ 这样的加群中，我们可以用 ng 代替 g^n。因此 ϕ 与习题 8.5 中的函数类似，但它对任意群 G 都有定义。）

（a） 该同态的核是什么？

（b） 在计算 $G/Ker(\phi)$ 时，我们是否得到 G 的一个子群？

（c） G/H 是否总同构于 G 的一个子群（对任意群 G 和 $H \lhd G$）？

习题 8.14 对任意群 G，考虑同态 $\theta: G \rightarrow G$，$\theta(g) = g^{-1}$。它的像和核分别是什么？关于它你还能知道些什么？

8.7.5 阿贝尔化

第 8.4 节演示了如何用 $\langle n \rangle$ 来除

Z，使得 n 的所有倍数都变成零。现在我们希望用非阿贝尔群的"非阿贝尔部分"来除它，使得"非阿贝尔部分"都变成零，从而在所得的商中只留下阿贝尔部分。这个过程称为**阿贝尔化**，本节中的习题将研究这一过程。

习题 8.15　图 5.8 显示出阿贝尔群和非阿贝尔群凯莱图的区别，即等式 $ab = ba$ 的可视化。

（**a**）用代数语言证明等式 $aba^{-1}b^{-1} = e$ 等价于原等式。

（**b**）用代数语言证明原等式也等价于 $ab(ba)^{-1} = e$。

（**c**）用图示说明 $aba^{-1}b^{-1} \neq e$ 在凯莱图中是什么样的。

　　习题 8.15 说明，如果一个群 G 包含除单位元 e 外的元素 $ab(ba)^{-1}$，则 G 不可能是阿贝尔的。这样的元素称为**换位子**。我们希望由所有的换位子生成一个**换位子群**。然后，我们用该子群去除 G，消除掉所有使 G 不可交换的元素，从而得到一个阿贝尔群。

习题 8.16　解释换位子群为什么一定是正规子群。

习题 8.17　一个群 G 的阿贝尔化是 G 关于换位子群的商。

（**a**）计算 S_3 的阿贝尔化。

（**b**）计算 A_4 的阿贝尔化。

（**c**）计算 D_5 的阿贝尔化。它与（a）中 S_3 的阿贝尔化有什么共同点？

（**d**）群 D_2 同构于 V_4，是阿贝尔的，它的阿贝尔化是什么？

（**e**）计算群 D_4 和 D_6 的阿贝尔化。

（**f**）关于二面体群的阿贝尔化，你能得出一般性的结论吗？

习题 8.18　利用习题 8.17 的阿贝尔化，判断一个群的阿贝尔化与它的最大阿贝尔子群是否为同一件事。

8.7.6　模运算

习题 8.19　为什么图 8.16 和图 8.17 把 $\langle 12 \rangle$ 的陪集记作 $k + \langle 12 \rangle$，而不是 $k\langle 12 \rangle$？

习题 8.20　对于下列给出的每个数，找出与之模 12 同余的最小的非负整数。

（**a**）15

（**b**）30

（**c**）529

（**d**）-9

（**e**）-182

习题 8.21　若 $a \equiv_{12} b$，则 $a - b$ 是什么？
提示：利用图 8.16，使该情形可视化。

习题 8.22　判断下列说法是否正确。

1. 如果 $a \equiv_6 b$，那么 $a \equiv_{12} b$。

2. 如果 $a \equiv_6 b$，那么 $a \equiv_3 b$。

3. 如果 $a \equiv_6 b$，那么 $a \equiv_5 b$。

4. 如果 $a \equiv_{12} b$，那么 $a \equiv_2 b$。

8.7.7　互素

习题 8.23　令 p 是素数，考虑群 $C_p \times C_p$。

（**a**）令 (a, b) 是群中的任意非单位元，它的阶是多少？你是如何判断的？

（**b**）如果 (a, b) 和 (c, d) 都属于 $C_p \times C_p$，彼此不属于另一个元素的轨道，那么它们的轨道有重叠的地方吗？

（**c**）在 $C_p \times C_p$ 中有多少不同的轨道？

（**d**）$C_p \times C_p$ 的循环图是什么样的？

习题 8.24　利用定理 8.7 证明：如果 n 和 m 互素，那么必存在 n 的某个倍数比

m 的某个倍数大 1（即 $an = bm + 1$）。

习题 8.25　第 8.4 节指出，C_n 可改装为直积当且仅当 n 可分解为两个互素的数的乘积。很多数 n 都具有这个性质，但它们都不是素数。

（a）　找出包括素数在内的前 10 个不能分解成两个互素数乘积的数。

（b）　这些数有什么共同点？

习题 8.26　应用定理 8.7 完成下列问题。

（a）　把 C_{100} 表示成两个循环群的直积（直积？）。

（b）　把 C_{308} 表示成三个循环群的直积。

（c）　（a）或（b）有没有其他答案？

（d）　如果 n 是一个正整数，且素因子分解式为 $p_1^{e_1} \times p_2^{e_2} \times \cdots \times p_n^{e_n}$（其中 p_i 为素数，e_i 为指数），请把 C_n 表示成 n 个循环群的直积。

（e）　（d）有没有其他答案？

习题 8.27　习题 5.44 要求找出最小的使得 C_n 可以嵌入其中的 S_m。利用定理 8.7 来证明你之前的结论，并对任意一 n 和 m，找出该问题的一般模式。

8.7.8　半直积

习题 8.28　图 8.24 中的半直积群是用嵌入同态构建的。下面我们来试着用商映射构建半直积。考虑如下所示的同态 $\theta' : C_4 \rightarrow Aut(C_4)$。用它可以构建一个半直积群 $C_4 \rtimes_{\theta'} C_4$，其中 C_4 的每个重布线都出现两次。请画出该半直积群的凯莱图。

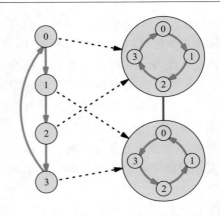

习题 8.29　回忆习题 7.14 要求你画出一些重布线群—现在我们称之为自同构群，其中包括 $Aut(C_5)$、$Aut(C_7)$ 和 $Aut(S_3)$。

（a）　找一个嵌入 $\theta : C_2 \rightarrow Aut(C_5)$，并画出半直积 $C_2 \rtimes_\theta C_5$ 的图。这个群更常用的名字叫什么？

（b）　对 C_7 重复（a）。根据这两个半直积，做出一个一般性的猜想。

（c）　C_3 到 $Aut(S_3)$ 的嵌入有多少个？对其中一个嵌入 θ，画出半直积群 $C_3 \rtimes_\theta S_3$ 的图。

（d）　如果 n 和 m 是正整数，且 n 是偶数，考虑如下定义的 $\theta : C_n \rightarrow Aut(C_m)$：将所有偶数映射到没有任何改变的自同构（所有元素和箭头对应到它们自己，即平凡重布线）；所有奇数映射到 C_m 的箭头都翻转过来的自同构。

画出其中的一个 $C_n \rtimes_\theta C_m$ 的图，并给出它们的一个一般性描述。我们前面在哪见过这样的半直积？

习题 8.30　对下图所示的 C_4 与 C_3 的半直积，具体指出 θ。

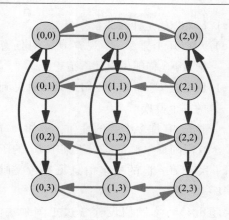

习题 8.31 除了图 8.23 中的同态，从 C_3 到 $Aut(V_4)$ 还有哪些同态？它们生成什么样的半直积？

习题 8.32 一个内自同构 $\theta: G \to G$，是对 G 的每一个元素关于某个提前取定的元素取共轭。也就是说，由任意元素 $g \in G$，我们都可以构造一个内自同构 θ，其定义为 $\theta(x) = gxg^{-1}$。显然，对于不同的 g 会有不同的内自同构，尽管有时由不同的 g 得到的是相同的 θ。

（a）如果 G 是阿贝尔群，那么它的内自同构是什么？

（b）对 S_3 填写下表，使得 a 行 b 列包含的不是 ab，而是 bab^{-1}，即 a 关于 b 的共轭。这样所得的表称为共轭表。

	e	r	r^2	f	rf	r^2f
e						
r						
r^2						
f						
rf						
r^2f						

（c）上表的行有什么意义？

（d）上表的列有什么意义？

（e）S_3 的所有的内自同构是什么？

习题 8.33 令 $\theta: H \to Aut(G)$ 是把每个 $h \in H$ 都映射到 $Aut(G)$ 的单位元（平凡重布线，见习题 8.3）的映射。则半直积 $G \rtimes_\theta H$ 是什么？

习题 8.34 定义 8.9 要求从 H 到 $Aut(G)$ 的函数 θ 是同态。这是必要的，并不是所有从 H 到 $Aut(G)$ 的函数都可行。找出两个群 G 和 H 以及不是同态的函数 $f: H \to Aut(G)$，按照定义 8.9 的步骤画图。为什么所得的图不是凯莱图？它不具备凯莱图的哪个性质？

习题 8.35 定义 8.9 定义了由凯莱图构造半直积的过程。请写出由乘法表构造半直积的过程。

8.7.9 同构

习题 8.36 证明 $A \times B \cong B \times A$，并给出具体的同构映射。

习题 8.37 对任意 G 和 H，下列等式哪些是对的？若等式是对的，那么描述同构映射。若等式不成立，请找出反例并解释为什么不成立。

（a）$\dfrac{G \times H}{H} \cong G$

（b）$\dfrac{G \times H}{G} \cong H$

（c）$\dfrac{G \rtimes_\theta H}{H} \cong G$

（d）$\dfrac{G \rtimes_\theta H}{G} \cong H$

习题 8.38 对任意 G 和 H，下列等式哪些是对的？若等式是对的，那么描述同构映射。若等式不成立，请找出反例并解释为什么不成立。

(a) 若 $H \triangleleft G$，则 $\dfrac{G}{H} \times H \cong G$。

(b) 若 $H \triangleleft G$，则对任意 $\theta: \dfrac{G}{H} \to Aut(H)$ 都有 $\dfrac{G}{H} \rtimes_\theta H \cong G$。

(c) 若 $H \triangleleft G$，则存在 $\theta: \dfrac{G}{H} \to Aut(H)$ 使得 $\dfrac{G}{H} \rtimes_\theta H \cong G$。

习题 8.39

(a) 解释为什么 Q_4 与我们在第 5 章所见到的任何群族的任何成员都不同构。

(b) 解释为什么习题 8.30 中 $C_4 \rtimes_\theta C_3$ 与我们在第 5 章所见到的任何群族的任何成员都不同构。

习题 8.40 回忆习题 4.33 中介绍的群 $\mathbb{Q}$（关于加法）和群 $\mathbb{Q}^*$（关于乘法）。通过给出具体的同构映射证明 $\mathbb{Q} \times C_2 \cong \mathbb{Q}^*$，并解释为什么你给出的函数确实是一个同构。

习题 8.41 群 U_n 是由 $1 \sim n$ 之间与 n 互素的数组成，其运算为模 n 乘法。例如，$U_8 = \{1, 3, 5, 7\}$，乘法表如下：

	1	3	5	7
1	1	3	5	7
3	3	1	7	5
5	5	7	1	3
7	7	5	3	1

注意：$1 \cdot 3 = 3$，这与你期望的一样，但是 $5 \cdot 7 \neq 35$，因为这里是模 8 运算，$35 \div 8$ 的余数为 3。

(a) U_8 同构于我们熟悉的哪个群？

(b) 群 U_n（$n \leqslant 10$）的阶是多少？

(c) U_5 和 U_{10} 是什么关系？

(d) 对前几个素数 p，观察 U_p。对任意素数 p，你能做出什么猜想？

(e) 所有的 U_n 都属于我们在第 5 章见到的哪个群族？

群 U_n 有许多有趣的性质。例如，每一个有限阿贝尔群都同构于某个 U_n 的子群。关于 U - 群的更多信息见参考文献 [18]。

习题 8.42 本题假设你学过矩阵乘法。如果这对你来说是陌生的，或者你想复习一下，可以查阅附录中本题的提示。

对下列每个小题，考虑由所给的两个矩阵生成的群，其二元运算为矩阵乘法。这个群同构于哪个常见的群？同构映射是什么？

(a) $\begin{pmatrix} 0 & -1 \\ -1 & 0 \end{pmatrix}, \begin{pmatrix} 0 & 1 \\ 1 & 0 \end{pmatrix}$

(b) 常数 i 代表复数 $\sqrt{-1}$
$\begin{pmatrix} 0 & -1 \\ -1 & 0 \end{pmatrix}, \begin{pmatrix} 0 & i \\ i & 0 \end{pmatrix}$

(c) $\begin{pmatrix} 0 & 1 & 0 \\ 1 & 0 & 0 \\ 0 & 0 & 1 \end{pmatrix}, \begin{pmatrix} 1 & 0 & 0 \\ 0 & 0 & 1 \\ 0 & 1 & 0 \end{pmatrix}$

习题 8.43 如果 H 和 K 是群 G 的两个子群，那么我们用 HK 表示所有由任意 $h \in H$ 与任意 $k \in K$ 相乘得到的元素 hk 组成的集合。换句话说，它是所有左陪集 hK（对所有的 $h \in H$）的并；同样也是所有右陪集 Hk（对所有的 $k \in K$）的并。

本题处理的是 H 和 K 都是正规子群的特殊情形。考虑同态 $\theta: H \times K \to G$，$\theta(h, k) = hk$。注意 $Im(\theta) = HK$。

(a) 如果 H 和 K 只在单位元处相交，那么请解释 θ 为什么是一个同构映射

（从而有 $H \times K \cong HK$）。

（b）上述命题的逆命题是否正确？即如果 $H \times K \cong HK$，那么 H 和 K 一定只在单位元 e 处重叠吗？

8.7.10　有限交换群

习题 8.44　对下面给定的阶，请列出所有的阿贝尔群。利用阿贝尔群基本定理（定理 8.8）来解答。（如果你需要帮助，请参考附录，其中给出了（a）和（d）的答案。）

（a）4

（b）8

（c）10

（d）30

（e）81

（f）200

在下一章，我们将学习列出所有给定阶的群（如果该阶相对较小的话）。

本节下面的习题要求你根据 [14, 20] 给出的框架，完成有限阿贝尔群基本定理的证明。附录里提供了一些提示。

任意合数都可以被分解，其因子还可以分解，如此继续，直到剩下的都是素因子为止。这称为一个素因子分解。例如：

$$600 = 30 \cdot 20 = 2 \cdot 15 \cdot 2 \cdot 10 = 2 \cdot 3 \cdot 5 \cdot 2 \cdot 2 \cdot 5$$

如果我们按递增的顺序写素数，并且将重复的因子用指数合并，上式可写为 $600 = 2^3 \cdot 3 \cdot 5^2$。

定理 8.8 的证明可从以类似的方式分解阿贝尔群开始。例如，若 A 是 600 阶阿贝尔群，那么我们可以找到群 G_2、G_3

和 G_5 使得 $A \cong G_2 \times G_3 \times G_5$，且 $|G_2| = 2^3$，$|G_3| = 3$，$|G_5| = 5^2$。下面的习题要求你证明，任意阿贝尔群都能分解成一个直积，其中因子的阶为该阿贝尔群阶的素因子分解式中的素数的方幂。

习题 8.45　令 A 是任意阿贝尔群，p 是一个整除 A 的阶的素数。做如下定义：

$G_p = $ 所有阶为 p 的方幂（包含 $p^0 = 1$）的元素组成的集合。

$S = $ 所有阶不具有素因子 p 的元素组成的集合。

（a）证明 G_p 和 S 都是 A 的子群。

（b）G_p 和 S 有什么共同的元素？并证明你的答案。

习题 8.43 定义了两个子群的乘积。我们将证明 G_pS 实际上就是整个群 A，即任取 $g \in A$，我们将证明 $g \in G_pS$。

令 p^k 为整除 $|g|$ 的 p 的最高次幂，则 $|g| = p^k m$，其中 p 不整除 m，从而 p^k 和 m 互素。由习题 8.24，有 $ap^k = bm + 1$，从而 $g^{ap^k} = g^{bm+1}$。

（c）上述等式如何说明 $g \in G_pS$？

（d）A、G_p 和 S 是什么关系？为什么？

（e）解释对 p 的其他取值重复（a）~（d）如何得到预期的结果。（你可以假设 $G_p \neq \{e\}$，第 9 章的定理 9.6 保证了该假设的正确性。）

上一个习题说明任意阿贝尔群 A 能分解成阶为素数方幂的子群的直积。因此，我们如果能证明定理 8.8 关于阶为素数方幂的阿贝尔群成立，那么就可以对 A 的因子应用这个结论，从而也就证明了整个结果。习题 8.47 完成了这个工作，其中用到的论证依赖于习题 8.46。

习题 8.46　本题将证明下述事实对所有阶为素数 p 的方幂的阿贝尔群 G 都成立：

如果 G 只有一个 p 阶子群，那么 G 是循环群。（我们已经知道，如果 G 是循环群，那么它只有一个 p 阶子群，见习题 6.8。现在我们来证明反之也成立。）

假设有阿贝尔群 G，其阶为 p 的方幂，且 H 是它唯一的 p 阶子群。如果 $|G| = p$，那么由习题 6.12 可知，G 是循环的。下面设 $|G| > p$。

(a) 令 $\phi : G \to G$ 同习题 8.13 中一样，是把每个元素映射到其 p 次幂的同态。证明：如果 $Im(\phi)$ 是循环群，那么 G 是循环群。

即使 $Im(\phi) < G$ 不是循环群，它也与 G 一样，是阶为 p 的方幂的阿贝尔群。因此，可建立如下的同态序列：

令 $\phi_1 : G \to G$ 是（a）中同态 ϕ，$\phi_1(g) = g^p$。

令 $\phi_2 : Im(\phi_1) \to Im(\phi_1)$，也定义为 $\phi_2(g) = g^p$。

令 $\phi_3 : Im(\phi_2) \to Im(\phi_2)$，也定义为 $\phi_3(g) = g^p$，ϕ_4 也如此定义，不断继续。

(b) 对哪一个像 $Im(\phi_n)$ 有 $H < Im(\phi_n)$？

(c) $Im(\phi_n)$ 有多少个 p 阶子群？

(d) 描述同态链 ϕ_1，ϕ_2，ϕ_3，…。这个链是如何结束的？结束前的最后几个群是什么？

(e) 利用（a）~（d）的事实，证明本题开头的论断。

习题 8.47 本题将证明，阶为素数 p 的方幂的阿贝尔群 G 可分解为某个循环群 C 与另一子群 H 的直积 $C \times H$。寻找 C 并将它分解出来的过程可重复应用于 H，从而找出另一个循环因子，不断重复这个过程，直到把 G 表示为循环群的直积。

选取 G 的一个最高阶元（或最高阶元之一），令 C 是由该元素生成的循环子群。若 $C = G$，那么 G 是循环群，我们不需对它进行分解。所以有意思的是 G 不是循环群的情形。

(a) 当 G 不是循环群时，由习题 8.46 能得出什么结论？

(b) 因为 C 是循环的，所以它有多少个 p 阶子群？

(c) 利用前两个小题解释为什么存在一个不是 C 的子群的 p 阶子群 $K < G$。C 和 K 共有的元素有多少个？

(d) 由习题 8.43 能得出关于 C 和 K 的什么结论？（注意因为 G 是阿贝尔的，所以它们都是 G 的正规子群。）

因为 G 是阿贝尔的，所以可以取商 $\dfrac{G}{K}$，令 $q : G \to \dfrac{G}{K}$ 是对应的商映射。

(e) q 将子群 $CK < G$ 映射到什么子群？该子群同构于什么群？

(f) 解释为什么 $\dfrac{G}{K}$ 包含一个大小跟 C 相同的循环群？

跟习题 8.46 一样，我们来构建一个同态链。我将用 G_1、C_1、K_1 和 q_1 来代替 G、C、K 和 q，并作为序列的开始。令 G_2 代表 $\dfrac{G_1}{K_1}$，C_2 代表 G_2 中与 C_1 大小相同的循环群。习题 7.22 和 7.23（c）保证了 $\dfrac{G_1}{K_1}$ 是阶为 p 的方幂的阿贝尔群。因此，我们可以找到不是 C_2 的子群的子群 $K_2 < G_2$，然后与（c）一样，取商 $\dfrac{G_2}{K_2}$ 和映射 q_2。

这个过程可以继续下去，$G_3 = \dfrac{G_2}{K_2}$

等等。当然，这些群的阶是递减的，$|G_1| > |G_2| > |G_3|$。

（g） 这个过程将进行到哪？即什么时候结束，最后的 G_n 是什么？

（h） 与习题 8.46 一样，从最后的群 G_n 开始，证明：对每一步都有 G_i 同构于直积 $C_i \times H_i$，其中 H_i 是 G_i 的某个子群。

提示： $H_n = K_n$。H_{n-1}，H_{n-2}，…分别是什么？

习题 8.48 总结前面三个习题的论断。即解释（不需细节）如何把任意一个阿贝尔群 A 分解成循环群的直积，为什么习题 8.45～8.47 证明了该分解是可行的。

习题 8.49 本节习题证明了比定理 8.8 更强的结论，定理 8.8 对下标 n_1，…，n_m 没有任何要求，而我们的证明保证了这些下标是特殊的。根据习题 8.45，你能说出 n_1，…，n_m 有什么特殊之处吗？

习题 8.50 如果一个无限阿贝尔群 G 是由 g_1，…，g_n 生成的，其中只有某些元是有限阶的，那么 G 能写成循环群的直积吗？

（定理 8.8 的无限群版本的证明，要比由习题 8.45～8.47 构建的证明复杂得多。这里不要求你给出证明，只做一个该定理关于无限阿贝尔群的合理猜想即可。）

第9章
西罗定理

本章研究的问题是：都存在什么样的群？在第5章，我们见到了各种各样的群，从而对这个领域有了一个大概的了解。但那只是样本，而不是一个完整的列表。后来，我们也看到了五大群族以外的群。诚然，所有群的列表将有益于我们理解（和感知）群论。本章我们就开始制作这样的列表。

当然，群有无限多个，我们无法逐一列出。然而，我们可以从低阶群出发，逐步扩充列表以包含高阶群。作为开始，我们可以问 1 阶群都有什么。（只有一个，C_1。）2 阶群都有什么？回答完这个问题后，我们接着考虑 3 阶群，然后 4 阶群，等等，这样我们就能逐渐建立一个给定阶群的数据库。而要回答这样的问题，我们需要一个寻找所有给定阶群的方法。

习题 8.44 是这个问题的一个简化版本，要求你找出所有给定阶的阿贝尔群。阿贝尔群基本定理（见定理 8.8）是回答该题的一个强有力的工具。然而群论的复杂性在于非阿贝尔群，所以要找出所有给定阶的群，我们需要更强大的工具。这个工具就是西罗定理，它虽然不能为我们提供寻找给定阶群的简单方法，但却能够告诉我们这样的群一定包含什么样的结构，从而指引我们的搜索。仅从

一个群的阶，西罗定理就可回答以下问题：

1. 它的子群有多大？
2. 这些子群之间有什么关系？
3. 它有多少个子群？
4. 这些子群是正规的吗？

虽然西罗定理并不能细致地回答每个问题，但是它的力量源自这样一个事实：它能仅根据群的阶给出一些答案。本章将证明三个西罗定理，并用它们去寻找阶在 10 以内的群以及一些阶超过 10 的群。用这个方法，本章得以回答"都存在什么样的群"这一问题。

西罗定理还将回答另一个问题，一个第 6.5 节遗留的问题，是关于拉格朗日定理的。该定理告诉我们，如果群 G 有一个 n 阶子群，那么 n 一定是 $|G|$ 的一个因子。我曾问过如果把这个命题反过来是否仍然成立：如果 n 是 $|G|$ 的一个因子，那么 G 一定有 n 阶子群吗？这称为拉格朗日定理的逆命题，我们已经知道它并不成立，因为拉格朗日定理只是允许某阶的子群存在，但并没有保证这样的子群一定存在。西罗定理研究得更深入，找到了哪些阶的子群一定存在。

本章定理间的主线是：它们都是由群的阶来决定群的结构。我将通过对一个未知的 200 阶的群 A 应用每个定理来

152

说明这个主线。除了阶为 200 之外，我没有对 A 做任何假设，它可能是阿贝尔群，比如 C_{200}，也可能是非阿贝尔群，比如 D_{100}，或者是一个我们从未听说过的群。图 9.1 表明了我们对 A 的假设有多么少，它几乎没有什么内容。群 A 包含一个单位元 e，而图中遍布的问号表明，我们（目前）对另外的 199 个元素一无所知。

事实上，存在若干个不同的 200 阶群，而我们并不知道 A 是哪一个。本章的定理将告诉我们所有的 200 阶群共有的结构，我们可以推断出 A 一定包含这些结构。在本章中，每当我们遇到一个新的定理，我就用它去更新图 9.1，用新的信息去替换图中的问号。为了预先知道图 9.1 将如何被更新，你不妨提前去看看图 9.6、9.13、9.18 和 9.20。

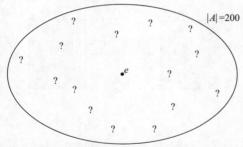

图 9.1　如果只假设群 A 的阶是 200，那么我们对其内部结构一无所知。本章的几个定理将揭示它的结构。

9.1　群作用

作为对本章定理的准备，我们需要把群看作为作用的集合。在第 3 章，我们从长方形游戏开始，陆续看到了群作为作用的许多应用。我们曾研究过置换

舞者、硬币及其他物体的群。在第 10 章，我们将学习重排多项式根的群怎样谱写了数学史。

在群论应用中经常提到置换（重排）并非巧合。我们在第 4 章结尾证明了这两者间存在着密切的关系：每个群都同构于置换群的一个子群。用同态的语言说就是，每个群都能嵌入到某个 S_n。

由于这个关系，对于任意给定的作用群，我们都能找到一个用以置换的事物的集合。这个集合有时是显然的，比如在舞者的例子里，他们所跳的舞蹈重排了他们，因此舞者自己就是被置换的事物。在其他例子里，比如长方形游戏，被置换的事物就不那么显然。事实上，在长方形游戏中，我们有两种不同的看待它的方式，其中每一种都是有效的。定义 3.1 中度量对称的技术指出，可把作用看作对长方形编了号的角的置换，当然这些作用确实置换了长方形的角。然而，我更喜欢另一种与凯莱图（见图 2.7 中长方形的凯莱图）联系更紧密的看待方式。如果我们把作用看作长方形状态的置换，那么图 2.7 的凯莱图中每个箭头都清楚地显示出群元素是如何置换这些状态的。

同态的概念使得我们能够把这个原理转变成数学定义。在下面的定义中，$Perm(S)$ 表示集合 S 中元素的所有可行的置换。（所以当 $n = |S|$ 时，$Perm(S)$ 与 S_n 的群结构相同。）

定义 9.1（群对集合的作用）　如果存在同态 $\phi: G \rightarrow Perm(S)$，那么称群 G 作用在集合 S 上。

这个定义通过 ϕ，把每个 $g \in G$ 翻译

成对 S 的元素的某种行为（重排它们）。即，$\phi(g)$ 是 g 在 S 的元素上的作用。该定义要求 ϕ 是一个同态（而不仅是一个函数），因为我们希望把群元素的合并翻译成作用的组合。也就是说，ab 应翻译为两个连续的作用，先作用 a 再作用 b。这一要求可表示为等式 $\phi(ab)=\phi(a)\phi(b)$，这正是同态的定义特征。

下面来看一些群作用的例子，先从熟悉的长方形游戏开始。如果 S 是图 2.7 中四个状态的集合，那么箭头显示了作用是如何置换这些状态的，我们可以按下面的方式将之形式化以满足定义 9.1。群 $V_4 = <h,v>$ 通过翻译同态 $\phi:V_4 \to Perm(S)$ 作用在集合 S 上，其中 ϕ 定义如下：

$\phi(h)=$ 把每个状态与其水平翻转互换的置换

$\phi(v)=$ 把每个状态与其垂直翻转互换的置换

对任何对称群的凯莱图来说，我们都很容易改写它以说明它满足定义 9.1。于是，我们可以说定义 3.1 的技术（间接地）引出了群 G 和翻译同态 $\phi:G \to Perm(S)$，其中 S 是物体状态的集合。不过这个技术并没有直接给出 G 和 ϕ，其度量对称的能力来源于下面的两个重要特征。

1. ϕ 的像恰好是那些对应于可手动操作的置换（定义 3.1 的（2）保证了这一点）$^{\ominus}$。

2. 同态 ϕ 是嵌入，因此 G 同构于 ϕ 的像（因为 ϕ 是由定义 3.1（3）的凯莱图构造的）。

因此，定义 3.1 的技术构建的是一类非常具体的群作用，对应着物体的三维对称。当然，有的群也可能是对物体状态的作用，而与该物体的对称无关。所以，我们选的第一个群作用的例子是一个熟悉的具体情形。为了更全面地了解群作用的形态，我们还需要一些不同的例子。

仍然令 S 代表长方形的状态，定义 $\theta:V_4 \to Perm(S)$，

$\theta(h)=$ 把每个状态与其水平翻转互换的置换

$\theta(v)=$ 恒等置换

该同态打破了上面给出的 ϕ 所满足的两个条件，因为它不是用来度量或反映长方形的对称性的。因此，它将得到一类不同于 ϕ 的群作用，如图 9.2 所示。

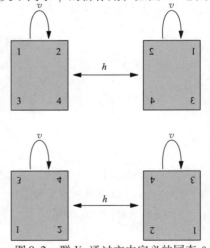

图 9.2 群 V_4 通过文中定义的同态 θ 作用于长方形的状态。这个同态把 v 映到恒等置换（无作用），于是图中箭头 v 压根没有改变长方形。

$\ominus$ 对定义 3.1（2）做不同的限制可以构造出具有不同同态像的群作用。例如，有些对称的定义包含任何不改变距离和角度的操作，其中包括一些不能手动进行的操作（比如，把物体置换到它在镜子中的像）。

这不是凯莱图，原因有两个。第一，图中没有足够的箭头连接所有的状态。第二，一个群只能有一个单位元，但是图中把非单位元 v 画得就像它与单位元 e 一样似的。我把群作用的图（见图 9.2）称为作用图。有些作用图是凯莱图（见图 2.7），而有些不是（见图 9.2）。与凯莱图一样，作用图只包含生成元的箭头。

因为作用图不是凯莱图，所以它们具有一些我们没有见过的新结构。下面给出两个这样的新结构，它们对本章非常有用，我们用定义为它们起了名字。

定义 9.2（轨道） 当群 G 作用在集合 S 时，任意元素 $s \in S$ 的轨道是从 s 出发通过 G 的箭头能够到达的元素的集合，记为 $Orb(s)$。

例如，在图 9.2 中，长方形初始状态（左上）的轨道是图中第一行的两个状态。图中仅有的另一个轨道是第二行的两个状态。每个轨道只有两个元素。图 2.7 与之不同，任意状态的轨道都是由所有四个状态组成的集合。

显然，两个不同的轨道不能由作用图的箭头相连。（如果它们相连，那么它们将是一个轨道，而不是两个。）这使得轨道在作用图上很容易被识别，同时意味着轨道划分了 S。当没有足够的箭头连接整个图时，轨道就会出现，如图 9.2 所示。该图中多余的箭头（箭头 v，其作用相当于箭头 e）引出了下面互补的概念。

定义 9.3（稳定化子，稳定） 元素 $s \in S$ 的稳定化子是那些不移动 s 的群元素 g 的集合，记为 $Stab(s)$。如果没有任何作用移动 s（即 $Stab(s)$ 是整个 G），那么称 S 中的状态 s 是稳定的。

例如，在图 9.2 中任意状态的稳定化子都是 $\{e, v\}$。箭头 e 和 v 都没有从一个状态指向一个不同的状态。但在图 2.7 中，长方形的任意状态的稳定化子都是 $\{e\}$。请注意轨道是由 S 的元素组成的，而稳定化子是由 G 的元素组成的。习题 9.17 要求你解释为什么任何稳定化子都是一个群（因而是 G 的一个子群）。

我们还没见过任何稳定元的例子，下面的例子将填补这个空白。在这个例子中，S_3 作用在它自己的子群上，这为本章后面的内容做了很好的铺垫，因为西罗定理建立在让群作用在群论对象（如子群、陪集等）的基础上。令 S 代表 S_3 的所有子群。

$$S = \{\{e\}, \langle r \rangle, \langle f \rangle, \langle rf \rangle, \langle r^2 f \rangle\}$$

同态 $\tau : S_3 \to Perm(S)$ 使得 S_3 作用在 S 上，具体如下：

$$\tau(g) = \text{把每个子群 } H \text{ 移动到子群}$$
$$gHg^{-1} \text{ 的置换}$$

我们把这样的作用称为 S_3 对 S 的"共轭作用"。图 9.3 给出了对应的作用图以及同态像里的每个置换[一]。我们约定把稳定元放在作用图的左边，较大的轨道放在右边。这个作用图不是凯莱图，但原因与图 9.2 不同，因为它不是正则的，所以缺少凯莱图的一致对称性。

一 谨防图 9.3 的一个常见误解：如果从 G 的一个子群 H 开始，沿着连续的两个箭头，比如先 r 后 f，那么我们先关于 r 取共轭，再关于 f 取共轭。

$$H \xrightarrow{\text{先关于 } r \text{ 取共轭}} rHr^{-1} \xrightarrow{\text{再关于 } f \text{ 取共轭}} frHr^{-1}f^{-1}$$

先关于 r 再关于 f 取共轭的结果与关于 rf 取共轭**不一样**，这与我们期望的不同。事实上，它与关于 fr 取共轭的结果相同。这个反序是由共轭定义决定的，是不可避免的。

现在，我们已经看到了轨道和稳定化子的例子，下面来看它们之间的关系。轨道 $Orb(s)$ 越大，使 s 移动的群元素就越多，稳定化子 $Stab(s)$ 也就越小。反之，稳定化子 $Stab(s)$ 越大，使 s 移动的群元素就越少，所以轨道 $Orb(s)$ 也就越小。虽然刚才叙述的这个此消彼长的关系说得通，但并不十分具体。下面的定理对这个关系做出了精确的描述。

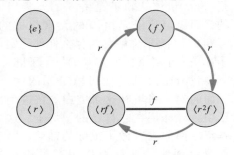

$\tau : S_3 \to Perm(S)$，其中 $S=\{\{e\}, \langle r \rangle, \langle f \rangle, \langle rf \rangle, \langle r^2 f \rangle\}$

$\tau(e) = \{e\} \quad \langle r \rangle \quad \langle f \rangle \quad \langle rf \rangle \quad \langle r^2 f \rangle$

$\tau(r) = \{e\} \quad \langle r \rangle \quad \langle f \rangle \quad \langle rf \rangle \quad \langle r^2 f \rangle$

$\tau(r^2) = \{e\} \quad \langle r \rangle \quad \langle f \rangle \quad \langle rf \rangle \quad \langle r^2 f \rangle$

$\tau(f) = \{e\} \quad \langle r \rangle \quad \langle f \rangle \quad \langle rf \rangle \quad \langle r^2 f \rangle$

$\tau(rf) = \{e\} \quad \langle r \rangle \quad \langle f \rangle \quad \langle rf \rangle \quad \langle r^2 f \rangle$

$\tau(r^2 f) = \{e\} \quad \langle r \rangle \quad \langle f \rangle \quad \langle rf \rangle \quad \langle r^2 f \rangle$

图 9.3 群 S_3 对自己子群的共轭作用。如图所示，S_3 的每个元素映射到 S 的一个置换。注意，没有任何置换移动了 $\{e\}$ 或 $\langle r \rangle$，所以这两个元素是稳定的。

定理 9.4（轨道－稳定化子定理） 一个元素轨道的阶乘其稳定化子的阶等于群的阶。

$$|Orb(s)| \cdot |Stab(s)| = |G|$$

这的确使前一段的描述更精准了：对于给定的轨道大小，轨道－稳定化子定理立即推断出对应元素的稳定化子的大小（反之亦然）。尽管 $Orb(s)$ 不是群，我仍用符号 $|Orb(s)|$ 表示其元素的个数。我将继续用这个符号来表示任意集合的大小。在阅读下面的证明之前，请找出图 9.3 中每个 $s \in S$ 的 $Orb(s)$ 和 $Stab(s)$，这将有助于你更直观地理解该定理，并使下面的证明更易懂。

证明 因为 $Stab(s)$ 是 G 的一个子群，子群指数的定义（见定义 6.9）告诉我们

$$\underbrace{|Stab(S)|}_{\text{子群的阶}} \cdot \underbrace{|G:Stab(s)|}_{\text{陪集的个数}} = |G|$$

我将证明 $Orb(s)$ 中元素个数等于 $Stab(s)$ 陪集的个数，所以在上面的等式中可用 $|Orb(s)|$ 代替 $|G:Stab(s)|$，从而定理得证。我将证明 $Stab(s)$ 的每个左陪集都能与 $Orb(s)$ 的某个元素配对，即两者之间存在一个一一对应关系，从而两个集合大小必定相同。

首先，我们断言左陪集 $gStab(s)$ 的任意元素都把 s 移动到同一个地方，所以没有任何陪集对应于 $Orb(s)$ 中多于一个的元素。考虑 $gStab(s)$ 中两个元素 gh_1 和 gh_2。设 ϕ 是翻译同态，则

$$\phi(gh_1) = \phi(g)\phi(h_1), \quad \phi(gh_2) = \phi(g)\phi(h_2)$$

又因为 h_1、$h_2 \in Stab(s)$，所以 $\phi(h_1)$ 和 $\phi(h_2)$ 都不移动 s。从而上式可改写为

$$\phi(gh_1) = \phi(g), \quad \phi(gh_2) = \phi(g)$$

故 gh_1 和 gh_2 对 s 的作用效果是相同的，

gStab(s)中其他元素也一样。

其次，我们说来自不同左陪集的元素对应于对 s 不同的操作，所以 Orb(s) 中没有任何元素对应于 Stab(s) 的多于一个的陪集。考虑两个不同的陪集 gStab(s) 和 kStab(s)，我将证明它们对 s 作用的效果是不同的。在 G 的凯莱图中，任意从 gStab(s) 指向 kStab(s) 的箭头 h 对应于将 gStab(s) 作用结果变成 kStab(s) 作用结果的作用。因此，如果 gStab(s) 和 kStab(s) 对 s 作用的效果相同，那么 h 就应该对 s 根本无作用。但是箭头 h 从 Stab(s) 的一个副本指向另外一个，所以 h 不属于子群 Stab(s)。因此 h 的确移动了 s，gStab(s) 和 kStab(s) 对 s 作用的效果是不同的。

以上两段建立了 Stab(s) 的左陪集与 Orb(s) 的元素之间的一一对应关系。所以这两个集合大小相同，我们可以用 $|Orb(s)|$ 替换本证明第一个等式中的 $|G:Stab(s)|$，从而得到

$$|Orb(s)| \cdot |Stab(s)| = |G|$$

9.2 走向西罗：柯西定理

定理 9.4 是洞悉群作用的关键，将被用于证明本章的许多定理。其中，第一个—柯西定理，通过保证素数阶子群的存在性给出了拉格朗日定理的一个部分逆。第 9.4 节将以柯西定理为基础构建西罗定理。柯西定理建立在轨道—稳定化子定理的基础上，并利用了下面简短的定理。

定理 9.5 如果阶为素数 p 的群 G 作用在集合 S 上，那么 S 的阶与 S 中稳定元的个数是 mod p 同余的。

回忆两个元素 mod p 同余是指它们的距离是 p 的倍数，所以它们属于同一个同余类。我们第一次用这种方法画同余类是在图 8.16。

我发现如果画出这个定理的一个图，那么该定理很容易理解和证明，这一点至此应该不足为奇。图 9.4 显示了素数阶群的作用图，基于这个图，我们给出下面的简短证明。

证明 轨道—稳定化子定理告诉我们，每个轨道 Orb(s) 的大小是 $|G|$ 的一个因子，所以，当 $|G|$ 是素数 p 时，所有轨道的大小只能是 1 或 p。稳定元属于大小为 1 的轨道，S 中其余的元素被划分成大小为 p 的轨道。因此，S 中的非稳定元个数是 p 的倍数，如图 9.4 所示。

稳定元　　　　　　　　　　　轨道为p的非稳定元

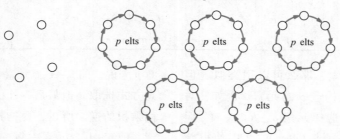

图 9.4　p（素数）阶群作用在 S 的元素上。因此 S 的元素或稳定或为某个 p 阶轨道的一部分。

考虑下列等式

$$S \text{ 中稳定元的个数} + \underset{\text{这是}p\text{的倍数}}{\underline{S \text{ 中非稳定元的个数}}} = S \text{ 的大小}$$

该等式的另一种理解是 S 的稳定元个数与 S 的大小（在数轴上）的距离是 p 的倍数，所以它们必定是模 p 同余的。□

定理 9.6（柯西定理）　如果 p 是一个整除 $|G|$ 的素数，那么 G 含有一个 p 阶元 g，因此有一个 p 阶子群 $\langle g \rangle$。

证明　因为 p 是素数，所以如果能找到某个元素 $g \neq e$ 满足 $g^p = e$，那么 g 必定为 p 阶的。习题 9.15 要求你解释这是为什么，但现在我要直接用这个事实而不加以论证。

在大多数群中，有许多种让 p 个群元素相乘而得到单位元 e 的方式，但它们中通常只有少数是方幂，也就是我们要找的 g^p 的样子。等式 $e^p = e$ 是这少数中的一部分，它在任何群中都是对的，但是我们要找一个非单位元 g。

例如，考虑 $G = S_3$，$p = 3$ 的情形，表 9.1 列出了 S_3 中所有相乘等于 e 的三个元素的乘积。请注意这些等式的左手边，这 36 个表达式组成的集合如下

$$\{ e \cdot e \cdot e,\ e \cdot r \cdot r^2,\ e \cdot r^2 \cdot r,\ \cdots,\ fr^2 \cdot fr^2 \cdot e \}$$

在这个例子以及对任意群 G 和 p 的一般情形中，我称这些表达式构成的集合为 S，称其中方幂的集合为 P。

这个证明依赖于 S 和 P，所以若知道这些集合中有多少个元素，那将是非常有用的。下面我们先来处理 S。在 $G = S_3$，$p = 3$ 的例子中，显然，表 9.1 中共 36 个等式。我们来看一下为什么总数是 36，并从中找出一般模式。为了构造表 9.1 中的一个等式，你可以在 S_3 的六个元素中任选一个放在等式的第一个位置，然后可任取一个元素放在它后面，但等式左边的最后一个元素要受限制，它要使得左边等于 e。如果我们把前两个元素记为 a 和 b，那么第三个元素必为 $(ab)^{-1}$，别无其他可能。在表 9.1 中，a 和 b 的选择分别对应于六列和六行中的一列或一行，所以总共是 36 个等式。

表 9.1　S_3 中所有形如 $a \cdot b \cdot c = e$ 的等式，其中 a, b, $c \in S_3$

$e \cdot e \cdot e = e$	$r \cdot e \cdot r^2 = e$	$r^2 \cdot e \cdot r = e$	$f \cdot e \cdot f = e$	$fr \cdot e \cdot fr = e$	$fr^2 \cdot e \cdot fr^2 = e$
$e \cdot r \cdot r^2 = e$	$r \cdot r \cdot r = e$	$r^2 \cdot e \cdot e = e$	$f \cdot r \cdot fr = e$	$fr \cdot r \cdot fr^2 = e$	$fr^2 \cdot r \cdot f = e$
$e \cdot r^2 \cdot r = e$	$r \cdot r^2 \cdot e = e$	$r^2 \cdot r^2 \cdot r^2 = e$	$f \cdot r^2 \cdot fr^2 = e$	$fr \cdot r^2 \cdot f = e$	$fr^2 \cdot r^2 \cdot fr = e$
$e \cdot f \cdot f = e$	$r \cdot f \cdot fr^2 = e$	$r^2 \cdot f \cdot fr = e$	$f \cdot f \cdot e = e$	$fr \cdot f \cdot r = e$	$fr^2 \cdot f \cdot r^2 = e$
$e \cdot fr \cdot fr = e$	$r \cdot fr \cdot f = e$	$r^2 \cdot fr \cdot fr^2 = e$	$f \cdot fr \cdot r^2 = e$	$fr \cdot fr \cdot e = e$	$fr^2 \cdot fr \cdot r = e$
$e \cdot fr^2 \cdot fr^2 = e$	$r \cdot fr^2 \cdot fr = e$	$r^2 \cdot fr^2 \cdot f = e$	$f \cdot fr^2 \cdot r = e$	$fr \cdot fr^2 \cdot r^2 = e$	$fr^2 \cdot fr^2 \cdot e = e$

如果 p 较大，那么可以用类似（但较长）的序列构造 S 的元素。例如，对 $p = 5$，你可以选择元素 a、b、c、d，但第五个元素必须是 $(abcd)^{-1}$，以使得等式 $a \cdot b \cdot c \cdot d \cdot (abcd)^{-1} = e$ 成立。对任意 p 来说，前 $p - 1$ 个元素可从 G 中以任意方式选取，但最后一个元素必须是它们乘积的逆。所以，要构造 S 的一个元素，前 $p - 1$ 个元素中每一个都有 $|G|$ 种选择，最后一个元素没有任何选择余地，

这样就有了下面这个关于 S 阶的等式。

$$|S| = \underbrace{|G| \times |G| \times \cdots \times |G|}_{p-1\text{个}} = |G|^{p-1}$$

除了 $|G|^{p-1}$ 这个总数外，我关心的就是 P 中的元素，即那些满足 $g^p = e$ 的元素 g。在 $G = S_3$，$p = 3$ 的例子中，表 9.1 显示 P 包含三个元素。但是对任意的 G 和 p，它包含多少个元素呢？因为我们对 G 知之甚少，所以并不能给出精确的答案，不过我也不需要精确的答案。我只需要证明 $|P| > 1$，就能说明存在除了 e 外的某个 $g \in P$。有策略地运用定理 9.5，能得出一些关于 $|P|$ 的信息。这个定理是

关于群作用及其稳定元的，所以这个策略就是设计一个群作用，使得它的稳定元是 P 中的成员。

令循环群 C_p 作用在集合 S 上，翻译同态 $\phi : C_p \to Perm(S)$ 定义如下

$$\phi(n) = \text{使表达式中的元素}$$
$$\text{向右循环 } n \text{ 步的置换}$$

例如，作用 $\phi(1)$ 将表达式 $e \cdot r \cdot r^2$ 置换为 $r^2 \cdot e \cdot r$，$\phi(2)$ 将表达式 $fr \cdot r^2 \cdot f$ 向右循环两步得到 $r^2 \cdot f \cdot fr$。图 9.5 是 $G = S_3$，$p = 3$ 的作用图。习题 9.16 要求你证明每个 $\phi(n)$ 都如上所断言，是 S 的一个置换。

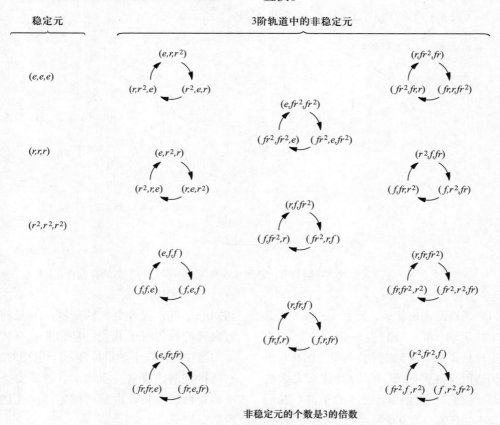

稳定元　　　　　　　3阶轨道中的非稳定元

非稳定元的个数是3的倍数

图 9.5　群 C_3 作用在 S_3 的那些相乘等于 e 的三元组集合上，作用方式同柯西定理（见定理 9.6）的证明中所定义的。其中箭头表示作用 $\phi(1)$，即令每个三元组都向右循环一步。

我建立这一作用的意图是，它的稳定元应该就是 P 的成员。我们不难看出这一点，因为在 $\phi(1)$ 没有改变的表达式中，每个元素都与下一个相同，这使得表达式中的所有元素都相等。所以稳定元就是 P 中的元素。又因为 C_p 是一个素数阶群，所以我们可以应用定理 9.5 得到关于 $|P|$ 的一些信息。定理 9.5 告诉我们 $|S| \equiv_p |P|$。但 $|S| = |G|^{p-1}$，且 $|G|$ 是 p 的倍数，所以 $|S|$ 和 $|P|$ 也都是 p 的倍数。尽管我们不知道 $|P|$ 具体是多少，但可以断定它落在集合 $\{0, p, 2p, 3p, \cdots\}$ 中。

另外，它不能为 0，因为 e^p 属于 P。

所以 P 中至少有 p 个元素，这意味着至少有 2 个（最小素数）。因此，除 $e^p = e$ 外，至少还存在一个等式 $g^p = e$，这样就找到了我们一直在寻找的 p 阶元。　□

在本章的每个重要定理之后，我们都将对它做一个测试，看看它究竟能做什么。我已经选了柯西定理的两个应用以说明它的力量。第一，回忆图 9.1 中未知的 200 阶群 A，柯西定理为我们提供了一些可添加到图中的新信息。整数 200 可分解为 $2^3 \cdot 5^2$，所以能整除 200 的素数只有 2 和 5。因此根据柯西定理，A 包含 2 阶元素 a 和 5 阶元素 b，如图 9.6 所示。

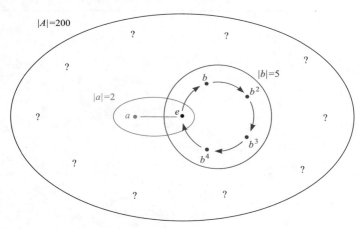

图 9.6　一个未知的 200 阶群 A，定理 9.6 确保了所标记的子群的存在性。

无论群 A 是什么，元素 a 和 b（从而子群 $\langle a \rangle$ 和 $\langle b \rangle$）都一定存在。柯西定理只要求 2 和 5 整除群的阶。图 9.6 中仍然留有许多问号，因为对这么庞大的群，我们只知道两个很小的子群！我们尚不知还有没有其他与 $\langle a \rangle$ 或 $\langle b \rangle$ 大小

相同的子群，或者更大的子群。但是柯西定理的确告诉了我们一些信息，事实上，当我们对较小的群应用这个定理时，它所提供的信息将更有意义。这就是下节将要做的事情，也是柯西定理应用的第二个例子。

9.2.1　6 阶群的分类

你如果做了习题 4.21（c），就知道只有两个不同的 4 阶群。该习题依赖于它前面的一些习题，即让你费尽心思地构造了所有可能的 4 乘 4 乘法表的那些习题。在那些习题中，元素被命名为 0、1、2 和 3，因为名字并不重要，而群的结构才是我们所关心的。这些习题的结论是，通过一个适当的重命名同构，任意 4 阶群都同构于 V_4 或 C_4。

我们说这些习题"在同构意义下给出了 4 阶群的分类。"它们回答了"由四个元素组成的群是什么？"这样的问题。然而，这个穷举乘法表的分类法对稍微大一点的群就不可行了。本章从柯西定理开始的若干结论，给了我们一个更好的方法来找出给定阶的群有多少以及这些群是什么。本节将表明，对像 6 阶这样的低阶群，柯西定理就足够了。对于更大的群，我们将需要更强的工具，这就该西罗定理登场了。

我们已经知道 6 阶群至少有两个：C_6 和 S_3（也叫做 D_3）。我们将看到除了这两个再没其他的 6 阶群了。下面，我

先用柯西定理推导出关于任意 6 阶群的一些重要事实。然后，为找出所有的 6 阶群，我们用符合这些事实的凯莱图开始搜索。所以柯西定理为我们提供了先机，并防止我们的搜索进入一些死胡同。

柯西定理给我们的先机是，在任意 6 阶群里必存在一个 2 阶元和一个 3 阶元，因为这是整除 6 的两个素数。设这两个元素分别为 a 和 b。因此，对任意 6 阶群，我们在画凯莱图时都可以先画出一个 2 阶子群 $\langle a \rangle$，如图 9.7（上）所示。在这个凯莱图里，从单位元出发，也可以画出箭头 b，从而得到一个 3 阶轨道。这样的轨道只包含 3 阶元，因而不包含 a（2 阶元）。于是我们可以把我们的图安全地扩展为图 9.7 的左下图。

子群 $\langle b \rangle$ 必定有一个左陪集 $a\langle b \rangle$，一个包含 a 且与 $\langle b \rangle$ 不相交的 $\langle b \rangle$ 的副本。因此，该陪集包含两个新的群元素，如图 9.7（右下）所示。看，仅从柯西定理提供的种子，我们的图已经成长了多少！一个 6 阶群的任意凯莱图必定包含图 9.7（右下）的模式。因此，我们对 6 阶群的搜索很快就到终点了，我们已经有了一个近乎完整的凯莱图。

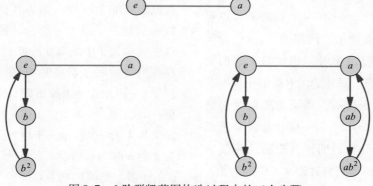

图 9.7　6 阶群凯莱图构造过程中的三个步骤。

还剩下一件事要决定：在这个图中，箭头 a 将如何连接下面四个结点？或更简单点说，箭头 a 从 b 指向哪儿？图上只剩下三个需要箭头 a 进入的结点：b^2、ab 和 ab^2。每种选择都可表示为包含 a 和 b 的等式。例如，一个连接着 b 与 b^2 的箭头 a 暗含着等式 $ba = b^2$。等号两边都从左边消去 b 得到 $a = b$，这当然是不可能的，所以箭头 a 不由 b 指向 b^2。下面两个段落将分别考虑其他两种选择。

如果箭头 a 从 b 指向 ab，那么 $ba =$ ab。这个等式决定了图中所有剩下的连接方式。这是因为凯莱图必须是正则的，所以在整个图上路径 ab 都必须等于路径 ba。我们也可以从代数角度阐述这一点，用各个元素左乘等式 $ba = ab$，看箭头 a 从其他结点指向哪儿。例如，左乘 b 可得 $b^2a = bab$，这告诉我们箭头 a 把 b^2 指向哪儿。可视化或代数视角都可用来完成该图，结果如图 9.8（左）所示。这个群是 $C_2 \times C_3$，或简写为 C_6。

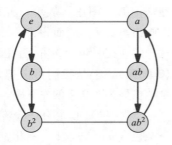 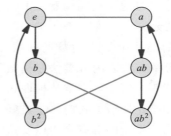

图 9.8　6 阶群的两个同构类。

如果箭头 a 从 b 指向 ab^2，那么 $ba = ab^2$。与前面的情形一样，用可视化或代数工具都能由该等式决定出图中其他所有的连接。结果如图 9.8（右）所示，这个群是 S_3。

因此，我们已经对 6 阶群分了类。在同构意义下，只有两个 6 阶群，也可以说 6 阶群有两个"同构类"。这个分类告诉我们不要浪费时间想象除了这两类之外的 6 阶群。试图思考 6 阶群中所有非单位元都是 3 阶的，如同想象群的类公式是 $1 + 1 + 2 + 2 = 6$ 一样，是没有意义的。我们的分类说明，群论的法则禁止这样的对象，而只允许图 9.8 中的两个。

9.3　p - 群

柯西定理是拉格朗日定理的部分逆，"部分"是因为它只保证了素数阶子群的存在性。正如我们所看到的，柯西定理对低阶群非常有用，因为在低阶群中素数阶子群占了很大一部分。但是在高阶群中（像例子中的 200 阶群），了解是否存在更高阶的子群将更有用。西罗定理利用 p - 群，给出了拉格朗日定理的一个更一般的逆。

定义 9.7（p - 群，p - 子群）　p - 群是阶为素数 p 的方幂的群。若一个 p - 群是群 G 的子群，则简称它为 G 的一个 p - 子群。

例如，D_4 是 2 - 群，因为它的阶是 8，素数 2 的方幂。它包含一个同构于 C_4 的子群，该子群的阶是 2^2，因此它是 D_4 的一个 2 - 子群。同理，C_1 和 C_{13} 都是 13 - 群，因为它们的阶都是素数 13 的方幂（分别为 13^0 和 13^1）。接下来我们将对 p - 群应用我们已知的群作用的结论，得到下面的两个简短结论，从而完成对西罗定理的准备工作。

定理 9.8 如果 p - 群 G 作用在集合 S 上，那么 S 的阶与 S 中稳定元的个数是 $\bmod p$ 同余的。

这个定理与定理 9.5 几乎是一模一样的。唯一的改动是把 $|G| = p$ 变成了 $|G| = p^n$，这使得该定理更具一般性。

证明 与定理 9.5 的证明一样，每个轨道的大小必须整除 G 的阶。此时，只有 p 的方幂能整除 $|G|$，因此轨道的大小为 p 的各个方幂，包括 1、p、p^2、p^3，直到 p^n。于是对定理 9.5 的论证（见图 9.4）做一下简单修改，让轨道大小是一个 p 的任意方幂。剩下的证明与定理 9.5 相同。□

下面的定理涉及的符号有点多，但是随后的段落将说明它的含义。

定理 9.9 如果 H 是 G 的一个 p - 子群，那么 $[N_G(H):H] \equiv_p [G:H]$。

回忆 $[G:H]$ 是 H 在 G 中左陪集的个数。所以该定理说无论是只计算在正规化子 $N_G(H)$ 中的陪集个数，还是计算在 G 中的所有陪集个数，结果是 $\bmod p$ 同余的。另一种说法是两类陪集的个数之差（$N_G(H)$ 外面的陪集数）是 p 的倍数。

之所以把这个定理放在这里，是因为第一西罗定理依赖于它。另外，这个定理的证明重申了柯西定理中的证明策略，这个策略非常有价值，在本章我们将多次遇到。要了解一个集合有多少元素，一种方法是设计 p - 群的一个作用，使得它的稳定元刚好是我们希望计算的那些。然后，定理 9.5 或定理 9.8 能在 $\bmod p$ 的意义下计算那些元素的个数。在柯西定理的证明中，稳定元是由 g^p 构成的集合 P，这里也采用类似的策略。

证明 令 S 是 H 在 G 中的所有左陪集构成的集合，考虑群 H 对 S 的作用，翻译同态 $\phi: G \to Perm(S)$ 的定义为

$\phi(h) = $ 将陪集 gH 变为 hgH 的置换

习题 9.19 要求你证明每个 $\phi(h)$ 确实是一个置换。在这种情况下，我们说 G "通过左乘" 作用在 S 上。之所以选择这个作用是因为前面提到的策略，我能证明它的稳定元恰好是正规化子里的那些左陪集，如图 9.9 所示。

回忆一下，H 在 $N_G(H)$ 中的左陪集也是右陪集。图 9.10 阐述和解释了为什么那些陪集在上述群作用下是稳定的。该图中的解释是本证明的重要部分。由于稳定元是那些在 $N_G(H)$ 的陪集，所以其个数为 $[N_G(H):H]$。

策略的最后一步是应用定理 9.8，稳定元的个数必定与 $|S| \bmod p$ 同余，这里 $|S|$ 是 H 的左陪集个数 $[G:H]$。写成等式就是定理中的论断：

$$[N_G(H):H] \equiv_p [G:H] \qquad □$$

163

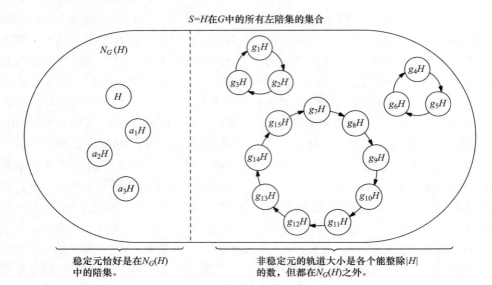

图 9.9　当 H 用左乘（见定理 9.8 中的证明）作用在其左陪集上时，稳定元恰好是它在 $N_G(H)$ 中的那些左陪集。

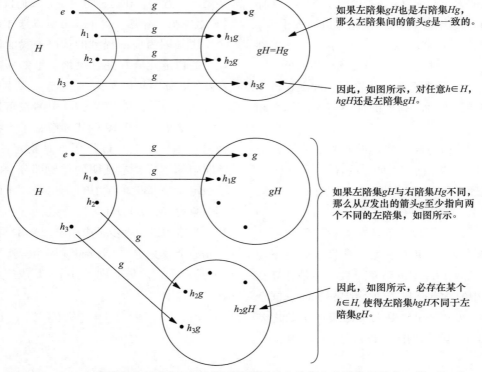

图 9.10　在 H 左乘下稳定的陪集 gH 恰是那些同时是左陪集和右陪集的陪集，即 $gH = Hg$。

如果你希望在此停留一下以获得对这个定理更好的理解，那么我鼓励你现在去做一下习题 9.10，这个习题要求你对具体的群 G 和子群 H 描述证明中所用的群作用。

9.4　西罗定理

西罗定理给出了下列三种关于任意群的 p - 子群的信息。我在这里的叙述并不是十分精确，只是为了让你对接下来的内容有个大概印象罢了。

存在性：在每个群中，所有可能大小的 p - 子群都一定存在。

关系：一个群的 p - 子群通过共轭相互联系。

个数：关于一个群有多少个 p - 子群的若干限制。

本节将证明三个西罗定理，并介绍它们的一些应用，其中包括拓展我们对 200 阶群的认识。

9.4.1　第一西罗定理：p - 子群的存在性

定理 9.10（第一西罗定理）　如果 G 是一个群，p^n 是整除 $|G|$ 的 p 的最高次方幂，那么存在 G 的 1，p，p^2，p^3，$\cdots$，p^n

阶的 p - 子群。另外，每个阶小于 p^n 的 p - 子群都在一个更高阶 p - 子群的内部。

第一西罗定理从几个方面推广了柯西定理，如表 9.2 所示。其证明通过利用柯西定理把低阶 p - 子群扩张为高阶 p - 子群，一并处理了定理中的两个论断。第一西罗定理还告诉了我们一点关于 p - 子群之间关系的信息，但关于关系的更多信息我们将在第二西罗定理中学习。

证明　很容易找到 1（即 p^0）阶 p - 子群，因为它显然就是 $\{e\}$。由柯西定理，我们还知道存在 p（即 p^1）阶 p - 群（只要 $|G| > 1$）。本证明的主要工作是通过解释如何把任意阶为 $p^i < p^n$ 的子群 $H < G$ 扩张为新的子群 $H' < G$，使得 H' 包含 H 且阶是 $|H|$ 的 p 倍（见图 9.11），从而说明更高阶子群的存在性。然后，我们可以从最低阶 p - 子群开始，不断地重复扩张得到更高阶子群，直到得到 p^n 阶子群。

依赖于 $H \lhd N_G(H)$ 的事实，我们可以在正规化子 $N_G(H)$ 内部找到 H'。图 9.12 给出了在下面的证明中即将登场的群、子群和同态，参照该图有助于可视化下面的论证。

表 9.2　定理 9.6 和定理 9.10 中子群存在性的比较。定理 9.10 的大部分论述都比定理 9.6 强。

柯西定理（定理 9.6）	第一西罗定理（定理 9.10）
p 如果整除 $\lvert G \rvert$，那么存在一个 p 阶子群。	如果 p^i 整除 $\lvert G \rvert$，那么存在一个 p^i 阶子群。
它是循环的，且没有非平凡子群了。	每个 p^i 阶子群都有 1，p，p^2，p^3，$\cdots$，p^i 阶的子群。
存在一个 p 阶元。	不一定存在 p^i 阶元。

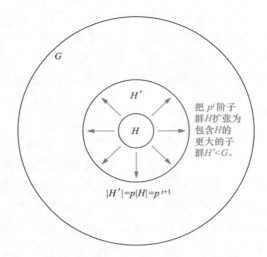

图 9.11　定理 9.10 给出了从 p^i 阶子群寻找 p^{i+1}（只要 p^{i+1} 整除 $|G|$）阶子群的步骤。

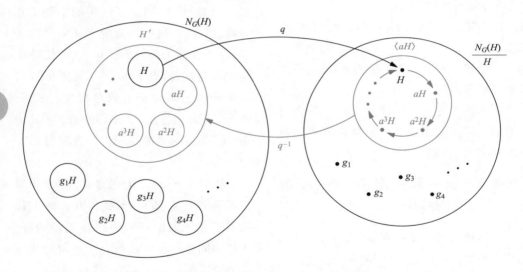

图 9.12　定理 9.10 中构造阶是 $|H|$ 的 p 倍的子群 H' 时所用的商映射和它的逆。

构造商群 $\dfrac{N_G(H)}{H}$，并设商映射为 q。商群的大小等于 H 在其正规化子中的陪集个数，即 $[N_G(H):H]$，定理 9.9 指出它与 $[G:H]$ 是 $\bmod\ p$ 同余的。那么，对 $[G:H]$ 我们又知道些什么呢？我们已知 G 的阶是 p^n 的某个倍数，记为 $p^n m$。于是 H 的陪集数为

$$[G:H] = \frac{|G|}{|H|} = \frac{p^n m}{p^i} = p^{n-i} m$$

因为 $p^i < p^n$，所以 $p^{n-i} > 1$，于是 p 整除 $p^{n-i} m$。因此，$[G:H]$ 和 $[N_G(H):H]$ 都是 p 的倍数。

$\dfrac{N_G(H)}{H}$ 的阶显然不是 0，所以它是 p 的正整数倍。这使得我们可在商群中使用柯西定理，从而找到一个 p 阶元，记为 aH。循环子群 $\langle aH \rangle$ 对我们非常有用。

在 q 下映射到 $\langle aH \rangle$ 的那些元素构成的集合显然包含 H，而且就像图 9.12 所显示的那样，它也是 $N_G(H)$ 的一个子群，见习题 8.6（c）。它就是我们要寻找的子群 H'，它包含 H 且阶为 p^{i+1}，原因如下。在 $\langle aH \rangle$ 中有 p 个元素，因此在 H' 中有 p 个 H 的陪集。由于 H 包含 p^i 个元素，所以它的每个陪集也包含 p^i 个元素，而 H' 包含 p 个陪集，所以共有 p^{i+1} 个元素。

前面几段给出了把任意阶为 $p^i < p^n$ 的子群 H 扩张为 p^{i+1} 阶子群 H' 的方法。从 $H = \{e\}$ 开始，我们可以重复扩张得到 p，p^2，$\cdots$，p^n 阶子群 H'、H'' 等等。□

这个证明中的扩张技术是一个共轭的例子。它把 q 应用到 H，在商群中应用柯西定理使得一个元素变为 p 个元素，再应用 q^{-1} 把那 p 个元素拉回到 G，得到 p 个陪集，从而构成子群 H'。尽管 q^{-1} 不是真正的函数，但是这也是总结论证的一个有效的方法。

我们来看一下这个定理比柯西定理强大多少。首先，回到图 9.6 中的群 A，当时我们只假设它的阶是 200。柯西定理告诉我们它必定含有一个 2 阶子群和一个 5 阶子群，但是第一西罗定理告诉我们的要多得多。这两个小的素数阶子群分别包含在 4 阶和 25 阶子群中，而 4 阶子群又包含在一个 8 阶子群中。这些大的、嵌套的子群如图 9.13 所示。

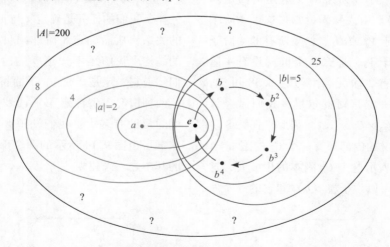

图 9.13　任意 200 阶群 A，图 9.6 已经给出了它的一些细节，这里基于定理 9.10 又增加了一些信息。

我们还知道群 A 没有 $2^4 = 16$ 阶子群和 $5^3 = 125$ 阶子群，因为这两个数都不整除 200。但是我们不知道阶为 2、4、8、5 和 25 的子群各有多少个。我们只知道这些阶的子群至少有一个，但是不知道是否有更多。因此，图 9.6 中仍留有一些问号。

167

9.4.2　8 阶群的分类

柯西定理帮我们对 6 阶群分了类，因为它给我们的子群是整个群的显著部分。由于较大的数的分解或许不能提供如此有效的帮助，所以在对阶为这些数的群分类时，第一西罗定理变得非常有价值。

表 9.3 列出了所有 1~7 阶群以及分类理由。其中四个分类是基于习题 6.12 的结论：素数阶群一定是循环群。下面我们来把这个表格扩充到 8 阶群。由习题 8.44（b）可知，有 3 个 8 阶阿贝尔群，$C_2 \times C_2 \times C_2$，$C_2 \times C_4$ 和 C_8。第一西罗定理可帮助简化对 8 阶非阿贝尔群的搜索，相关结果可放在一起作为表 9.3 的一个新的行。

表 9.3　1~7 阶群的分类。

阶	群	理由
1	只有一个群，$\{e\}$	一个元素必定是单位元
2	只有一个群，C_2	见习题 6.12
3	只有一个群，C_3	见习题 6.12
4	两个群，C_4 和 V_4	见习题 4.21（c）
5	只有一个群，C_5	见习题 6.12
6	两个群，C_6 和 S_3	见 9.2.1 小节
7	只有一个群，C_7	见习题 6.12

第一西罗定理指出，在任意 8 阶群中至少有一个 4 阶子群（这是柯西定理做不到的）。由表 9.3 可知，这个 4 阶子群必同构于 V_4 或 C_4。如果所有的 4 阶子群都同构于 V_4，那么这个群就没有 4 阶元，而只有 2 阶元。由习题 5.38 可知，这样的群一定是阿贝尔群，我们已经计算过了（$C_2 \times C_2 \times C_2$）。因此，任意 8 阶非阿贝尔群的内部都有一个 C_4 的副本。

用 a 表示这个 C_4 副本的生成元，这样我们就可以说子群 $\langle a \rangle$ 和它的一个左陪集构成群的八个元素。记这个陪集为 $b\langle a \rangle$，其中 $b \notin \langle a \rangle$。与 6 阶群的分类一样，我们的任务是确定 a 与 b 所有可能的关系，从而确定 8 阶非阿贝尔群可能的结构。我们还不知道 b 的阶，尽管我们知道它一定是 2 或 4。下面将分别考虑这两种情况。请注意第一西罗定理对我们的帮助有多大：我们知道 8 阶非阿贝尔群可由图 9.14 所示的两个部分凯莱图的其中之一来建立。

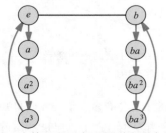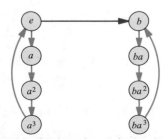

图 9.14　由第一西罗定理得到这两个寻找 8 阶非阿贝尔群的切入点。它们唯一的区别是左图中的箭头 b 没有箭头，因为它是 2 阶的。

首先，假设 b 是 2 阶的，如图 9.14 左边的图所示。我们必须决定箭头 b 由 a 指向哪儿。任何一个决定都能写成一个 a 和 b 的等式，而这个等式必须在整个图上都成立。下面，我用排除法来确定哪个方案构成群。

箭头 b 不能由 a 指向图最上面的行，因为那两个元素已经有箭头 b 连接了。箭头 b 也不能由 a 指向左列的元素，因为 $b \notin \langle a \rangle$。

如果箭头 b 由 a 指向 ba，则有 $ab = ba$，这将产生一个阿贝尔群。我们已经列出了所有阿贝尔群，现在只寻找非阿贝尔群。

如果箭头 b 把 a 连接到 ba^2，则有 $ab = ba^2$。由正则性，从图上的任何结点出发，路径 ab 和 ba^2 都将到达相同的地方。从 a 出发，这就要求从 a^2 到 b 画一个箭头 b。但是 b 已经有箭头 b 进入了，于是我们走进了死胡同，所以不能有 $ab = ba^2$。

现在只留下一种选择了，就是从 a

连接到 ba^3，然后，其他所有箭头 b 的连接方式都可由等式 $ab = ba^3$ 来确定。这样构造出来的是群 D_4 的凯莱图，如图 9.15（左）所示。

我们还得探讨 b 是 4 阶的情况，如图 9.14（右）所示。我们可通过设问 b 的循环圈从结点 b 如何继续来确定 a 和 b 的关系。下面要确定哪个元素是 b^2，我仍采用排除法。

它不是右列的任何一个元素，因为 $b \notin \langle a \rangle$，所以 $b^2 \notin b\langle a \rangle$。

它不是 e，因为那样的话 $|b| = 2$，这种情况已经讨论过了。

它不是 a，因为如果 $b^2 = a$，那么 b 是 8 阶元（a 的阶的两倍），这将产生群 C_8，这种情况也讨论过了。

它不是 a^3，因为那样也得到 $|b| = 8$。

所以我们的选择只能是 $b^2 = a^2$，我们可用这个等式来确定整个 b 的轨道，如图 9.16 所示。正则性要求我们在连接陪集 $a\langle b \rangle$ 时要重复箭头 b 的模式。结果群是 Q_4，如图 9.15（右）所示。

169

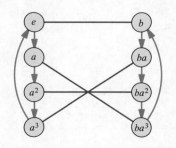 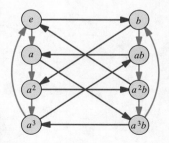

图 9.15　第 9.4.2 节确定的仅有的两个 8 阶非阿贝尔群。左图是 D_4，右图是 Q_4。

因此，8 阶非阿贝尔群共两个：D_4 和 Q_4。加上阿贝尔群 $C_2 \times C_2 \times C_2$，$C_2 \times C_4$ 和 C_8，8 阶群的总个数是 5 个（在同构意义下）。在这个搜索过程中，第一西罗

定理给了我们两个部分凯莱图（见图 9.14）作为切入点，从而为我们提供了帮助。与 6 阶群的分类过程一样，很多没有结果的搜索都被淘汰了。

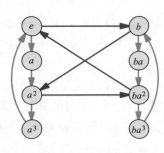

图 9.16　分类最后一个 8 阶
非阿贝尔群的中间步骤。

9.4.3　第二西罗定理：p－子群间的关系

第一西罗定理保证了特定阶 p－子群的存在性，并告诉我们这些子群间的关系：低阶 p－子群包含于高阶子群中。第二西罗定理将通过共轭告诉我们最高阶 p－子群之间有怎样的关系。

定义 9.11（西罗 p－子群）　我们称 H 是 G 的一个西罗 p－子群，如果它是一个 p－子群，它的阶是能整除 $|G|$ 的 p 的最高次方幂。换句话说，H 要么是 G 的最高阶 p－子群，要么是最高阶 p－子群之一。

定理 9.12（第二西罗定理）　任意两个西罗 p－子群共轭。

在证明这个定理之前，我先讲述它的几个重要但却不那么显然的结果。关于任意群元素的共轭都构造了群到自身的一个同构，称为内自同构（见习题 8.32）。所以，当两个子群共轭（比如说 $H = gKg^{-1}$）时，存在一个内自同构将其中一个映射到另一个（$\phi(x) = gxg^{-1}$）。因此，共轭子群是同构的。

第二西罗定理告诉我们，群的所有最高阶 p－子群都是另一个的共轭，所以它们都同构于另一个。回忆第一西罗定理给出的 p－子群的嵌套关系，所以每个 p－子群都在一个西罗 p－子群的内部。任意群元素对任意西罗 p－子群的共轭，都将得到一个（可能不同）西罗 p－子群，其内部结构完全相同，如图 9.17 所示。因此，任意低阶 p－子群必定在每个西罗 p－子群中都有一个副本（它的共轭）。

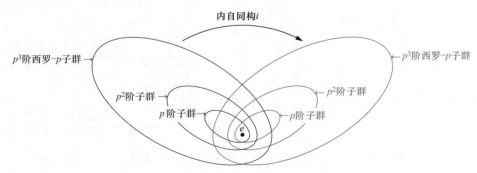

图 9.17　内自同构 i 把一个西罗 p－子群（p^3 阶）映射到另一个，因此它们有相同的内部结构。

这以一种微妙的方式改进了 200 阶群 A 的图。虽然我们仍不知道除图 9.13 中画出的 p－子群外是否还存在其他 p－子群，但如果存在，则它们必定与图中的那些有相同的内部结构，事实上必定是它们的共轭。图 9.18 画出了不同于第一个但结构相同的西罗 2 - 子群。这里我用的是虚线，因为到目前为止没有任何定理能保证它的存在性。尽管图中显示它与原西罗 2 - 子群只相交于单位元，但这只是一种可能性。还有其他可能性，例如若 $\langle a \rangle$ 是正规子群，则它只与自身共轭，所以每个西罗 2 - 子群都将包含 $\langle a \rangle$ 的全部。

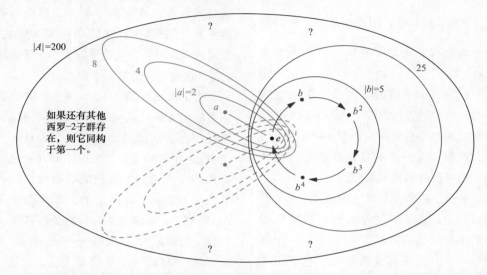

图 9.18　如果图 9.13 中的群 A 有多于 1 个的西罗 2 - 子群（假如），那么第二西罗定理告诉我们，新增的子群将与第一个有相同的结构（与之共轭）。

证明　我再次使用定理 9.9 后面描述的策略。设 S 是某个西罗 p - 子群 $H < G$ 的左陪集的全体，另一个西罗 p - 子群 K 通过左乘作用在 S 上（同定理 9.9 的证明）。

该作用的稳定元是一个左陪集 gH，满足对任意 $k \in K$ 都有 $kgH = gH$，如图 9.19 所示。在该图中，从 g 到 kg 的路径是 $g^{-1}kg$，它是 H 的一个成员，因为它的起点和终点都在 H 的同一个副本中。当这对任意 $k \in K$ 都成立时，我们就发现 $g^{-1}Kg$ 的全部元素都属于 H，又因为它们的大小相同，所以 $g^{-1}Kg = H$。因此，只要有一个稳定元 gH，H 和 K 就是共轭的，从而定理成立。

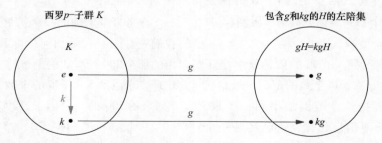

图 9.19　在证明第二西罗定理的过程中，群作用的稳定元 gH 满足对任意 $k \in K$，都有 $kgH = gH$。

定理 9.8 告诉我们，稳定元的个数与 $|S| = [G:H]$ 一定是 mod p 同余的。因为 H 是一个西罗 p-子群，它的阶是整除 $|G|$ 的 p 的最高次方幂。所以 $[G:H] = \dfrac{|G|}{|H|}$ 不是 p 的倍数，因而不为零。所以稳定元的个数必定是非零的，于是 K 和 H 共轭。 □

因为一个子群的共轭是一个与之大小相同的子群，所以一个西罗 p-子群的任意共轭都将是另一个西罗 p-子群。因此，西罗 p-子群不只是彼此的一些共轭，而是彼此的所有共轭。

值得一提的是只有一个西罗 p-子群的情形。正规子群就是那些不被共轭移动的子群（见第 7.5 节）。所以当一个西罗 p-子群没有其他共轭时，它是正规的，此时，它是唯一的西罗 p-子群。因此，如果能够推导出一个群的西罗 p-子群的个数，就能帮我们标出其中的一些正规子群。第三西罗定理通常能帮我们做这些。由于这个原因，第二西罗定理跟第三西罗定理结合起来才是最有用的。

9.4.4 第三西罗定理：p-子群的个数

定理 9.13（第三西罗定理） G 的西罗 p-子群的个数 n 遵循下面两个限制：

$$n \text{ 整除 } |G| \qquad n \equiv_p 1$$

该定理仅凭一个群的阶，就缩小了该群的西罗 p-子群个数的范围。虽然它并不总是能把这个范围缩小到一个数，但与没有任何信息相比，这已经是一个很大的改进了。证明该定理后，我将以它的两个应用来总结本章。

证明 第一个限制条件相对容易证明。令 H 是 G 的 n 个西罗 p-子群中的一个。我们知道，所有西罗 p-子群的集合是 H 的所有共轭的集合。换句话说，如果 G 通过共轭作用在它的子群上，那么所有西罗 p-子群的集合就是 $Orb(H)$。因此，由定理 9.4 可知，该轨道的大小 n 必整除 $|G|$，这是对 n 的第一个限制。

为了看出 n 与 $1 \bmod p$ 同余，我最后一次应用本章（从定理 9.9 的证明开始）已经用过多次的证明策略。令 S 是 n 个西罗 p-子群的集合，考虑子群 H 通过共轭作用在 S 上。如果我能说明稳定元的个数与 1 是 mod p 同余的，那么由定理 9.8 可知，n 一定也是。我将证明事实上只有一个稳定元，显然它一定是 H。

对一个西罗 p-子群 K 来说，它是一个稳定元意味着对 H 中每个 h 都有 $hKh^{-1} = K$。即 H 在 K 的正规化子中。但是 H 和 K 都是群 $N_G(K)$ 的西罗 p-子群，因此，它们在群 $N_G(K)$ 中是共轭的。又由于 K 在 $N_G(K)$ 中正规，所以它只能与自身共轭，这就说明 K 和 H 一定是相同的。

因此，稳定元的个数是 1，所以 $n = |S| \equiv_p 1$，这就是定理中的第二个限制。

□

在考察本定理的一个扩展应用之前，我们先看一下它是如何影响我们一直在用的那个 200 阶群 A 的例子的。第三西罗定理要求西罗 5-子群的个数是与 $1 \bmod 5$ 同余的 200 的一个因子。200 的因子有 1、2、4、5、8、10、20、25、40、50、100 和 200，你可以验证与 $1 \bmod 5$ 同余的数只有 1。所以只有一个西罗 5-子群，因此它一定是正规的。然而，第三西罗定理在缩小西罗 2 - 子群个数的可能范围时并非这么有效。那个数一定是 200 的因子，且与 1 mod 2 同余，这里有三种选择：1、5 和 25。所以第三西罗定理没有完全确定西罗 2 - 子群的个数。或许有其他论断可以进一步缩小这个范围，或许并没有。

关于 A 的最终修订结果如图 9.20 所示。它指出西罗 5 - 子群是唯一的、正规的，但在西罗 2 - 子群附近还留有一些问号，因为它的共轭的个数仍没确定。

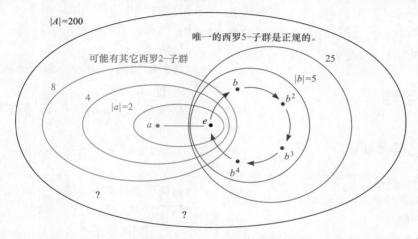

图 9.20　根据定理 9.13，贯穿本章的群 A 一定只有一个 25 阶子群，因此它是正规的。然而，该定理没有立即告诉我们 8 阶子群有多少个。

群 A 这个例子说明了仅从群的阶我们能收集到多少信息。通常，低阶群比高阶群更容易利用西罗定理来剖析结构，但也不总是如此。关键是群的阶是如何分解的。例如，8 阶群的分类比 15 阶群更难。15 阶群的分类是我们对西罗定理最后的应用。其中，第三西罗定理为我们提供了关键信息，从而简化了这项工作。

9.4.5　15 阶群的分类

柯西定理告诉我们，任何 15 阶群中必有一个 3 阶元 a 和一个 5 阶元 b。由于没有 3 和 5 更高的方幂整除 15 了，所以子群 $\langle a \rangle$ 和 $\langle b \rangle$ 分别是西罗 3 - 子群和西罗 5 - 子群。第三西罗定理告诉我们，$\langle a \rangle$ 的共轭类的个数必是 15 的因子且与 1 mod 3 同余，这样的数只有 1，所以 $\langle a \rangle$ 是正规的。同理可证，$\langle b \rangle$ 也是唯一的、正规的。

因为 $\langle a \rangle$ 只包含 1 或 3 阶元，$\langle b \rangle$ 只包含 1 或 5 阶元，所以这两个子群的交集只有单位元。因而，习题 8.43 中证明的事实告诉我们，该群必定同构于 $\langle a \rangle \times \langle b \rangle$，或者说 $C_3 \times C_5$，由定理 8.7 可知，它同构于 C_{15}。因此，在同构意义下，15 阶群只有一个：循环群。

目前，我们已经分类了阶不超过 8 的群，以及 15 阶群。本章的习题要求你把这项工作拓展到 10 阶，并试着分类略高阶（12、14 和 21）的群。Group Explorer 包含了阶不超过 40 的所有群的可视信息，计算软件包 GAP 含有全部阶超过 1000 的群的数据库 [3]。

给定阶群的分类是西罗定理最常见的用途。其他应用将出现在这本书的巅峰—第 10 章，届时将讨论法国青年埃瓦里斯特·伽罗瓦（Évariste Galois）的名垂青史的工作。习题 9.22 做了一点预告。

9.5 习题

9.5.1 基础知识

习题 9.1 说出西罗定理回答的关于 200 阶群 A 的两个问题。说出两个它们没有回答的问题。

习题 9.2 如果 S 有六个元素，那么 $Perm(S)$ 有多少个元素？

习题 9.3 假设 G 作用在 S 上。对 $s \in S$，考虑集合 $Orb(s)$ 和 $Stab(s)$。

(a) 它们哪一个构成群？

(b) 这两个集合之间有什么联系？

(c) $Orb(s)$ 的阶最小可以是多少？

(d) $Orb(s)$ 的阶最大可以是多少？

(e) 最小阶和最大阶之间的数是否都有可能成为 $Orb(s)$ 的阶？

习题 9.4 如果 $|G| = 28$，那么柯西定理保证了 G 中存在多大的子群？第一西罗定理对此有何改进？

习题 9.5 阶小于等于 8 的群共有多少个？

9.5.2 群作用和作用图

习题 9.6 图 9.2 中箭头 h 表示什么？箭头 v 又表示什么？

习题 9.7 考虑 C_3 在集合 $\{A, B, C, D\}$ 上的作用，翻译同态 $\phi : C_3 \to Perm(\{A, B, C, D\})$ 由下列等式生成

$$\phi(1) = A \quad B \quad C \quad D$$

(a) 画出相应的作用图。

(b) 哪些元素是稳定元？

(c) 轨道是什么？

习题 9.8 对下列每个小题，构造满足所给条件的作用图。

(a) 满足 154 页的条件 1，但不满足条件 2。

(b) 满足 154 页的条件 2，但不满足条件 1。

(c) 两个条件都不满足。

（尽管图 9.2 回答了这个小题，请构造一个与之不同的作用图。）

习题 9.9 如果 C_5 作用在字母 $\{A, B, C, D\}$ 上，那么对应的作用图将是什么？为什么？

习题 9.10 考虑定理 9.9 的证明开始所定义的群作用。

(a) 对于 $G = D_5$ 和 $H = \langle f \rangle$，画出作用图。

(b) 对每个 $s \in S$，验证你的图满足轨道 – 稳定化子定理。

习题 9.11

(a) 考虑定理 9.12 的证明开始所定义的群作用。对 $G = Q_4$, $H = \langle j \rangle$ 和 $K = \langle k \rangle$，画出作用图。

(b) 存在稳定元吗？

(c) H 或 K 是正规的吗？为什么？

9.5.3 论证

习题 9.12 给出一个不满足拉格朗日定

理逆命题的反例。即，给一个群 G 和一个整除 $|G|$ 的数 n，使得 G 没有 n 阶子群。

习题 9.13　我曾断言第 9.2.1 节最后的凯莱图表示的群是 C_6 和 S_3，请解释为什么。

习题 9.14　如果没有 $|G|$ 是素数这一假设，那么定理 9.5 的叙述将是错的。找出使该论断不成立的 G、S 和 ϕ。

习题 9.15

（a）如果 $g^p = e$，且 p 是素数，为什么 $|g|$ 一定是 1 或 p？

（b）一般地，如果 $g^n = e$，那么 $|g|$ 一定整除 n 吗？

习题 9.16　对于定理 9.6 的证明中定义的 ϕ，证明下列两个命题成立，从而说明每个 $\phi(n)$ 是 S 的一个置换。

（a）每个 $\phi(n)$ 把任意元 $s \in S$ 指向 S 中另一个元素。

（b）没有任何 $\phi(n)$ 把 S 中两个不同的元素指向同一元素。

习题 9.17　假设 G 作用在 S 上。

（a）对任意 $s \in S$，为什么 $Stab(s) < G$？

（b）在图 9.2 中，$Stab(s) = Ker(\theta)$。稳定化子总是翻译同态的核吗？

习题 9.18　考虑 p-群的替代定义：p-群是所有元素的阶都是同一素数 p 的方幂的群。

（a）如果定义 9.7 对一个群成立，请解释为什么替代版本对这个群也成立。

（b）如果定义 9.7 对一个群不成立，请解释为什么替代版本对这个群也不成立。

习题 9.19　与在定理 9.9 的证明中一样，令 S 是子群 H 在群 G 中的所有左陪集构

成的集合。如果 G 通过左乘（同证明中的 ϕ）作用在 S 上，那么为什么每个 $\phi(g)$ 是一个置换。即，我们如何知道它不把 S 中两个不同的元素变成同一元素？

习题 9.20　西罗定理如何使习题 8.45 变得容易些？

习题 9.21　拉格朗日定理的逆命题对阿贝尔群是正确的。即，对任意整除 $|G|$ 的 n，都有 n 阶子群 $H < G$。请解释为什么。

9.5.4　西罗 p-子群

习题 9.22　在第 10 章，单群 A_5 将发挥重要的作用。单群就是没有（非平凡）正规子群的群。对于下列给出的 n，利用西罗定理解释为什么没有 n 阶单群。

（a）33。

（b）84。

（c）12。

（d）$p^n m$（对任意素数 p 以及任意正整数 n 和 m，其中 $m < p$）。

习题 9.23

（a）找出 S_4 中的所有西罗 3-子群。

（b）找出 S_5 中的所有西罗 3-子群。

习题 9.24　当 n 是奇数时，D_n 的西罗 2-子群是什么？

9.5.5　给定阶群的分类

习题 9.25　对所有 9 阶群分类。你使用由西罗定理得出的事实了吗？

习题 9.26　对下列两个阶的群分类。因为两个阶都具有 $2p$（p 是某个素数）的形式，所以这两个小题可使用相同的技术。猜测：当 p 是素数时，存在什么样的 $2p$ 阶非阿贝尔群。

（a）10。

（b）14。

习题 9.27 对所有 21 阶群分类。

提示：对非阿贝尔群，柯西定理告诉我们，必存在一个 3 阶元和一个 7 阶元。所以可从一个类似于图 9.21 的图开始。

一个从 b 出发的箭头 a 指向哪儿，暗含着一个形如 $ba = a^m b$ 的等式。用代数方法（及等式 $b^3 = e$）寻找对 m 的限制。

习题 9.28（具有挑战性的） 对所有的 12 阶群分类。

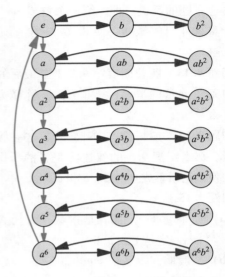

图 9.21 从这个部分凯莱图开始，搜索 21 阶非阿贝尔群。

伽罗瓦理论

本书以群论的起源作为结束。十九世纪，有两个年轻的数学家尼尔斯·阿贝尔（Neils Abel）和埃瓦里斯特·伽罗瓦（Évariste Galois），他们回答了一个困惑了数学界几个世纪的问题。这是一个关于代数研究中核心的问题—解方程。在伽罗瓦关于该问题的工作中，有一个起关键作用的数学对象，他创造了一个新术语来描述它，叫做群。群论就此诞生。

然而，群只是这个解的一部分。阿贝尔和伽罗瓦的工作还包含了被称为**域**的代数结构。本章将介绍一点域论，但其中许多事实将只做陈述而略去证明，毕竟本书是关于群的。本章内容之所以伟大，部分原因在于伽罗瓦理论建立了群和域之间的一种美丽的相互作用，这一点我们将在第 10.6 节看到。我希望这最后的一章也能成为域论的一个导引。如果域论激起了你的兴趣（或者让你想去看略去的证明），我鼓励你去更深入地学习，在本章结尾附了一些好的参考书目。

我们从阿贝尔和伽罗瓦回答的大问题开始。它是一个初等代数问题，是关于求解我们能写出的最简单的方程类型的。下面两节给出了所有的研究背景以及大问题的叙述，从而为我们赏析它的解做好了铺垫。

10.1　大问题

我们在孩提时代最早接触的数学就是数数。用来数数的数字集合 {1，2，3，…} 被称为自然数集 **N** ⊖。随后我们学习算术的基本运算，先是加法和减法，然后是乘法和除法。我把这四种运算称为"算术"。

在孩子们学习算术的过程中，他们也学习一些新型的数。尽管两个自然数相加得到另一个自然数，但两个自然数相减（如 $7-7$，$3-6$）就要求具备 0 和负数的知识。自然数的加减拓宽了孩子们的视野，使他们认识了我们所熟知的整数集 **Z**。然而，我们很快又超越了 **Z**。虽然乘法不能超越 **Z**，但除法可以。例如，$6 \div 2$ 是整数，但 $6 \div 5$ 不是。这促成了分数（如 6/5）的引入，从而产生了有理数集 **Q**。这把我们带到了我在本章背景材料中强调的五个关键点中的第一个。

关键点 10.1　为了做算术运算，我们至少需要有理数。

177

⊖　有人喜欢把 0 包含在 **N** 中，其他人则把它排除在外。本章约定 **N** = {1，2，3，…}。

如图 10.1 所示，由于算术运算的需要，数字系统不断地扩张，从 **N** 到 **Z** 再到 **Q**。一开始，孩子们只知道如何在 **N** 中数数。当学到加减法时，就会上升到 **Z**；当学到乘除法时，就会上升到 **Q**。在这一章，我将继续用图 10.1 这样的图来解释数系间的关系。

图 10.1 三个数系：最小的是自然数（最底端），加减法把它上升到整数，乘除法又把整数上升到有理数。

群及其运算的知识使得我们可以用群论的术语来解释从 **N** 到 **Z** 的扩张。集合 **N** 关于加法不是一个群，因为它没有单位元（0），也没有逆（负数）。为了找到它们，我们必须扩张到 **Z**，而 **Z** 关于加法是一个群。在这个群里，负数是正数的逆，所以减法其实并不是一种新运算，而是加法的特殊使用；$a - b$ 可以看作是 a 加上 b 的逆，即 $a + (-b)$。

类似地，从 **Z** 扩张到 **Q** 可以描述为在乘法下生成一个群，但有一个例外。习题 4.33 说过 0 没有乘法逆，所以我们把它删除掉，然后用剩下的整数作为生成元。它们的乘法逆都是分数，用这些分数可以生成所有的有理数。习题 4.33 用符号 **Q** * 表示去掉了 0 的 **Q**，它关于乘法构成一个群。因此，在 **Q** 上有两个群：整个 **Q** 关于加法构成的群和 **Q** 的大部分

（**Q** *）关于乘法构成的群。这促使我们定义一种新的代数结构。

定义 10.1（域） 集合 S 关于加法和乘法构成一个域，如果以下三个条件满足：

1. S 关于加法构成一个阿贝尔群。

2. 从这个群中删除单位元（零元）所得的集合关于乘法也构成一个阿贝尔群。

3. 加法和乘法满足分配律：$a(b + c) = ab + ac$。

有理数集 **Q**，实数集 **R**，复数集 **C** 都是域（见习题 10.8）。当然也存在有限域，在习题 10.29 中你可以研究它们的可视化凯莱图。但有限域并不是阿贝尔和伽罗瓦的工作，所以这里就不讨论了。

数集 **N** 和 **Z** 都不是域。虽然它们都满足定义 10.1 的最后一个条件，但 **N** 不满足另外两个条件，**Z** 也只满足第一个。因为在 **N** 或 **Z** 中不能做算术运算，所以如关键点 10.1 所说，本章剩下的部分将在 **Q** 中进行。

所以在 **Q** 中我们可以做算术运算，并且该运算满足了会计学、基础物理学等诸多领域的需求。在这些领域的工作中，自然而然地产生了一些问题。理发师一个月要理多少发才能挣够店铺的成本？每月支付多少钱才能在规定时间内还完贷款？给定规格的火箭逃离速度是多少？回答这些问题都需要建立在算术基础上的代数。在代数中，你用算术语言和"未知量"（如 x）把问题的要求表示成一个方程。然后，对未知量"解"这个方程。虽然符号随着时间发生了一些变化，但这项数学工作已经持续了几千年。于是你肯定觉得，现在数学家一

定知道如何求解每一个算术方程。然而事实并非如此，这就是阿贝尔和伽罗瓦所致力的问题。

该问题是关于最基本的代数方程的，其中只用到算术运算、有理数和一个表示未知量的变量（我习惯用变量 x 来表示）。我把这类方程称为"算术方程"。举个简单的例子：

$$2x + 1 = 0$$

"解"方程意味着寻找一个能代替 x 的数，使得等式成立。这个方程很容易解，在两边同时做以下算术运算即可：

减去 1：$2x = -1$

除以 2：$x = -\dfrac{1}{2}$

但更复杂的算术方程呢？即使这个简单的方程类型也包含一些相当烦琐的方程，比如下面这个：（你还可以想出更复杂的！）

$$\frac{(12 - x)\left(13 + \dfrac{x}{2}\right)}{19 - \dfrac{x+1}{x-1}} = 100 + \frac{50}{x - 9}$$

不过所有算术方程都可以被戏剧性地化简。例如，上述方程可化简为

$$x^4 + 4x^3 + 3157x^2 - 31354x + 31192 = 0$$

这仍是个棘手的问题，但有两点改进。首先，所有的分数、括号和嵌入表达式都没有了，方程看起来更整洁。其次，上述形式的方程具有悠久成熟的求解技术。

上述方程的左边是一个**多项式**。一个多项式是一系列相加的**项**，其中每项都包含一个**系数**、一个 x 和 x 的一个指数。下面是几个多项式的例子。

该项系数为4、指数为1。　　　该项系数为−1、指数为3。

该项系数为6、指数为0。

我们在写多项式时用到了指数，但指数其实并不是新的运算；因为指数总是非负整数，可以看成是重复相乘的简写。

多项式的一般形式是

$$a_n x^n + a_{n-1} x^{n-1} + \cdots + a_2 x^2 + a_1 x + a_0$$

其中 a_i 是系数，n 是 x 的最高次数，称为多项式的次数。上面三个多项式的次数从左到右依次是 1、2、8。正如例子所显示的，除 a_n 外，其他系数可能是零。

习题 10.4 要求你证明，任何算术方程都能化简成一边是多项式另一边是零的形式。为了更好地熟悉这一事实，你现在就可以试着做一下这个习题。因为有了这个化简，求解一个多项式等于零的方程的方法就可用于求解任何算术方程。这一点非常重要，所以为了强调，我把它作为第二个关键点。

关键点 10.2　一个多项式等于零的方程的求解方法可用于求解任何算术方程，因为任何算术方程都可化简成这种形式。

因此，我将集中关注这类使一个多项式等于零的方程（称为**多项式方程**）。多项式方程的解称为该多项式的**根**。因为方程来源于算术，所以它们的系数都是有理数。次数为 1 的多项式（如定义 10.1 后面的那个）称为线性多项式。次数为 2 的多项式称为二次多项式，学过代数的学生都学过用二次求根公式来解

179

它们。这个公式说，任意方程 $ax^2 + bx + c = 0$ 有两个解，写成一个公式就是

$$x = \frac{-b \pm \sqrt{b^2 - 4ac}}{2a}$$

二次求根公式至少在十二世纪已经为人所知了。尽管初等代数对多项式方程的研究通常止于二次求根公式，但是数学家的好奇心并没有就此停止，尤其是在知道了多项式方程的重要性（关键点 10.2 所述）之后。在十六世纪，吉罗拉莫·卡尔达诺（Girolamo Cardano）发表了一个求解三次方程的公式。三次方程由三次多项式组成，其一般形式为

$$ax^3 + bx^2 + cx + d = 0$$

尽管三次求根公式比二次求根公式要长一些，但它并没有涉及新的概念。与二次求根公式一样，三次求根公式只用了算术运算和根号。二次公式只包含平方根，而三次公式包含平方根和立方根，不过这两种根都能写成根号的形式。二次公式找到了两个解，而三次公式找到了三个。

数学的脚步继续前行。在同一个世纪，洛多维科·法拉利（Lodovico Ferrari）找到了一种求解任何四次多项式方程的方法，得到的解也只包含算术运算和根号（这种情况下，有时是四次根）。虽然这个公式也很长，但它找到了任意四次多项式方程的四个解。

多项式方程的战场看起来进展顺利，但这正是它停止的地方。尽管后来一些数学家也开发了一些求解某些类型的五次多项式方程的公式，但是没有找到能解决每个五次方程的方法。事实上，有些五次多项式，如 $x^5 + 10x^4 - 2$，没人能找到它们的解。这就到了我在本章第一页就提出的大问题。

关键点 10.3 阿贝尔和伽罗瓦的工作回答了"五次多项式方程是否存在求根公式？"这个大问题。

1824 年，22 岁的阿贝尔发现了一个特殊的五次多项式，并证明了仅用算术运算和根号不能求解它。这个方程不是没有解，而是算术运算和根式无法表示出它的解。换句话说，能够写出 1～4 次多项式方程的解的语言不足以写出 5 次多项式方程的解。

当一个多项式的根能用算术运算和求根符号写出时，通常称它是"可解的"或"有根式解"，否则称为"不可解的"或"无根式解"。不久之后，在阿贝尔的启示下，19 岁的天才伽罗瓦引入了群论来精确判断哪些多项式有根式解。本章就是关于群论在这项工作中的作用的。由于下面所有的内容都依赖于阿贝尔和伽罗瓦对大问题的回答，所以我在下一个关键点中详细地重述了他们的回答。

关键点 10.4 算术运算和根式被用于表示 1～4 次多项式方程的求根公式，但不能用于表示 5 次多项式方程的求根公式。

10.2 更多大问题

图 10.1 告诉我们算术运算可以扩大数系，首先扩大到整数然后扩大到有理数。代数也可以扩大我们的视野，因为代数的基本运算、解方程经常引入数的新类型。解一个简单的线性方程只会得到有理数，而不会产生其他数，如定义 10.1 后的例子。但求解二次方程通常要取平方根。

有些有理数的平方根是有理数，例如 $\sqrt{\dfrac{9}{4}} = \dfrac{3}{2}$，但并不是所有的都如此。$\sqrt{2}$ 在实数域 $\mathbb{R}$ 内，而在 $\mathbb{Q}$ 之外。另外，一些二次方程的解甚至不是实数，比如 $x^2 - 2x + 2 = 0$。利用二次求根公式得到的解是

$$x = \frac{2 \pm \sqrt{4-8}}{2} = \frac{2 \pm 2\mathrm{i}}{2} = 1 \pm \mathrm{i}$$

求解这样一个简单的整系数多项式方程把我们带到了 $\mathbb{R}$ 之外，而进入到复数集 $\mathbb{C}$。（这里 i 是 $\sqrt{-1}$ 的简写，所以 $\sqrt{-4} = \mathrm{i}\sqrt{4} = 2\mathrm{i}$。）下面我们回忆一下 $\mathbb{Q}$、$\mathbb{R}$ 和 $\mathbb{C}$ 的区别。

有理数能写成两个整数 a、$b(b \neq 0)$ 的比 $\dfrac{a}{b}$。$\mathbb{Q}$ 的另一种（等价）定义就是小数形式为有限数或循环数的那些数。许多实数都不属于这两类，因而是无理数。表 10.1 列出了一些有理数和无理数的例子。要超越 $\mathbb{R}$，需引入所谓的虚数 i，它满足等式 $\mathrm{i}^2 = -1$。就像算术使孩子对数系的认识从 $\mathbb{N}$ 扩大到 $\mathbb{Z}$ 再到 $\mathbb{Q}$ 一样，代数使学生对数系的认识从 $\mathbb{Q}$ 扩大到 $\mathbb{R}$ 再到 $\mathbb{C}$，图 10.2 演示了这一点（严格地说，解多项式方程不能得到每一个实数，这里我一笔略过了。）

表 10.1　实数能写成小数的形式，其中包括许多不同的类型。
本表列出了一些具有代表性的有理数和无理数

实数的小数形式			
有理数		无理数	
有限数	循环数	非循环数	不规则的数
1.612	$\dfrac{1}{3} = 0.3333\cdots$	1.2345678910$\cdots$	$\pi \approx 3.14159\cdots$
5.0	$\dfrac{100}{11} = 9.0909\cdots$	0.101001000$\cdots$	$e \approx 2.71828\cdots$
19.32651	$\dfrac{1}{7} = 0.142857\cdots$	0.1223334444$\cdots$	$\sqrt{2} \approx 1.41421\cdots$

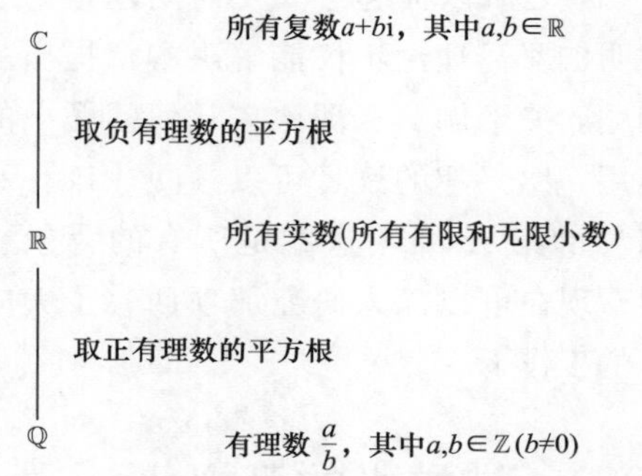

无理数中与大问题最相关的是平方根、立方根和其他方根。如果能取平方根，就可以用二次公式解任何二次方程。如果能取立方根，就可以用三次公式解任何三次方程。如果能取四次方根，就可以用四次公式解任何四次方程。你可以看出，如果认为可利用五次方根写出一个公式解五次多项式方程，那是多么想当然的事。然而阿贝尔和伽罗瓦对大问题的答案却是否定的。就在五次这个点上，根式对解多项式方程失效了。

$\mathbb{C}$　　所有复数 $a+bi$，其中 $a,b \in \mathbb{R}$

取负有理数的平方根

$\mathbb{R}$　　所有实数（所有有限和无限小数）

取正有理数的平方根

$\mathbb{Q}$　　有理数 $\dfrac{a}{b}$，其中 $a,b \in \mathbb{Z}(b \neq 0)$

图 10.2　体现包含关系的哈斯图，其中域 $\mathbb{Q}$ 在域 $\mathbb{R}$ 中，$\mathbb{R}$ 在 $\mathbb{C}$ 中。

这提示我们要从新的视角来看大问题，要对求根和解多项式方程这两种运算的异同进行对比。图 10.3 显示了从 $\mathbb{Q}$ 出发的两种运算，并问它们的终点是否不同。

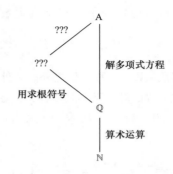

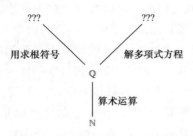

图 10.3　大问题归结为从 $\mathbb{Q}$ 出发的两种运算的对比，一种是求根，一种是解多项式方程。每一种运算都得到什么，它们之间有怎样的关系？

我们可以从两方面改进这个图。首先，不难看出，每个根都是某个多项式方程的解。任何 $\sqrt[n]{a}$ 都是 $x^n - a = 0$ 的解。所以我应该重画图 10.3，以表明左上方的未知域包含于右上方的未知域。第二，某些实数和复数不是任何代数方程的解，这样的数称为**超越数**，那些是多项式方程解的数称为**代数数**。π 和 e 都是众所周知的超越数。于是，我们知道，图 10.3 中的两个未知域都不是全部的 $\mathbb{R}$ 或 $\mathbb{C}$。图 10.4 是一个更准确的版本，其中 A 代表代数数。

图 10.4 把大问题表述为两个基本运算的相对力量。根式的引入对 $\mathbb{Q}$ 的超越程度与解多项式方程一样吗？或者说，多项式能否仅用算术运算和根式来解？大问题就是关于这两个基本数学运算之间的关系的。

用这种方式叙述大问题，显示出它与其他大数学问题的相似性，因而引出

图 10.4　图 10.3 的一个升级版本，其中用 A 代表代数数，并认识到每个 $\sqrt[n]{a}$ 是代数数。

了本节的标题。古希腊人在几何领域提出过三个著名的问题：能否用几何的基本操作（即用直尺和圆规）化圆为方，立方倍积，三等分角？你可以看出它们与大问题的相似性，每个都是某种操作后能走多远的问题。由于代数和几何的紧密关系，这三个问题也能用伽罗瓦理论来回答。这就是我最后的关键点。

关键点 10.5　当分析超出 $\mathbb{Q}$ 而到达新域的操作时，伽罗瓦理论是有用的。大问题可以用伽罗瓦理论来回答，数学中的一些其他历史问题也可以。

我之所以提起三大几何问题是为了说明伽罗瓦理论不仅能解决本章提出的问题。关于伽罗瓦理论在几何问题上的应用，感兴趣的读者可以参阅 [11] 和 [1] 的第 13 章。这就是所有的背景材料，现在可以深入研究那项回答了大问题的工作了。

10.3　域扩张的可视化

有两种图将在本章发挥重要作用。

我用形如图 10.4 的图说明和比较能到达 **Q** 外的运算。这样的图实际上是一种哈斯图。在第 6.6.3 小节，我们用哈斯图阐述过一个群的子群之间的关系。竖直的线把较小的子群（图中较低处）向上连接到较大的子群（图中较高处）。现在，我用哈斯图来演示 **Q** 扩张后得到的域之间的关系，竖直的线或斜线仍表示包含关系。

本章第二种重要的可视化技术基于所有复系数多项式的根全部在复数域中这一事实。由于这个原因，**C** 被称为**代数闭域**，意思是解方程的运算绝对不会超越它。因此，本章所有的数和域都在 **C** 内，可视化域 **C** 的方法将使我们能够可视化任意的数和域。

习题 10.8 将引导你证明任意复数都能写成 $a + bi$ 的形式，其中 a 和 b 为实数。这里有一些这种形式的复数。

$$1 + i \qquad 6 - 2i \qquad 3\frac{1}{2} + \frac{9}{11}i \qquad \sqrt{2} + \sqrt{3}i$$

因为复数具有这种两部结构，所以我们可以用我们熟悉的二维坐标平面来表示复数，把 $a + bi$ 标记在点 (a, b) 处。图 10.5 显示了一些复数在复平面上的位置。由于后面很多图都依赖于这个可视化技术，所以请花点时间来确保你理解了这个技术。注意 x 轴是实轴。

我们可以用图 10.5 这样的图来可视化多项式方程的解，把一个多项式所有的根放在一个图上。图 10.6 给出了四个例子，分别对应于四个不同的多项式。从图 10.6 中你能发现什么模式吗？有一件有趣的事需要注意，那就是一个多项式是否可解与它写在纸上的形式多么复杂没有关系。我之前说过看似简单的多项式 $x^5 + 10x^4 - 2$ 是不可解的，而图 10.6 右下方那个较长的五次多项式是可解的，它的解都列在那儿了。

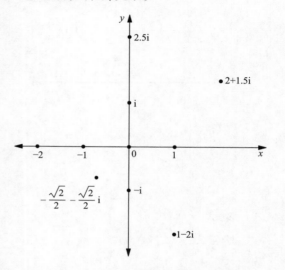

图 10.5　作为复平面上的点的复数。注意所有的实数都在 x 轴上，i 的所有实倍数都在 y 轴上。

还有一个更重要的模式，你可能已经发现了，那就是图 10.6 中根集合具有一定的对称性。每个根集都是它自身关于 x 轴的镜面反射，因此竖直翻转将保持根集的形状。看出多项式根集的对称性是伽罗瓦理论的第一步。下面的定义将帮我们证明这个镜面对称出现在任意多项式的根集中。

定义 10.2（复共轭）　对任意复数 $a + bi$，我们称 $a - bi$ 是它的复共轭（或简称共轭）。若 c 为任意复数，则用 $\bar{c}$ 表示它的复共轭。

例如，$1 + i$ 和 $1 - i$ 互为共轭，可以写为 $\overline{1 + i} = 1 - i$。如果令 $c = \frac{\sqrt{2}}{2} + \frac{\sqrt{2}}{2}i$，即

多项式: x^2-2x+2

根: $1\pm i$

多项式: $12x^3-44x^2+35x+17$

根: $-\dfrac{1}{3},2\pm\dfrac{1}{2}i$

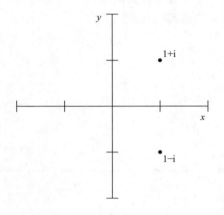

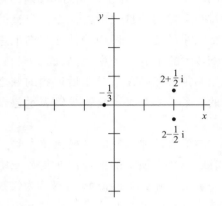

多项式: x^4+1

根: $\pm\dfrac{\sqrt{2}}{2}\pm\dfrac{\sqrt{2}}{2}i$

多项式: $8x^5-28x^4-6x^3+83x^2-117x+90$

根: $-2,\dfrac{3}{2},3,\dfrac{1}{2}\pm i$

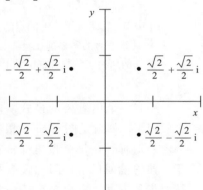

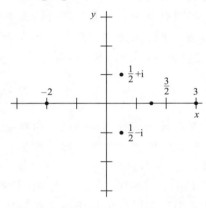

图 10.6　四个（次数从 2 到 5）可解多项式的根集合在复平面上的分布。

图 10.6 左下方多项式的四个根之一，那么 $\bar{c}=\dfrac{\sqrt{2}}{2}-\dfrac{\sqrt{2}}{2}i$。注意，该多项式的四个根并不都互为共轭。

$$\bar{c}\neq-\dfrac{\sqrt{2}}{2}+\dfrac{\sqrt{2}}{2}i\ \text{且}\ \bar{c}\neq-\dfrac{\sqrt{2}}{2}-\dfrac{\sqrt{2}}{2}i$$

复共轭只把虚部反号，因此是原来的点竖直翻转后的版本。实数是其自身的复共轭，例如 $\bar{6}=6$ 和 $\bar{0}=0$。

定理 10.3　（复共轭根定理）如果 r 是一个多项式的根，那么它的共轭 $\bar{r}$ 也是该多项式的根。因此，每个多项式的根集在复平面上关于 x 轴镜面对称。

证明　任取多项式

$$a_nx^n+a_{n-1}x^{n-1}+\cdots+a_2x^2+a_1x+a_0$$

如果 r 是它的一个根，那么把 r 代入到该

多项式等于零，

$$a_n r^n + a_{n-1} r^{n-1} + \cdots + a_2 r^2 + a_1 r + a_0 = 0$$

由这个假设，我将证明 $\bar{r}$ 也是一个根。这需要几个步骤，但每步都只涉及基本代数。对上式两端同时取复共轭，得

$$\overline{a_n r^n + a_{n-1} r^{n-1} + \cdots + a_2 r^2 + a_1 r + a_0} = 0$$

因为 $\bar{0} = 0$。现在我要化简左端那个长的和式的共轭。因此，我要先证明复数和的共轭可分解成每一项的共轭的和，即下面的等式

$$\overline{(a+bi) + (c+di)} = \overline{a+bi} + \overline{c+di}$$

这是不难证明的，应用定义 10.2 和一些简单的代数可得等式两边相等。

$$\overline{(a+bi) + (c+di)} = \overline{(a+c) + (b+d)i}$$
$$= (a+c) - (b+d)i$$
$$\overline{a+bi} + \overline{c+di}$$
$$= a-bi+c-di = (a+c) - (b+d)i$$

应用这一法则化简原多项式方程，得

$$\overline{a_n r^n} + \overline{a_{n-1} r^{n-1}} + \cdots + \overline{a_2 r^2} + \overline{a_1 r} + \overline{a_0} = 0$$

这个和的每一项都是 a_i 和 r^i 乘积的共轭。为了进一步化简，我要利用下面的法则分解每个乘积上的共轭符号。

$$\overline{(a+bi)(c+di)} = \overline{(a+bi)} \cdot \overline{(c+di)}$$

习题 10.5 要你证明这个法则，这里我直接应用而不给证明了。

$$\overline{a_n}\,\overline{r^n} + \overline{a_{n-1}}\,\overline{r^{n-1}} + \cdots + \overline{a_2}\,\overline{r^2} + \overline{a_1}\,\overline{r} + \overline{a_0} = 0$$

因为每个系数 a_i 是实数，其共轭就是它自身，所以等式进一步化简为

$$a_n \overline{r^n} + a_{n-1} \overline{r^{n-1}} + \cdots + a_2 \overline{r^2} + a_1 \overline{r} + a_0 = 0$$

最后，因为自然数指数只是重复的乘法，所以利用前面的乘法法则，可把这些方幂也分解，得

$$a_n \bar{r}^n + a_{n-1} \bar{r}^{n-1} + \cdots + a_2 \bar{r}^2 + a_1 \bar{r} + a_0 = 0$$

最后的等式说明了我要证明的事，即 $\bar{r}$ 是同一多项式的根。　　　□

根集的对称性也可以用群作用（见定义 9.1）来表述。上述定理告诉我们，群 C_2 通过同态 $\psi: C_2 \rightarrow Perm(S)$ 作用在任意多项式根集 S 上，其中 $\psi(1)$ 是把每个根 r 映到 $\bar{r}$ 的置换。这只是我们要在根集上寻找的对称的开始，这种对称是伽罗瓦理论的基础。要找到其他的对称，我们将需要熟知不可约多项式的概念。

10.4　不可约多项式

学代数的学生最初学到的解多项式方程的技术之一就是因式分解。例如，要求解下面的方程，我们不需要求助于二次求根公式，而可以用因式分解来代替。

$$x^2 - x - 6 = 0$$
$$(x-3)(x+2) = 0$$
$$x-3 = 0 \text{ 或 } x+2 = 0$$
$$x = 3 \text{ 或 } x = -2$$

因式分解把高次多项式分解为低次多项式的乘积。其中的低次多项式称为**因式**，因为因式次数较低，所以比较容易求解。在上面的例子中，因式是线性多项式，因而非常容易求解。另一方面，如果我们提前知道两个根 3 和 -2，那么它们就会告诉我们如何分解这个多项式，因为有两个根 a 和 b 的二次多项式必分解为 $(x-a)(x-b)$。

一般地，我们即使只知道如何找到多项式的一个有理根 r，就可以把线性多项式 $(x-r)$ 从原多项式中分解出来。例如，图 10.6 中的三次多项式

$$12x^3 - 44x^2 + 35x + 17$$

它的一个根是 $-1/3$。于是，我们可以把相应的以 $-1/3$ 为根的线性多项式 $(x+$

1/3）分解出来。为了保持系数为整数，我们也可以用 $3x+1$，它的根也是 $-1/3$。因式分解可通过多项式除法（见习题10.6）来完成，于是有

$$(3x+1)(4x^2-16x+17)$$

其中的二次因式不能再继续分解（为两个线性多项式）了，因为它的根不是有理数，而我们只考虑有理系数多项式。如果允许出现复系数，那么我们还能分解，它的根为 $2\pm i/2$，所以可分解为

$$\left(x-\left(2+\frac{1}{2}i\right)\right)\left(x-\left(2-\frac{1}{2}i\right)\right)$$

因为 $4x^2-16x+17$ 不能分解成有理系数多项式的乘积，所以我们称它是**不可约**的，或者更确切地说是**在 Q 上不可约**的。

不可约多项式是我们感兴趣的部分，因为它们的根在 Q 之外。如果一个多项式能分解成 Q 上线性多项式的乘积，比如本节的第一个例子，那么它所有的根都是因式的一部分，因而必定落在 Q 中。解这样的多项式不需要把数域扩张到 Q 之外。如果一个多项式一点都不能分解，那么它的根都不在 Q 中，求解它就需要扩张到包含根的数域。当然，除这两类极端之外也存在其他的多项式，比如我们刚才考虑过的那个，它的一个根在 Q 中，但要找到另外两个根我们就必须转移到 Q 之外。

对 Q 之外的根，我们需要用（除算术运算和自然数外的）新符号来表示。于是根号被发明了。$x^2-2=0$ 没有有理数解，所以数学家创造了新符号 $\sqrt{2}$，用它来代表其平方为 2 的数，也是方程 $x^2-2=0$ 的解。

当然，对任何不可约多项式 x^2-a（$a>0$，属于 Q），我们都可以把它的根表示为 $\sqrt{a}$。我们可以把任何不可约多项式 x^n-a（对任意整数 $n>1$）的根写作 $\sqrt[n]{a}$，其中包括立方根，四次方根，等等[⊖]。根式表示了 x^n-a（$a>0$，属于 Q）这一族不可约多项式的解。

把根号与其他域运算结合，我们也可以表示这族以外的方程的解。我们已经见过，二次求根公式是一个根号与几个算术运算相结合，它可用于解任何二次多项式方程。虽然我们没见过解三次和四次方程的公式，但它们也是只用了算术运算和根号（尽管公式很长！）。所以，新符号 $\sqrt[n]{a}$ 除了解方程 $x^n=a$ 外，还有其他功能。事实上，结合了已有的算术运算后，用它可构造出所有不超过 4 次的多项式的解的公式。

现在我们开始看出导致五次方程不可解的原因了。这个便捷的符号 $\sqrt[n]{a}$ 是为了解某些不可约多项式而发明的，所以如果它不足以解所有的不可约多项式，我们也不必惊讶。事实上，或许我们应该惊讶，它竟然能用于解所有的 1～4 次多项式！这也是图 10.4 所表示的，我们知道通过在 Q 上添加根号得到的是 A 的一部分，但不是 A 的全部，这并不奇怪。

由于不可约多项式发挥着如此重要的作用，所以我们自然想要知道如何判断一个多项式是不是不可约的。然而并没有一

⊖ 多项式 x^n-a 有 n 个根，但其中只有一个是正实数，就是我们表示为 $\sqrt[n]{a}$ 的那个。详情（及其他根的形式）见习题 10.17。

个简单且对所有多项式都有效的方法，不过下面的定理能提供一些帮助。在本章我将不加证明地介绍几个群论之外的事实，下面的定理就是其中的第一个[⊖]。

定理 10.4（艾森斯坦判别法） 一个整系数多项式是不可约的，如果我们能找到一个满足下列要求的素数 p：

1. x 的最高次幂的系数不是 p 的倍数，而其他所有系数都是 p 的倍数。
2. 常数项（没有 x 的那一项）不是 p^2 的倍数。

例如，令 $p = 2$，由定理 10.4 可知，下面的多项式是不可约的。

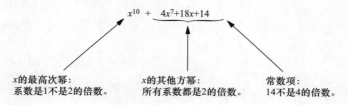

10.5 伽罗瓦群

现在到了本章真正的内容了，我将同时运用不可约多项式和群理论来分析到达 $\mathbf{Q}$ 之外的运算，比如求根。这样的运算被称为**域扩张**。我们已经在定理 10.3 中见过，这些运算具有对称性，而这些对称性可用群论来描述。

下面，我们将通过扩张 $\mathbf{Q}$ 使它恰包含一个多项式的根来研究多项式的根（及其对称性）。我先从一个简单的例子开始：$x^2 - 2$，它的两个根是 $\pm\sqrt{2}$。在我们理解了在 $\mathbf{Q}$ 中添加一个根式（本例中是 $\sqrt{2}$）的运算之后，我将继续添加更多的根式（见第 10.5.4 节），然后再添加非平方根的根式（见第 10.5.5 节）。最后，我将说明伽罗瓦如何证明了关于这些对称性的有力的且漂亮的事实。

10.5.1 一个小的域扩张：$\mathbb{Q}(\sqrt{2})$

为了求解方程 $x^2 - 2 = 0$，我必须把视野由 $\mathbf{Q}$ 扩张到多远？仅添加一个数 $\sqrt{2}$ 是不够的。我希望得到的是一个容许算术的数字系统——域。另外，我希望它是在 $\mathbf{Q}$ 以外包含 $\sqrt{2}$ 的最小的域，因为我想知道为求解方程 $x^2 - 2 = 0$ 我必须走多远。我们把这样的域称为域 $\mathbf{Q}(\sqrt{2})$，它包含 $\mathbf{Q}$ 和 $\sqrt{2}$，以及所有利用算术运算由 $\sqrt{2}$ 能得到的数。例如，下面的数都属于 $\mathbf{Q}(\sqrt{2})$：

$$-\sqrt{2},\ 6 + \sqrt{2},\ \left(\sqrt{2} + \frac{3}{2}\right)^3,\ \frac{\sqrt{2}}{16 + \sqrt{2}}$$

即便如此，$\mathbf{Q}(\sqrt{2})$ 中的每个元素都能被简洁地写出来。尽管上面列举的一

⊖ 数学书通常不会只叙述结果而不给证明。但我介绍这个定理以及其他事实的目的并不是要向你证明它是正确的，而是向你展示它们所创造的美。如果你对这些证明感兴趣（我也希望你能如此），可以去看我在本章结尾推荐的参考书。

些数看上去并不是那么简洁（我们还可以想象更庞大的表达式，其中可以包含大量的自然数、算术运算和$\sqrt{2}$），但它们都能化简成一个相当精短的形式。例如，把立方 $(\sqrt{2}+3/2)^3$ 展开，再合并同类项（别忘了 $(\sqrt{2})^2=2$，$(\sqrt{2})^3=2\sqrt{2}$），得到一个二项形式：

$$\left(\sqrt{2}+\frac{3}{2}\right)^3 = (\sqrt{2})^3 + \frac{9}{2}(\sqrt{2})^2$$
$$+\frac{27}{4}\sqrt{2}+\frac{27}{8} = 12\frac{3}{8}+8\frac{3}{4}\sqrt{2}$$

习题 10.9 给出了一些化简 $\mathbb{Q}(\sqrt{2})$ 中其他一些表达式的技巧，有兴趣的读者现在就可以去尝试一下。该习题的结论是，$\mathbb{Q}(\sqrt{2})$ 中的任何元素都能化简成二项形式 $a+b\sqrt{2}$，a，$b\in\mathbb{Q}$。因此，$\mathbb{Q}(\sqrt{2})$ 与 $\mathbb{C}$ 非常像（$\mathbb{C}$ 中的数可以写成二项形式 $a+bi$，a，$b\in\mathbb{R}$）。

扩域中一般元素的表达式中的项数称为扩张的**次数**。我们用 $[\mathbb{Q}(\sqrt{2}):\mathbb{Q}]$ 表示 $\mathbb{Q}(\sqrt{2})$ 对 $\mathbb{Q}$ 的扩张次数，所以 $[\mathbb{Q}(\sqrt{2}):\mathbb{Q}]=2$。下面的定理对确定扩张次数非常有用。习题 10.12 要求你完成它的部分证明。

定理 10.5 一个扩张 $\mathbb{Q}(r)$ 的次数总是等于以 r 为根的不可约多项式的次数。

例如，$\mathbb{Q}(\sqrt{2})$ 是一个 2 次扩张，$\sqrt{2}$ 是 2 次不可约多项式 x^2-2 的一个根。

直接可视化扩域并不容易。在复平面的图中，$\mathbb{Q}$ 和 $\mathbb{Q}(\sqrt{2})$ 看起来都接近 $\mathbb{R}$（即 x 轴）。所以，与其在复平面上可视化域扩张，不如通过哈斯图来描述域之间的关系。图 10.7 显示出 $\mathbb{Q}(\sqrt{2})$ 比 $\mathbb{Q}$ 要

大，但比 $\mathbb{R}$ 要小。

图 10.7 域 $\mathbb{Q}(\sqrt{2})$ 比 $\mathbb{Q}$ 大，比 $\mathbb{R}$ 小，但与二者都不相等。

$\mathbb{Q}(\sqrt{2})\neq\mathbb{R}$ 意味着在 $\mathbb{Q}(\sqrt{2})$ 外还存在着其他无理数。尽管把 $\sqrt{2}$ 添加到 $\mathbb{Q}$ 的同时也添加了除了 $\sqrt{2}$ 外的许多无理数，但并没有把所有的无理数都添加进来。例如，若你做过习题 10.9，就会知道，$\sqrt{3}$ 就不属于 $\mathbb{Q}(\sqrt{2})$。既然我们已经知道了 $\mathbb{Q}(\sqrt{2})$ 包含哪些数，那么下面来看一下伽罗瓦理论是如何展示它的对称性的。

10.5.2 $\mathbb{Q}(\sqrt{2})$ 的对称性

在图 10.6 的多项式根集中，复共轭的镜面对称具有明显的可视性。但是，由于我们不是在复平面上可视化 $\mathbb{Q}(\sqrt{2})$，那么该如何度量它的对称性呢？更重要的是，在这种情况下"对称"指的是什么呢？

在第 3 章，我曾说过如果一个物体从两个不同角度看是一样的，那么它具有对称性。对于 $\mathbb{Q}(\sqrt{2})$，我们不能从视觉的角度来谈论，因为我们无法用眼睛去看这个域。因此，我们用域 $\mathbb{Q}$ 上的算术运算来代替"眼睛"。我们说，任何两个用算术方程无法区分的根"看起来是一样的"。更确切地说，在多项式根的重

排方式中，我们感兴趣的是那些保持所有等式成立的方式。

我来解释一下。多项式 $x^2 - 2$ 有两个根 $\pm\sqrt{2}$，所以我们要寻找某个群 G 对根的一个作用，$\psi: G \to Perm(\{\sqrt{2}, -\sqrt{2}\})$。因为群 $Perm(\{\sqrt{2}, -\sqrt{2}\})$ 只有两个元素，所以我们的任务很简单：或者两个根互换，此时 G 为 C_2，ψ 是一个同构映射，或者两个根保持不动，此时 G 为平凡群（无对称）。因此，群 G 是这个多项式的根的对称，称为该多项式的**伽罗瓦群**。下面是精确的定义。

定义 10.6（伽罗瓦群）如果 r_1, $\cdots$, r_n 是一个多项式所有的根，我们通过嵌入 $\psi: G \to Perm(\{r_1, \cdots, r_n\})$ 指定 G 在这些根上的一个作用，其中 ψ 的像恰好是那些算术等式察觉不到的置换，那么 G 是该多项式的伽罗瓦群。

现在的问题是：能不能用算术等式来区分两个根 $\pm\sqrt{2}$? 如果能，那么它们不能互换，这些根没有对称性。否则，它们可以互换，这些根有一个小型的对称（不过对两个事物，你也只能期望这么多的对称了）。由于算术运算不包含平方根符号，所以我在算术等式中提及根时将称它们为 r_1 和 r_2。

我们或许可以试着令 $r_1 = \sqrt{2}$，$r_2 = -\sqrt{2}$，那么有等式 $r_1 = r_2 + 2\sqrt{2}$。这样当然可以区分两个根，但不幸的是它包含了符号 $\sqrt{2}$，所以并不是 $\mathbb{Q}$ 上的等式。算术等式允许如 $r_1 r_2 = -2$ 这样的表达式，但该等式不能区分两个根。你可以以任何方式把 $\pm\sqrt{2}$ 这两个值分配给 r_1 和 r_2，而该等式总是成立的。等式 $r_1 + r_2 = 0$ 也

有相同的问题，它虽然是算术等式，但不能把两个根区分开。

我就算绞尽脑汁地去尝试，也找不到仅用算术等式来区分所有 $x^2 - 2$ 的根的方法。（第 10.5.4 节有一个支持这一点的定理。）从 $\mathbb{Q}$ 的角度看，这两个根"看起来是一样的"。因为就 $\mathbb{Q}$ 而言这两个根是可互换的，所以该多项式根的对称群 G 同构于 C_2。作用 $\psi(1)$ 互换了两个根。

10.5.3 域扩张的对称性

这种对称性从根自身扩展到整个 $\mathbb{Q}(\sqrt{2})$，因为 $\mathbb{Q}(\sqrt{2})$ 是由这两个根生成的。域 $\mathbb{Q}(\sqrt{2})$ 中的全部元素都具有 $a + b\sqrt{2}$ 的形式，于是互换 $\pm\sqrt{2}$ 把任意元素 $a + b\sqrt{2}$ 变成了 $a - b\sqrt{2}$。因为我们只是重排了根，所以 $\mathbb{Q}$ 中的元素和运算没有改变。把 $a + b\sqrt{2}$ 变为 $a - b\sqrt{2}$ 的映射互换了 $\pm\sqrt{2}$，而保持 a 和 b 不变。如果我们把 $a - b\sqrt{2}$ 看作 $a + b(-\sqrt{2})$，就可以看出加法也没有变。多项式根的任意一个重排都可扩展为由这些根生成的 $\mathbb{Q}$ 的扩域的一个对称，其中 $\mathbb{Q}$ 的元素和运算都保持不变。伽罗瓦理论就是研究根及其扩域的对称性的。

在第 8 章，我把保持一个群的运算的重排群元素的方式称为这个群的自同构。所以，这里我们也把保持一个域的运算的重排域元素的方式称为**域自同构**。如果令 $\phi: \mathbb{Q}(\sqrt{2}) \to \mathbb{Q}(\sqrt{2})$ 为上段中的映射，即 $\phi(a + b\sqrt{2}) = a - b\sqrt{2}$，那么 ϕ 确实保持了 $\mathbb{Q}$ 的运算，因为它对任意 $a, b \in \mathbb{Q}(\sqrt{2})$，都满足下列两个等式（见习题 10.15。）

$$\phi(a+b) = \phi(a) + \phi(b),$$
$$\phi(a \cdot b) = \phi(a) \cdot \phi(b)$$

ϕ 除了是域自同构之外，还保持 **Q** 的元素不变。与我们将要研究的所有的多项式根的对称一样，它只重排了 **Q** 以外的数。我们称 ϕ 保持 **Q** 不动或 ϕ **固定了 Q**。

复共轭是另一个固定 **Q** 的域自同构

（回忆定理 10.3。）。注意复共轭与映射 ϕ 是多么相似，它把 $a + bi$ 映射到 $a - bi$。图 10.8 用两种方式展现了复共轭，左边是作为一个多项式的根的置换，右边是作为一个域自同构。如图所示，两种看待该作用的方式都具有很自然的可视化效果。

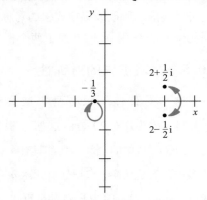

复共轭通过下面的置换作用在多项式
$12x^3-44x^2+35x+17$ 的根上。

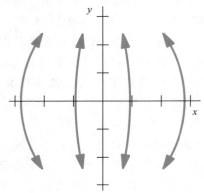

复共轭是 **ℂ** 的一个自同构，可看作是关于 x 轴的竖直翻转。

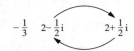

图 10.8　描绘复共轭的两种方式，左边是作为多项式 $12x^3 - 44x^2 + 35x + 17$ 的根的一个置换，右边是作为 **ℂ** 的一个固定 **ℝ**（因此固定 **Q**）的自同构。

然而，并不是所有的域自同构都能在复平面上画出来。例如，互换两个根 $\pm\sqrt{2}$ 的置换容易画出来，如图 10.9 所示，而对应的 **Q**$(\sqrt{2})$ 的自同构 ϕ 却不能清楚地画出来。原因在于 ϕ 不能保证数的彼此靠近。比如，它把 $\sqrt{2}$ 映到 $-\sqrt{2}$，而有理数 $\dfrac{7}{5}$ 非常靠近 $\sqrt{2}$，但它却是保持不变的。同样的问题发生在整个 x 轴上，于是没有一个像图 10.8 中的翻转那样的几何操作能够表示 ϕ。因为这个原因，我一

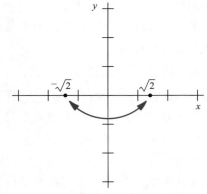

图 10.9　互换 $x^2 - 2$ 的两个根 $\pm\sqrt{2}$ 的置换，由它扩张成的 **Q**$(\sqrt{2})$ 的自同构不易被可视化。

般把多项式根的对称性作为根的置换来讨论，比如定义 10.6，并且我把这些置换描绘成图 10.9。

伽罗瓦理论是关于对称群的计算和应用的。我们把 C_2 作为 $x^2 - 2$ 的伽罗瓦群，定义作用的同态 $\psi : C_2 \rightarrow Perm(\{\sqrt{2}, -\sqrt{2}\})$ 是一个同构。通常，"伽罗瓦群"这个术语的使用比较随意，有时也指同态 ψ 的像（一个置换群），有时指对应的自同构群。因为这三个群是同构的（因为 ψ 是一个嵌入），所以这一点不严格并不打紧。

在第 10.6 节，我们将用一个多项式的伽罗瓦群来判断该多项式是否有根式解。但在此之前，我们要再计算两个伽罗瓦群，以加深对它的理解。

10.5.4 $\mathbb{Q}(\sqrt{2}, \sqrt{3})$ 的对称性

我曾说过 $\sqrt{3}$ 不属于 $\mathbb{Q}(\sqrt{2})$，不过用另一个域扩张把 $\sqrt{3}$ 添加到 $\mathbb{Q}(\sqrt{2})$，会得到一个更大的伽罗瓦群，这将是一个很好的例子。这次，我们扩张的不是域 $\mathbb{Q}$，而是域 $\mathbb{Q}(\sqrt{2})$。我们可以把它表示为 $\mathbb{Q}(\sqrt{2})(\sqrt{3})$ 以显示出两步扩张，也可以采用更常见的简写形式 $\mathbb{Q}(\sqrt{2}, \sqrt{3})$。

因为 $\sqrt{3}$ 是一个二次多项式的根，所

以我们可能猜测这是 $\mathbb{Q}(\sqrt{2})$ 的一个二次扩张。这意味着它应该包含形如 $a + b\sqrt{3}$ 的元素，其中 a，b 属于 $\mathbb{Q}(\sqrt{2})$，而不是 $\mathbb{Q}$（即 a 和 b 都是 $c + d\sqrt{2}$ 的形式，其中 c，$d \in \mathbb{Q}$）。习题 10.11 将证明的确是这样的。因此，$\mathbb{Q}(\sqrt{2}, \sqrt{3})$ 的元素看起来都是

$$(a + b\sqrt{2}) + (c + d\sqrt{2})\sqrt{3}$$

的样子，其中 a，b，c，$d \in \mathbb{Q}$。把这个形式展开，得

$$a + b\sqrt{2} + c\sqrt{3} + d\sqrt{6}$$

这是一个代表 $\mathbb{Q}(\sqrt{2}, \sqrt{3})$ 的元素的四项表达式，其中系数来自 $\mathbb{Q}$。所以，$\mathbb{Q}(\sqrt{2}, \sqrt{3})$ 是 $\mathbb{Q}(\sqrt{2})$ 的二次扩张，但却是 $\mathbb{Q}$ 的四次扩张。即

$$[\mathbb{Q}(\sqrt{2}, \sqrt{3}) : \mathbb{Q}(\sqrt{2})] = 2$$

因为我们是把 $\sqrt{3}$ 作为二次方程 $x^2 - 3 = 0$ 的解添加到了 $\mathbb{Q}(\sqrt{2})$，但是

$$[\mathbb{Q}(\sqrt{2}, \sqrt{3}) : \mathbb{Q}] = 4$$

这体现出下面的定理所阐述的模式。

定理 10.7 连续扩张使扩张次数相乘

$$[\mathbb{Q}(a, b) : \mathbb{Q}] = [\mathbb{Q}(a, b) : \mathbb{Q}(a)][\mathbb{Q}(a) : \mathbb{Q}]$$

这个定理最好用图来说明一下，如图 10.10 所示。在最下面的是域 $\mathbb{Q}$，我们把 $\sqrt{2}$ 添加进来后提升到 2 次扩域 $\mathbb{Q}(\sqrt{2})$，

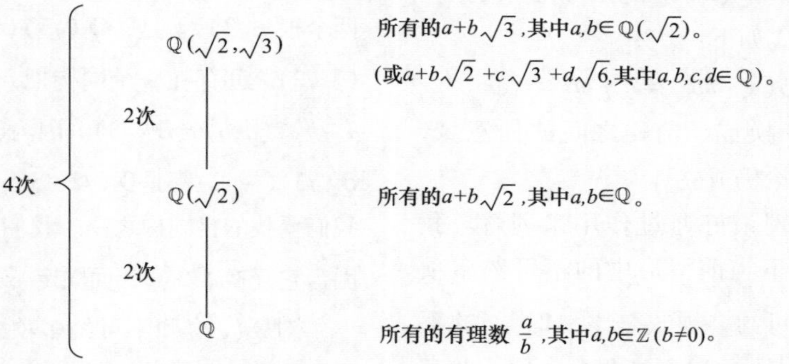

所有的 $a + b\sqrt{3}$，其中 $a, b \in \mathbb{Q}(\sqrt{2})$。

（或 $a + b\sqrt{2} + c\sqrt{3} + d\sqrt{6}$，其中 $a, b, c, d \in \mathbb{Q}$）。

所有的 $a + b\sqrt{2}$，其中 $a, b \in \mathbb{Q}$。

所有的有理数 $\dfrac{a}{b}$，其中 $a, b \in \mathbb{Z}$（$b \neq 0$）。

图 10.10 用 $\sqrt{2}$ 对 $\mathbb{Q}$ 进行 2 次扩张，再用 $\sqrt{3}$ 进行 2 次扩张，得到 4 次扩张 $\mathbb{Q}(\sqrt{2}, \sqrt{3})$。

再添加 $\sqrt{3}$ 提升到 4 次扩域 $\mathbf{Q}(\sqrt{2},\sqrt{3})$。整个扩张 $\mathbf{Q}(\sqrt{2},\sqrt{3})$ 是一个 4 次扩张，因为它是两个连续的 2 次扩张，$2\cdot 2=4$。

根据元素的一般形式 $a+b\sqrt{2}+c\sqrt{3}+d\sqrt{6}$，我们也可以用其他方式得到域 $\mathbf{Q}(\sqrt{2},\sqrt{3})$，这些方式都是有意义的。习题 10.11 要求你证明，除了图 10.10 中的两步扩张 $\mathbf{Q}(\sqrt{2},\sqrt{3})$ 外，下列任何一个两步扩张也都得到同一个域。

$$\mathbf{Q}(\sqrt{3},\sqrt{2}),\ \mathbf{Q}(\sqrt{2},\sqrt{6}),\ \mathbf{Q}(\sqrt{6},\sqrt{2}),$$
$$\mathbf{Q}(\sqrt{3},\sqrt{6}),\ \mathbf{Q}(\sqrt{6},\sqrt{3})$$

我用图 10.11 来解释这一点，该图列出了 $\mathbf{Q}$ 与 $\mathbf{Q}(\sqrt{2},\sqrt{3})$ 之间所有的中间域。

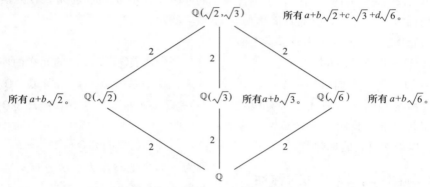

图 10.11　从 $\mathbf{Q}$ 到 $\mathbf{Q}(\sqrt{2},\sqrt{3})$ 的几个路径。每条线上都标出了扩张的次数。

扩张 $\mathbf{Q}(\sqrt{2},\sqrt{3})$ 的伽罗瓦群可看作所有固定 $\mathbf{Q}$ 的 $\mathbf{Q}(\sqrt{2},\sqrt{3})$ 的自同构。下面的定理能帮我们找出这些同构。

定理 10.8　任取 $\mathbf{Q}$ 上的一个不可约多项式，设 r_1、r_2 是它的任意两个根。

1. 存在一个把 r_1 替换为 r_2 但固定 $\mathbf{Q}$ 的同构 $\phi:\mathbf{Q}(r_1)\rightarrow\mathbf{Q}(r_2)$。例如，在 2 次扩张中，$\phi$ 的形式如下：

$$\phi(a+br_1)=a+br_2$$

2. 如果把 $\mathbf{Q}$ 换成 $\mathbf{Q}$ 与 $\mathbf{C}$ 之间的任意域，那么上述结论仍成立。

这个定理最好通过作用来理解。我们来评估一下当前情形中的不可约多项式。$\sqrt{2}$ 的不可约多项式是 x^2-2，$\sqrt{3}$ 的不可约多项式是 x^2-3。这两个多项式共有四个根 $\pm\sqrt{2}$，$\pm\sqrt{3}$。以这四个数为根的

多项式是 $(x^2-2)(x^2-3)$，或写成 x^4-5x^2+6，但它不是不可约的；而定理 10.8 考虑的是不可约多项式。

定理 10.8 是关于同构的，我们要找的是自同构，定理的第（2）部分解决了这个区别。由定理 10.8（2），可用 $\mathbf{Q}(\sqrt{3})$ 替换 $\mathbf{Q}$，我首先考虑不可约多项式 x^2-2，它有两个根 $\pm\sqrt{2}$。于是，$\mathbf{Q}(\sqrt{3})(\sqrt{2})$ 与 $\mathbf{Q}(\sqrt{3})(-\sqrt{2})$ 之间存在一个同构把 $a+b\sqrt{2}$ 映射到 $a-b\sqrt{2}(a,b)\in\mathbf{Q}(\sqrt{3})$。因为 $\mathbf{Q}(\sqrt{3})(\sqrt{2})$ 与 $\mathbf{Q}(\sqrt{3})(-\sqrt{2})$ 都是 $\mathbf{Q}(\sqrt{2},\sqrt{3})$，所以这就是我们要找的自同构之一。我们把它记为 ϕ_2，因为它互换了 $\pm\sqrt{2}$，而固定了 $\pm\sqrt{3}$。

对 $\mathbf{Q}(\sqrt{2})$ 和不可约多项式 x^2-3 应用同一个定理，也得到 $\mathbf{Q}(\sqrt{2},\sqrt{3})$ 的一个自同构，这个自同构互换了 $\pm\sqrt{3}$ 而固定了

$\pm\sqrt{2}$，我们把它记为 ϕ_3。我们可以推导

$$\phi_2(\sqrt{6}) = \phi_2(\sqrt{2}\cdot\sqrt{3})$$
$$= \phi_2(\sqrt{2})\cdot\phi_2(\sqrt{3})$$
$$= -\sqrt{2}\cdot\sqrt{3}$$
$$= -\sqrt{6}$$

用类似的步骤可得下列两个事实，从而确定 ϕ_2 和 ϕ_3 对 $\mathbf{Q}(\sqrt{2},\sqrt{3})$ 的元素如何运算：

$$\phi_2(a+b\sqrt{2}+c\sqrt{3}+d\sqrt{6}) = a-b\sqrt{2}+c\sqrt{3}-d\sqrt{6}$$
$$\phi_3(a+b\sqrt{2}+c\sqrt{3}+d\sqrt{6}) = a+b\sqrt{2}-c\sqrt{3}-d\sqrt{6}$$

　　ϕ_2 和 ϕ_3 结合起来就生成了 $\mathbf{Q}(\sqrt{2},$ $\sqrt{3})$ 的伽罗瓦群。显然，ϕ_2 是一个 2 阶元，因为它只互换了两个域元素，同理，ϕ_3 也是 2 阶的。那么它们的乘积呢？

出 ϕ_2 和 ϕ_3 是如何处理 $\sqrt{6}$ 的。

因为 $\sqrt{6}=\sqrt{2}\cdot\sqrt{3}$

因为 ϕ_2 保持乘法运算

因为 ϕ_2 互换 $\pm\sqrt{2}$ 固定 $\pm\sqrt{3}$

$$\phi_2(\phi_3(a+b\sqrt{2}+c\sqrt{3}+d\sqrt{6}))$$
$$= \phi_2(a+b\sqrt{2}-c\sqrt{3}-d\sqrt{6})$$
$$= a-b\sqrt{2}-c\sqrt{3}+d\sqrt{6}$$

　　沿着这个思路继续下去，将揭示出这四个自同构 $\{e,\phi_2,\phi_3,\phi_2\phi_3\}$ 构成一个群，其乘法表和凯莱图如图 10.12 所示。这个群同构于 V_4，它在四个根上的作用如图 10.13 所示。

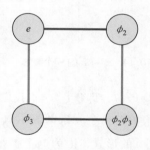

	e	ϕ_2	ϕ_3	$\phi_2\phi_3$
e	e	ϕ_2	ϕ_3	$\phi_2\phi_3$
ϕ_2	ϕ_2	e	$\phi_2\phi_3$	ϕ_3
ϕ_3	ϕ_3	$\phi_2\phi_3$	e	ϕ_2
$\phi_2\phi_3$	$\phi_2\phi_3$	ϕ_3	ϕ_2	e

图 10.12　扩域 $\mathbf{Q}(\sqrt{2},\sqrt{3})$ 的伽罗瓦群的乘法表和凯莱图。

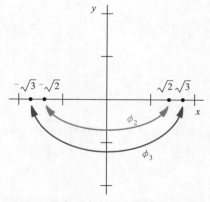

图 10.13　V_4 在 x^4-5x^2+6 的根上的作用。设 $V_4=\langle h,v\rangle$，同态 $\psi:V_4\to Perm(\{\sqrt{2},-\sqrt{2},$ $\sqrt{3},-\sqrt{3}\})$ 指出了该作用。

　　定理 10.8 帮我们找到了这个伽罗瓦群，也体现出不可约多项式的重要性。它指出，存在一个把不可约多项式的任一根映射为其余任一根的自同构，从而说明了 $\mathbf{Q}$ 不能识别不可约多项式的不同根。换句话说，关于一个不可约多项式的根，我们用 $\mathbf{Q}$ 的语言能做出的最详尽的陈述是它使该多项式等于零。

10.5.5　$\mathbb{Q}(\sqrt[3]{2})$ 的对称性

　　最后一个伽罗瓦群的例子是 x^3-2。显然，$\sqrt[3]{2}$ 是它的一个根。你如果做了习题 10.17，就会知道还有另外两个根，

$$\frac{\sqrt[3]{2}}{2}(-1+\sqrt{3}i) \text{ 和 } \frac{\sqrt[3]{2}}{2}(-1-\sqrt{3}i)$$

我在图 10.14 中画出了这三个根，并把它们简记为 r_1、r_2 和 r_3。

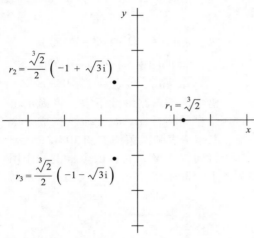

图 10.14　x^3-2 的三个复根。

考虑 $\mathbb{Q}(r_1)$，即 $\mathbb{Q}(\sqrt[3]{2})$。我们不能期望把这个域的每个元素都表示成 $a+b\sqrt[3]{2}\,(a,b\in\mathbb{Q})$ 的形式，因为这个扩张是 3 次的。事实上，上述形式的元素相乘不能得到另一个同形式的元素

$$(a+b\sqrt[3]{2})(c+d\sqrt[3]{2})$$
$$=ac+(bc+ad)\sqrt[3]{2}+bd(\sqrt[3]{2})^2$$

我们还需要一项 $(\sqrt[3]{2})^2$，所以 $\mathbb{Q}(\sqrt[3]{2})$ 的元素的一般形式是

$$a+b\sqrt[3]{2}+c(\sqrt[3]{2})^2$$

因此，$\mathbb{Q}(r_1)$ 并不包含 r_2 或 r_3，因为 $\mathbb{Q}(\sqrt[3]{2})$ 在实数域中，而 r_2 和 r_3 都不是实数。所以，这个情形与我们之前见过的 2 次的情形非常不一样，在二次扩张的情形中，只要添加不可约多项式的一个根，另一个根就会自动添加进来。要包含 x^3-2 所有的根需要另一个域扩张。

我把其中的部分细节留给了习题 10.18，该习题要求你验证

$$\mathbb{Q}(r_1,r_2)=\mathbb{Q}(r_1,r_3)=\mathbb{Q}(r_2,r_3)$$
$$=\mathbb{Q}(r_1,r_2,r_3)$$

以及这个域中的元素具有六项形式

$$a+b\sqrt[3]{2}+c(\sqrt[3]{2})^2+d\sqrt{3}i+$$
$$e\sqrt[3]{2}\sqrt{3}i+f(\sqrt[3]{2})^2\sqrt{3}i$$

这个六项表达式说明 $\mathbb{Q}(r_1,r_2,r_3)$ 是 $\mathbb{Q}$ 的一个 6 次扩张，是 $\mathbb{Q}(r_1)$ 的 2 次扩张。这些域之间的详细关系（在习题 10.18 的基础上）如图 10.15 所示。尽管 $\sqrt{3}i$ 不是 x^3-2 的根，但是哈斯图包含 $\mathbb{Q}(\sqrt{3}i)$，因为 $\sqrt{3}i$ 可由 r_1、r_2 和 r_3 通过算术运算得到。这一点从上面的六项表达式很容易看出，只需令除 d 外的所有系数都等于 0 就得到了 $\sqrt{3}i$。因此，$\mathbb{Q}(\sqrt{3}i)$ 是 $\mathbb{Q}$ 与 $\mathbb{Q}(r_1,r_2,r_3)$ 之间的一个中间域。

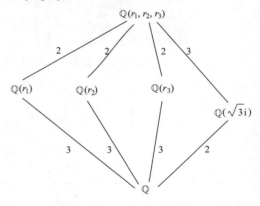

图 10.15　用 x^3-2 扩张 $\mathbb{Q}$ 所得的扩域间的
关系。与图 10.11 一样，每条线上
都标出了扩张的次数。

当一个扩张包含一个不可约多项式所有的根时，我们称它为**正规扩张**。所以 $\mathbb{Q}(r_1)$ 不是正规扩张，而 $\mathbb{Q}(r_1,r_2,r_3)$ 是正规扩张。在计算正规扩张的伽罗瓦

群时，我们得到了下面这个有用的定理。

定理 10.9 正规扩张的次数等于其伽罗瓦群的阶。

这个定理使得计算$\mathbb{Q}(r_1, r_2, r_3)$的伽罗瓦群变得十分容易。因为共有三个根，所以这个伽罗瓦群（这些根的置换）必同构于S_3的某个子群。由定理 10.9 可知，该伽罗瓦群的阶等于扩张的次数 6，所以可以推出它必为整个S_3。同态ψ：$S_3 \to Perm(\{r_1, r_2, r_3\})$指出了该伽罗瓦群是如何作用在这些根上的，这是一个同构。图 10.16 描绘了它的作用。

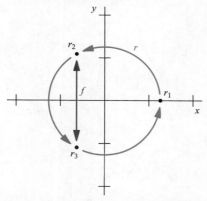

图 10.16 S_3 在 $x^3 - 2$ 的根上的作用。

我们的伽罗瓦群之旅到此结束。下面该看看这些工具的用途了：判断哪些多项式是可解的。下一节将介绍伽罗瓦理论的两个核心定理，利用这两个定理，我们将证明五次多项式没有求根公式。

10.6 伽罗瓦理论的核心

图 10.15 是一个哈斯图，显示了$\mathbb{Q}$的扩张域之间的关系。我们第一次遇见哈斯图是在第 6.6.3 小节，当时显示的是子群之间的关系。请比较一下图 10.15 的哈斯图与它的伽罗瓦群 S_3 的子群的哈斯图（见习题 6.22），你能看出两者间有什么关系吗？

这两个哈斯图（一个是子群的，一个是域扩张的）的形状是相同的，除了差一个上下翻转。对域扩张的图或者子群的图做一次竖直翻转就使得这两个图完全一样了。对称是永不停止的！同样的对称性也适用于第 10.5.4 小节计算的伽罗瓦群 V_4，其域扩张的图如图 10.11 所示。V_4 的子群哈斯图在习题 6.23 的解中。垂直镜面对称同样适用这个情形，只是稍微复杂一点，因为这两个哈斯图本身也都是垂直镜面对称的。垂直镜面对称把我们带到了伽罗瓦理论的一个关键定理。

定理 10.10（镜面定理）对任意以 r_1，r_2，$\cdots$，r_n 为根的多项式和伽罗瓦群 G，下面两个事实成立。

1. G 的子群哈斯图经垂直翻转后，变得跟 $\mathbb{Q}$ 与 $\mathbb{Q}(r_1, \cdots, r_n)$ 之间的扩张域的哈斯图一模一样。

2. 每个子群 $H < G$ 不仅是 $\mathbb{Q}$ 的一个扩张域的镜像，而且恰好是被 H 中的自同构固定的那个域的镜像。

定理 10.10 的第二部分需要解释一下。图 10.17 举了一个例子。该定理指出，两个哈斯图的对称不是表面上的，而是有深层含义的。我们用群来度量扩张域的对称性，不仅是因为数学家喜欢模式化，更是因为这些模式揭示了域扩张的一些信息。事实上，伽罗瓦群能告诉我们关于扩张域的一切信息。伽罗瓦群不只是漂亮的模式，而且回答了大问题。最后的定理将告诉我们它们是怎样回答的。

195

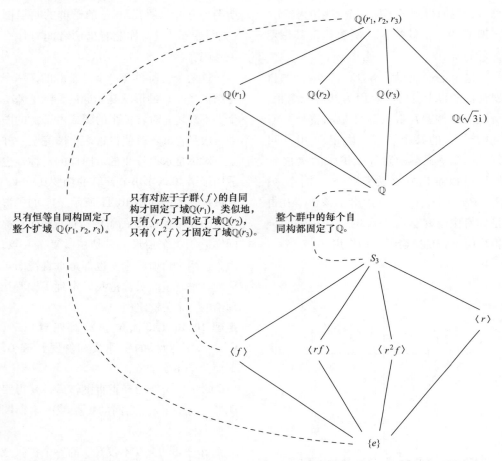

只有恒等自同构固定了整个扩域 $\mathbb{Q}(r_1, r_2, r_3)$。

只有对应于子群 $\langle f \rangle$ 的自同构才固定了域 $\mathbb{Q}(r_1)$，类似地，只有 $\langle rf \rangle$ 才固定了域 $\mathbb{Q}(r_2)$，只有 $\langle r^2f \rangle$ 才固定了域 $\mathbb{Q}(r_3)$。

整个群中的每个自同构都固定了 $\mathbb{Q}$。

图 10.17　定理 10.10 所说的垂直镜像对称。S_3 的每个子群是 $\mathbf{Q}$ 的一个扩张域的镜像，但并不是随意的扩张域，而是该子群中的自同构所固定的域。

定理 10.11　一个扩张域只包含可用根式表示的元素，当且仅当它的伽罗瓦群满足下列准则：

存在一个从 $\{e\}$ 到 G 的子群链，其中每个子群在下一个子群中都是正规的，

$$\{e\} \lhd N_1 \lhd N_2 \lhd \cdots \lhd N_n \lhd G;$$

而且，在链中的每个商

$$\frac{N_1}{\{e\}} \frac{N_2}{N_1} \frac{N_3}{N_2} \cdots \frac{G}{N_n}$$

都是阿贝尔的。

这看起来或许是一个奇怪的条件，

下面解释一下以使它变得直观些。首先，它说的是 $\{e\}$ 和 G 之间的一个子群链，这个链构成一条贯穿 G 的子群哈斯图的路径，从而（见定理 10.10）对应着一条从到所讨论的域的扩张域链。定理 10.11 还要求链上的每一步都是简单的：从一个子群到另一个子群，要求前一个子群在后一个子群中是正规的，而且商是阿贝尔的。该定理指出，对伽罗瓦群的这个要求可转换为对域扩张的类似要求，

这两个要求都不太复杂。特别地，该定理保证了对应的扩张域只添加了可用根号表示的数。

由于与多项式之间的这个联系，我们把满足定理 10.11 条件的群称为**可解群**。任意阿贝尔群 G 都是可解的，因为短链 $\{e\} \lhd G$ 满足定理 10.11：$\dfrac{G}{\{e\}}$ 是阿贝尔的。另外，我们已经计算了两个可解多项式的伽罗瓦群。所以我们希望这两个群（V_4 和 S_3）都是可解的。因为 V_4 是阿贝尔的，所以它是可解的。S_3 有一个正规子群 $\langle r \rangle$，且该子群是阿贝尔的，所以下面的正规子群链说明了它的可解性。

$$\{e\} \lhd \langle r \rangle \lhd S_3$$

商 $\dfrac{\langle r \rangle}{\{e\}} \cong C_3$ 和 $\dfrac{S_3}{\langle r \rangle} \cong C_2$ 都是阿贝尔群。图 10.18 中，我在 S_3 的子群哈斯图上加亮了这条子群链，并标注了对应的商。这个论据也可以用同态进行更详细的可视化，

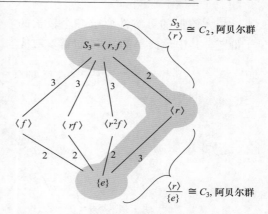

图 10.18　贯穿 S_3 子群图的路径昭示了它的可解性。每一步都是从一个子群向上到另一个子群，其中前一个子群在后一个子群中是正规的，且商是阿贝尔的。

如图 10.19 所示，图中显示了 $\{e\}$ 到 $\langle r \rangle$ 的嵌入与对应的阿贝尔商 $\dfrac{\langle r \rangle}{\{e\}}$，以及 $\langle r \rangle$ 到 S_3 的嵌入与对应的阿贝尔商 $\dfrac{S_3}{\langle r \rangle}$。

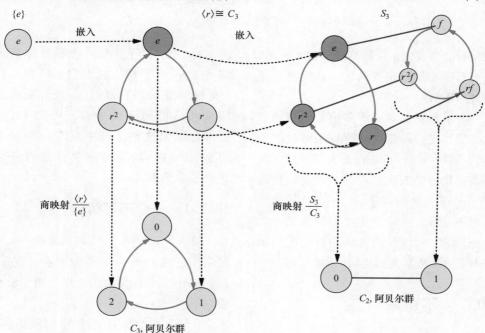

图 10.19　用 $\{e\} \lhd \langle r \rangle \lhd S_3$ 诠释 S_3 的可解性，上面是子群链 $\{e\} \lhd \langle r \rangle \lhd S_3$，下面是对应的商。

较大阶群的可解性要求一个较长的子群链，其中最简单的是 24 阶群。对应

的同态图非常杂乱而无法标注子群链，不过图 10.20 显示了被加亮的贯穿哈斯图

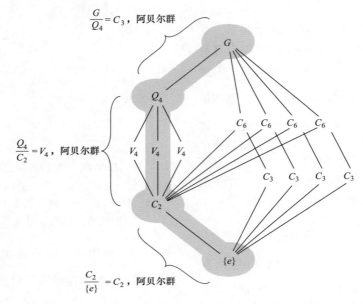

$$\frac{G}{Q_4} = C_3 \text{，阿贝尔群}$$

$$\frac{Q_4}{C_2} = V_4 \text{，阿贝尔群}$$

$$\frac{C_2}{\{e\}} = C_2 \text{，阿贝尔群}$$

图 10.20　24 阶群具有一个从 $\{e\}$ 到整个群的 3 步正规子群链。我用与之同构的群来命名了这些子群，而没有用生成元表示 G。子群链 $\{e\} \triangleleft C_2 \triangleleft Q_4 \triangleleft G$ 中不包含同构于 V_4 的子群，而是从 C_2 直接到了 Q_4。

的路径。事实上，可解群是非常常见的，不可解群才是很难找到的。这就是下面要做的事情。

有了伽罗瓦对可解多项式的判定方法之后，我们需要来做阿贝尔做过的工作：寻找一个不可解的五次多项式。我们需要找一个五次多项式，设它的根是 r_1，$\cdots$，r_5，使得群 $\mathbb{Q}(r_1, \cdots, r_5)$ 的伽罗瓦群不可解。这项工作要用到群论的大部分理论，所以我们要借用群论的知识来看看这个故事是如何结束的。

10.7　不可解

我们需要一个描述五次多项式根

的对称性的不可解群。这些对称将形成 S_5 的一个子群，因为它们可被看作 5 个根的置换。通过对 S_5 进行系统的搜索可以得到许多子群，习题 10.26 要求你证明这些子群中只有一个是不可解的。最小的不可解群是没有任何正规子群的群 A_5。

10.7.1　一个不可解群

第 7.5 节分析了 A_4 的共轭类，从而揭示出它唯一的一个正规子群。现在，我们来分析 A_5 的共轭类，以说明它**没有**正规子群。

在第 5 章，我们学过 A_5 的阶是 60，所以它的类方程左边是 60，右边是共轭

类的阶数之和。我们知道单位元自己是一个共轭类，所以可从下面的等式开始

1 + [其余 59 个元素的某个划分] = 60

图 5.26 和图 5.29 显示，A_5 是正二十面体和正十二面体的对称群。下面，我用正二十面体的对称来提供描述 A_5 共轭类的文字和图像（当然，用正十二面体的对称也可以）。

正二十面体允许绕任意顶点顺时针旋转五分之一周，如图 10.21 所示（具体地说，旋转轴是过顶点和正二十面体中心的直线）。正二十面体有 12 个顶点，所以有 12 个这样的旋转。与图 7.33 阐述的正四面体的旋转一样，这些旋转也是两两共轭的。这里我不再证明了，因为这需要标记正二十面体的全部顶点。不难理解，图 7.33 的思想也适用于正二十面体。这个 12 阶的共轭类更新了我们的类方程。

1+12+[其余47个元素的某个划分]=60

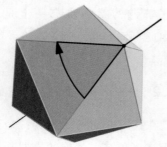

图 10.21　正二十面体允许绕任意顶点顺时针旋转五分之一周。

考虑上述五分之一周旋转的平方（即旋转五分之二周）可找到另外 12 个元素。它们也彼此共轭，原因同上，从而得到类方程

1 + 12 + 12 + [其余 35 个元素的

某个划分] = 60

但是，考虑五分之一周旋转的立方（即旋转五分之三周）不会产生新的元素。顺时针旋转五分之三周就是**逆**时针旋转五分之二周，于是绕一个顶点旋转五分之三周与绕对面顶点旋转五分之二周是一样的。类似地，旋转五分之四周也和绕对面顶点旋转五分之一周一样。于是，所有绕顶点旋转的作用都包含在这两个 12 元的共轭类里了。

正二十面体还可以绕每个面的中心旋转，如图 10.22 所示。其旋转轴是过面中心和正二十面体中心的直线。每个正二十面体顺时针旋转三分之一周都是 A_5 的一个元素，而且与五分之一旋转一样，它们也两两共轭。因为正二十面体有 20 个面，所以得到一个新的有 20 个元素的共轭类，从而类方程更新为

1 + 12 + 12 + 20 + [其余 15 个元素的某个划分] = 60

我们还剩 15 个元素没有分类，显然绕面中心旋转三分之二周不会形成另一个 20 个元素的共轭类。这是因为一个三分之二周旋转与绕对面的面中心旋转三分之一周是一样的，所以我们已经数过它们了。

正二十面体允许一个二分之一周旋转，其旋转轴为过任意边中心和正二十面体中心的直线，如图 10.23 所示。然而，关于任意边的一个二分之一周旋转与关于对边的二分之一周旋转是一样的，所以 30 条边只产生了 15 个不同的群元素。这些元素都是共轭的，从而得到最终的类方程

$$1 + 12 + 12 + 20 + 15 = 60$$

下面，我将用这个类方程来说明 A_5 没有正规子群。

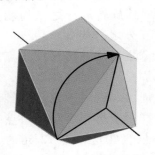

图 10.22 正二十面体允许绕面中心旋转三分之一周。

图 10.23 正二十面体允许绕任意边的中心旋转二分之一周。

一个正规子群的阶一定是一些共轭类的阶数之和。此外，如果要构成一个子群，我们就必须确保单位元包含在内。于是，可能的阶如下：

包含所有的类，整个群：

$$1 + 12 + 12 + 20 + 15 = 60；$$

包含四个共轭类：

$$1 + 12 + 15 + 20 = 48；$$

$$1 + 12 + 12 + 20 = 45；$$

$$1 + 12 + 12 + 15 = 40；$$

包含三个共轭类：

$$1 + 15 + 20 = 36；$$

$$1 + 12 + 20 = 33；$$

$$1 + 12 + 15 = 28；$$

$$1 + 12 + 12 = 25；$$

包含两个共轭类：

$$1 + 20 = 21；$$

$$1 + 15 = 16；$$

$$1 + 12 = 13；$$

只包含一个共轭类：

$$1 = 1。$$

但是这些数中的大部分都不能作为子群的阶，因为它们不能整除群的阶60。这个列表中能整除60的只有 1 和 60，对应的正规子群是 $\{e\}$ 和 A_5，而这两个是我们早就知道的。因此，除了它们不存在其他的正规子群。

因此，从 $\{e\}$ 到 A_5 的正规子群链只有短链 $\{e\} \lhd A_5$，但 $\dfrac{A_5}{\{e\}}$ 非交换。故 A_5 是不可解的。此外，包含 A_5 的任何群都是不可解的，因为这些群的任何正规子群链的第一步都一定是 $\{e\} \lhd A_5$。因此，S_5、S_6、S_7，等等，都是不可解群。

10.7.2 一个不可解多项式

现在我们的问题缩小为：是否存在一个五次多项式，其根的伽罗瓦群包含 A_5？我已经断言过，$x^5 + 10x^4 - 2$ 就是这样的一个多项式。从我对这个多项式的分析，你可以看出构造其他这样的多项式并非难事，习题 10.28 会让你去完成这样的构造。下面我们来看看 $x^5 + 10x^4 - 2$ 为什么是不可解的。

令 $p = 2$，由艾森斯坦判别法（见定理 10.4）可知，这个多项式是不可约的。设它的五个根为 $r_1, \cdots, r_5$，因为该多项式是 5 次的，所以 $\mathbb{Q}(r_1)$ 是 5 次扩张。若它是正规扩张，则等于域 $\mathbb{Q}(r_1, r_2, r_3, r_4, r_5)$；若不是，则 $\mathbb{Q}(r_1, r_2, r_3, r_4, r_5)$ 要更大些。无论如何，扩张 $\mathbb{Q}(r_1, r_2, r_3, r_4, r_5)$ 的次数要么是 5，要么是 5 的倍数，因为根据定理 10.7，有

$$[\mathbb{Q}(r_1,r_2,r_3,r_4,r_5):\mathbb{Q}]$$
$$=[\mathbb{Q}(r_1,r_2,r_3,r_4,r_5):$$
$$\mathbb{Q}(r_1)]\cdot[\mathbb{Q}(r_1):\mathbb{Q}]$$
$$=[\mathbb{Q}(r_1,r_2,r_3,r_4,r_5):\mathbb{Q}(r_1)]\cdot 5$$

因为 $\mathbb{Q}(r_1, r_2, r_3, r_4, r_5)$ 是正规扩张，所以它的伽罗瓦群的阶等于扩张的次数，即 5 的某个倍数。现在，群论开始来帮忙了。

柯西定理确保了这个伽罗瓦群包含一个 5 阶元。该元素置换了 5 个根，而 S_5 中仅有的 5 阶置换是五个根的轮换，比如

与所有伽罗瓦群一样，该伽罗瓦群必包含复共轭自同构。这个自同构如何置换 5 个根依赖于有多少个实根。我们可以通过在计算器或计算机上画图找出实根的个数，如图 10.24（左）所示。该图显示，实轴上的三个点使该多项式等于零，这意味着有 3 个实根和两个复根。如果你喜欢用理论推导这一事实，而不使用计算机，参见习题 10.27。

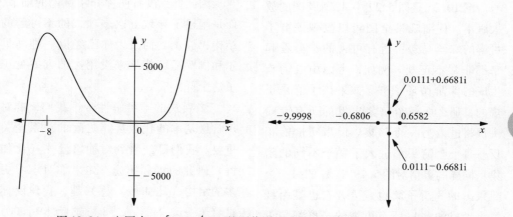

图 10.24　左图中，$x^5 + 10x^4 - 2$ 的图像说明它恰好有 3 个实根，2 个复根。右图标出了 5 个根的位置和近似值。

由定理 10.3，两个复根必是共轭的，所以复共轭自同构互换了它们。对应的置换形式如下：

尽管我们只知道伽罗瓦群中的两个置换，但这已经足够了。习题 7.32 证明

了 S_5 中包含这样的两个置换（一个 5 - 轮换，一个对换）的子群一定是整个 S_5。因此，该伽罗瓦群确实包含 A_5。于是，我们找到了一个不可解的伽罗瓦群！由定理 10.11 可知，该多项式也是不可解的。图 10.24（右）画出了 $x^5 + 10x^4 - 2$ 的 5 个根，但只给出了它们的近似值。

我不能用根号精确地写出这些根，因为这个多项式不可解。

10.7.3 结论

现在，你已经知道了 $x^5 + 10x^4 - 2$ 为什么不可解，所以对大问题及其答案应该有了更深入的了解。当然，有些来自域论的事实我没有证明，所以不能说你已经明白了这个多项式为什么不可解的每个细节。但是，从定理 10.10 和定理 10.11 中我们已经见识了群和域之间美丽又著名的关系，也看到了群论如何集结了域论思想从而产生了这个历史性成果。

可以看出，群 A_5 是回答大问题的核心。图 10.25 是图 5.29 中 A_5 凯莱图的放大版本。仔细观察全图可以发现该群不可解的蛛丝马迹：所有可视的子群看起来都非常不正规。例如，考虑由红箭头生成的 5 阶循环子群。如果该子群是正规的，那么从一个陪集出发的所有蓝箭头都将进入另一个陪集。但事实恰恰相反——每个蓝箭头都进入了一个不同的陪集！同样的事情对图 5.29 中 A_5 的另一个凯莱图的 3 阶子集也成立，它也是由红箭头生成的。A_5 所有可视的子群都与正规相差甚远。

这使得该凯莱图内部相互连接，并赋予了它一个具有稳定性的外观。每个圈都尽可能多的与其他圈相连，这个特点使得它的物理结构非常坚固。这不只是外观，自然界中的碳原子能结合成一个形如图 10.25 中的凯莱图的结构，形成分子碳 – 60。这个结构被称为富勒烯，是以建筑师理查德·巴克敏斯特·富勒（Richard Buckminster Fuller）的名字命名，他用相似的样式设计了网格球顶。

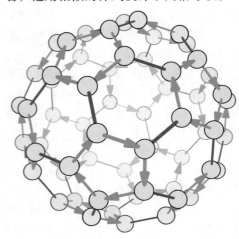

图 10.25　A_5 的凯莱图，显示出它互相连接的内部。

因此，我没有向你介绍域论的细节，而是阐述了导致五次多项式的不可解的结构：群 A_5。而且，你已经以一种阿贝尔和伽罗瓦可能从来没用过的方式见识了这个群！

多项式的不可解性告诉我们，群对理解最基本的代数运算之间的关系至关重要。我们已经看到对抽象模式（比如群）研究的美和用途。如果你对学习更多的结构（比如域）感兴趣，我建议你试着读一读 [1]、[8] 或者 [9]。另外，两本书 [6] 和 [11] 出色地从现代碎片中追踪了域论的历史渊源。与前者相比，后者旨在吸引更多的读者。其他我觉得有用的书见参考目录。

10.8　习题

10.8.1　基础知识

习题 10.1　对下列每条准则，给出一个满足条件的数。

（a） 一个在 $\mathbb{N}$ 中的数。

（b） 一个在 $\mathbb{Z}$ 中但不在 $\mathbb{N}$ 中的数。

（c） 一个在 $\mathbb{Q}$ 中但不在 $\mathbb{Z}$ 中的数。

（d） 一个在 $\mathbb{R}$ 中但不在 $\mathbb{Q}$ 中的数。

（e） 一个不在 $\mathbb{R}$ 中的代数数。

（f） 一个在 $\mathbb{C}$ 中的非代数数。

（g） 一个在 $\mathbb{C}$ 中但不在 $\mathbb{R}$ 中的非代数数。

习题 10.2　化简下列复数的表达式。

（a） $(12+i)(3-i)$。

（b） $2i(1+i+i^3)-9$。

习题 10.3　判断下列说法哪些是正确的，哪些是错误的，并解释为什么。

（a） 一个多项式是可解的，指的是它有解。

（b） 每个四次多项式都是可解的。

（c） 每个五次多项式都是可解的。

（d） 任何五次多项式都是不可解的。

（e） 每个六次多项式都是可解的。

（f） 任何六次多项式都是不可解的。

（g） 因为每个伽罗瓦群都包含复共轭运算，所以每个伽罗瓦群都是偶数阶的。

（h） 多项式 x^2-a（$a>0$，属于 $\mathbb{Q}$）是不可约的。

（i） 艾森斯坦判别法永远不能推导出一个多项式是可分解的。它只能告诉我们一个多项式什么时候是不可分解的。

（j） 如果一个五次多项式在 $\mathbb{Q}$ 上可分解，那么它是可解的。

（k） 每个伽罗瓦群都是有限群。

（l） 每个代数数都是实数。

（m） 每个实数都是代数数。

习题 10.4　我在文中说过，任意由算术运算组成的方程都可化简为一个多项式等于零的形式。下面的化简过程支持了我的断言：

1. 如果需要的话，在等式两边同时做减法，把右边的项移到左边，使右边只剩下零。

2. 合并分式，直到左边至多包含一个分式。（下面要多次使用本步骤。）

3. 在等式两边同时乘以分式的分母，得到一个等于零的多项式。

请回答下列问题以证实上述过程的可行性：

（a） 考虑方程 $\dfrac{x-1}{x+\dfrac{1}{x}}=2$，由第一步得到

$$\dfrac{x-1}{x+\dfrac{1}{x}}-2=0，由第二步得$$

到 $-\dfrac{x^2+x+2}{x^2+1}=0$。

解释第二步是如何实现的（即写出第二步的过程）。

（b） 一般地，如果第一步得到的是两个相减的分式，那么该怎样合并成一个分式？要把一个较大的复杂的表达式化简成至多只含一个分式的形式，还需要用什么代数方法？

（c） 至多只包含一个分式的代数方程是什么样的？为什么第三步总是把它们变成多项式？

（d） 如果直接对（a）的表达式应用第三步，那么将得到什么方程？

（e） 解释如何将有理系数多项式化为整系数多项式。用 $\dfrac{2}{9}x^7-\dfrac{11}{8}x+\dfrac{1}{2}=0$ 检验你的方法。

习题 10.5 证明定理 10.3 中遗留的公式：

$$\overline{(a+bi)(c+di)} = \overline{(a+bi)}\ \overline{(c+di)}$$

习题 10.6 多项式除法跟整数除法很像。例如，要计算 $x-4$ 除 $2x^3 - 6x + 5$，我们可以如下安排这个除法问题：

$$x-4\ \sqrt{2x^3 + 0x^2 - 6x + 5}$$

注意我写出了 x 的所有方幂，其中包括那些系数为 0 的项。仿照整数除法的步骤，我们要问哪个多项式乘以（$x-4$）能得到首项 $2x^3$。答案是 $2x^2$，我把它写在横线上方。与整数除式一样用它乘（$x-4$），再相减。结果如下：

$$
\begin{array}{r}
2x^2 \\
x-4\overline{)2x^3 + 0x^2 - 6x + 5} \\
\underline{2x^3 - 8x^2} \\
8x^2
\end{array}
$$

注意减 $-8x^2$ 等同于加 $8x^2$。落下 $-6x$，再继续这个过程。最终的结果为：

$$
\begin{array}{r}
2x^2 + 8x + 24 \\
x-4\ \overline{)2x^3 + 0x^2 - 6x + 5} \\
\underline{2x^3 - 8x^2} \\
8x^2 - 6x \\
\underline{8x^2 - 32x} \\
24x + 5 \\
\underline{24x - 96} \\
101
\end{array}
$$

余数 101 在答案中可以这样写：

$$(2x^3 - 6x + 5) \div (x-4) = 2x^2 + 8x + 24 + \frac{101}{x-4}$$

解下列多项式除法。书后给出来了前两个小题的答案。

（a） $\dfrac{x^3 - 1}{x - 1}$。

（b） $(76x^7 + 20x^6 - 38x^4 - 10x^3 + 2) \div (4x^6 - 2x^3)$。

（c） $(x^5 - 1) \div (x - 1)$。

（d） $\dfrac{9x^3 - 7x^2 + 16x - 10}{x^2 + 2}$。

（e） $\dfrac{x^n - 1}{x - 1}$。

（f） 将图 10.6 中右下的多项式分解为不可约多项式乘积。

（g） 如果一个除式（比如（d））没有除尽，而是有一个余式，那么能推出该多项式不可约吗？

习题 10.7 判断下列多项式是否可约。对可约多项式，请给出其分解。

（a） $x^2 - 14x + 51$。

（b） $60x^2 + 50x - 10$。

（c） $9x^3 - 36x^2 + x - 4$。

10.8.2 域和扩张

习题 10.8 本题说明了复数集 $\mathbb{C}$（包含所有 $a+bi$，其中 $a, b \in \mathbb{R}$）构成一个域，并研究了这个域中的算术。

（a） 两个复数的和 $(a+bi) + (c+di)$ 写成 $a+bi$ 的形式是什么？

（b） 两个复数的积 $(a+bi)(c+di)$ 写成 $a+bi$ 的形式是什么？

（c） 任意元 $a+bi$ 的加法逆是 $-a-bi$，它显然属于复数集 $\mathbb{C}$。然而，$a+bi$ 的乘法逆是 $\dfrac{1}{a+bi}$，它属于 $\mathbb{C}$ 就不那么显而易见。请证明之。

（d） 把下列 i 的方幂写成 $a+bi$ 的形式：

$$i \quad i^2 \quad i^3 \quad i^4 \quad i^5$$

（e） 计算 $i^n = $ ＿＿＿＿＿ 当 $n \equiv 0 \bmod 4$ 时；

＿＿＿＿＿ 当 $n \equiv 1 \bmod 4$ 时；

＿＿＿＿＿ 当 $n \equiv 2 \bmod 4$ 时；

＿＿＿＿＿ 当 $n \equiv 3 \bmod 4$ 时。

（f） 证明 $\sqrt{i} = \dfrac{\sqrt{2}}{2} + \dfrac{\sqrt{2}}{2}i$（可通过说明右边

的平方等于 i 来证明）。

习题 10.9 本题证明了文中关于 $\mathbb{Q}(\sqrt{2})$ 的几个论断。我曾断言，所有形如 $a + b\sqrt{2}$，其中 $a, b \in \mathbb{Q}$ 的元素组成的集合是包含 $\mathbb{Q}$ 和 $\sqrt{2}$ 的最小的域。

(a) 证明加法 $(a + b\sqrt{2}) + (c + d\sqrt{2})$ 产生的新元素也具有这种形式。

(b) 证明乘法 $(a + b\sqrt{2})(c + d\sqrt{2})$ 产生的新元素也具有这种形式。

(c) $a + b\sqrt{2}$ 的加法逆是什么？

(d) $a + b\sqrt{2}$ 的乘法逆是什么？

(e) 化简 $(a + b\sqrt{2})^2 = 3$，说明它无解，从而证明不存在 $a + b\sqrt{2}$ 等于 $\sqrt{3}$。别忘了 $\sqrt{2}$ 和 $\sqrt{3}$ 都是无理数。

(f) 化简 $(a + b\sqrt{2})^3 = 2$，说明它无解，从而证明不存在 $a + b\sqrt{2}$ 等于 $\sqrt[3]{2}$。注意 $\sqrt[3]{2}$ 是无理数。

习题 10.10 在第 10.5.1 和 10.5.2 节，我分析了 $\mathbb{Q}(\sqrt{2})$，给出了一个典型元素的形式 $a + b\sqrt{2}$，并计算了它的伽罗瓦群。

(a) 对 $\mathbb{Q}(\sqrt{3})$ 做同样的分析。

(b) $\mathbb{Q}(\sqrt{3})$ 包含于 $\mathbb{Q}(\sqrt{2})$ 吗？或者 $\mathbb{Q}(\sqrt{2})$ 包含于 $\mathbb{Q}(\sqrt{3})$ 吗？

(c) $\mathbb{Q}(\sqrt{3})$ 包含于 $\mathbb{Q}(\sqrt{2}, \sqrt{3})$ 吗？

习题 10.11 我在文中说过，$\mathbb{Q}(\sqrt{2})(\sqrt{3}) = \mathbb{Q}(\sqrt{3})(\sqrt{2})$，这是一个域，其元素具有 $a + b\sqrt{2} + c\sqrt{3} + d\sqrt{6}$ 的形式。本题要求你证明这个论断。

(a) 证明：若要表示 $\mathbb{Q}(\sqrt{2})(\sqrt{3})$ 的元素，那么所给形式中所有的四项都

是必须的。

(b) 证明：所有这种形式的元素构成的集合关于加法封闭，且每个元素的加法逆还在该集合中。

(c) 证明：这个集合关于乘法也是封闭的，且包含每个元素的乘法逆。

(d) 证明：$\mathbb{Q}(\sqrt{6})(\sqrt{2}) = \mathbb{Q}(\sqrt{6})(\sqrt{3}) = \mathbb{Q}(\sqrt{2}, \sqrt{3})$。

习题 10.12 定理 10.5 可分两步证明，其中第一步要比第二步难得多。这里给出了这两个步骤，请证明第二步。如果你喜欢挑战，也可以试着证明第一步。

首先，证明 $\mathbb{Q}(r)$ 的每个元素可以写成
$$c_0 + c_1 r + c_2 r^2 + \cdots + c_n r^n$$
的形式，其中每个 $c_i \in \mathbb{Q}$。

第二，证明 n 总是小于以 r 为根的多项式的次数。

习题 10.13

(a) 仿照图 10.17，为扩张域 $\mathbb{Q}(\sqrt{2})$ 和它的同构于 C_2 的伽罗瓦群画一个图。

(b) 仿照图 10.17，为扩张域 $\mathbb{Q}(\sqrt{2})(\sqrt{3})$ 和它的同构于 V_4 的伽罗瓦群画一个图。

习题 10.14 计算扩张域 $\mathbb{Q}(i)$ 的伽罗瓦群。

习题 10.15 回忆第 10.5.3 节中的函数 $\phi: \mathbb{Q}(\sqrt{2}) \to \mathbb{Q}(\sqrt{2})$，其定义为
$$\phi(a + b\sqrt{2}) = a - b\sqrt{2}。$$

(a) 证明：ϕ 是一个域自同构，即 ϕ 满足下列两个等式：
$$\phi(a + b) = \phi(a) + \phi(b), \phi(a \cdot b) = \phi(a) \cdot \phi(b)$$

(b) 解释它为什么固定了 $\mathbb{Q}$。

习题 10.16 解释为什么任意不可约二次

多项式的伽罗瓦群都同构于 C_2。

习题 10.17 $\mathbb{Q}$ 上的多项式 $x^n - a(a > 0)$ 有一个正实数解 $\sqrt[n]{a}$。事实上，它还有另外的 $n-1$ 个解，其中大多数都不是实数。

定义函数 $c: \mathbb{R} \to \mathbb{C}$，其中 $c(\theta) = \cos(\theta) + i\sin(\theta)$。该函数给出了复平面上距离原点 $(0, 0)$ 一个单位长度的点，其方向角为 θ，如下所示：

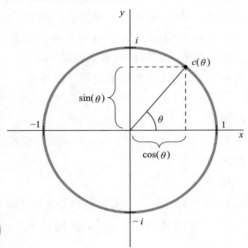

(a) 利用三角恒等式

$$\cos(\alpha + \beta) = \cos\alpha\cos\beta - \sin\alpha\sin\beta$$
$$\sin(\alpha + \beta) = \sin\alpha\cos\beta + \cos\alpha\sin\beta$$

证明：$c(\alpha) \cdot c(\beta) = c(\alpha + \beta)$。

(b) 解释 c 为什么是从 $\mathbb{R}$ 关于加法构成的群到 $\mathbb{C}$ 关于乘法构成的群的一个同态，它是嵌入或商映射吗？

(c) $c(\alpha)^n$ 等于什么？

(d) 令 $r_1 = \sqrt[3]{2}$，$r_2 = \sqrt[3]{2}c\left(\dfrac{2}{3}\pi\right)$，$r_3 = \sqrt[3]{2}c\left(\dfrac{4}{3}\pi\right)$，把它们与第 10.5.5 节的那些值进行比较。

(e) 证明：若 $r = \sqrt[n]{a}$，则 $\sqrt[n]{ac}\left(\dfrac{k}{n} \cdot 2\pi\right)$（$k$ 是任意自然数）也是 $x^n - a$ 的一个根。（假设 $a > 0$，且属于 $\mathbb{Q}$。）

(f) 考虑 $x^6 - 1$ 的根关于乘法构成的群。它同构于什么群？是由什么元素生成的？

(g) 考虑 $x^n - 1$ 的根关于乘法构成的群。它同构于什么群？是由什么元素生成的？

习题 10.18 第 10.5.5 小节分析了 $\mathbb{Q}(r_1)$，找出了典型元素的形式，并计算了伽罗瓦群。

(a) 对 $\mathbb{Q}(r_2)$ 做相同的分析。有什么相似和不同之处？

(b) 对 $\mathbb{Q}(r_3)$ 做相同的分析。它与 $\mathbb{Q}(r_1)$、$\mathbb{Q}(r_2)$ 的哪个更相似，为什么？

(c) 分析 $\mathbb{Q}(r_1)(r_2)$、$\mathbb{Q}(r_1)(r_3)$ 或其他类似的域，证明 $\mathbb{Q}(r_1, r_2, r_3)$ 的元素具有第 10.5.5 小节给出的六项形式。

(d) 对六项形式中出现的每个无理数，找出它在 $\mathbb{Q}$ 上的不可约多项式和包含它的最小的 $\mathbb{Q}$ 的扩域。

(e) 把你找到的所有域放到一个哈斯图里。

习题 10.19 利用你在习题 10.18 里找到的不可约多项式构造 $\mathbb{Q}(r_1, r_2, r_3)$ 的伽罗瓦群（利用定理 10.8）。把每个群元素作为一个函数，写出其对典型元素的作用，例如

$$\phi\left(a + b\sqrt[3]{2} + c\left(\sqrt[3]{2}\right)^2 + d\sqrt{3}\mathrm{i} + e\sqrt[3]{2}\sqrt{3}\mathrm{i}\right.$$
$$\left. + f\left(\sqrt[3]{2}\right)^2\sqrt{3}\mathrm{i}\right)$$
$$= a + b\sqrt[3]{2} + c\left(\sqrt[3]{2}\right)^2 - d\sqrt{3}\mathrm{i}$$
$$- e\sqrt[3]{2}\sqrt{3}\mathrm{i} - f\left(\sqrt[3]{2}\right)^2\sqrt{3}\mathrm{i}$$

具体指出 S_3 与该伽罗瓦群之间的同构 ψ（见第 10.5.5 小节）。

习题 10.20　$\mathbf{Q}$ 与 $\mathbf{Q}\left(r_1, r_2, r_3\right)$ 间的扩张域的哪条路径对应于 S_3 的可解序列？本章为什么没有沿这条路径构造 $\mathbf{Q}\left(r_1, r_2, r_3\right)$？

习题 10.21　证明：如果 ϕ 是 $\mathbf{Q}$ 的任意扩张域的自同构（因而保持加法和乘法），那么 ϕ 固定了 $\mathbf{Q}$。

10.8.3　多项式和可解性

习题 10.22　对下列每个代数数，找出对应的不可约多项式。

（a） $\sqrt{15}$

（b） $\sqrt[5]{1 + \sqrt{2}}$

（c） $\sqrt{10} + \sqrt{11}$

（d） $\sqrt[3]{2} + 10$

习题 10.23　**（a）** 构造一个以下列四个数为根的多项式

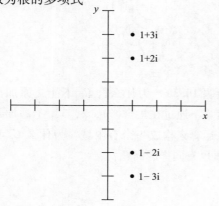

（b） 它是不可约的吗？

（c） 它的伽罗瓦群是什么？

（d） 写出一个能把里面的两个根与外面的两个根区分开的算术方程。

习题 10.24　考虑图 10.6 右上方的三次多项式。

（a） 写一个能把其中一个根与另外两个根区分开的算术方程。

（b） 是否存在一个算术方程，使得它能把 $x^3 - 5$ 的一个根与另外两个根区分开？

（c） 计算（a）中多项式的伽罗瓦群。

习题 10.25　第 10.5.5 小节给出了 $x^3 - 2$ 的三个根 r_1、r_2 和 r_3，回忆 $\mathbf{Q}$ 的非正规扩张 $\mathbf{Q}\left(r_1\right)$ 和正规扩张 $\mathbf{Q}\left(r_1, r_2, r_3\right)$。在文中我们得到了 $\left[\mathbf{Q}\left(r_1, r_2, r_3\right) : \mathbf{Q}\right] = 6$，$\left[\mathbf{Q}\left(r_1\right) : \mathbf{Q}\right] = 3$，所以一定有 $\left[\mathbf{Q}\left(r_1, r_2, r_3\right) : \mathbf{Q}\left(r_1\right)\right] = 2$。找出相应的系数在 $\mathbf{Q}\left(r_1\right)$ 中的以 r_2、r_3 为根的 2 次多项式。

习题 10.26　S_5 的每个子群（除了 A_5）都同构于下列群的其中之一。证明它们每个都是可解的。

循环群：C_1，C_2，C_3，C_4，C_5，C_6

二面体群：D_2（即 V_4），D_3（即 S_3），D_4，D_6

其他群：A_4（其凯莱图见习题 4.6 和图 5.27），凯莱图为习题 5.15 左图的 20 元群，凯莱图为如下所示的 24 元群。

习题 **10.27** 如何用计算器证明 $x^5 + 10x^4 - 2$ 有三个实根和两个虚根？提示：令其导数等于零，找出曲线的波峰和波谷。

习题 **10.28** 构造满足下列条件的 5 次不可约多项式。

（**a**）只有一个实根。

（**b**）恰有三个实根。

（**c**）有五个实根。

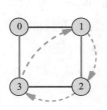

（**a**）有限域的加法和乘法与模某个数的加法和乘法一样吗？

（**b**）对一个给定的阶，永远不会有多于一个的有限域。请构造 3、5、7 和 11 阶有限域的凯莱图。

（**d**）你所构造的多项式有不可解的吗？

10.8.4 有限域

习题 **10.29** 下面是 4 阶和 8 阶有限域的图。每个都是由两个结点集相同的凯莱图叠加而成的，其中实箭头是关于加法的凯莱图，虚箭头是关于乘法的凯莱图。关于乘法的图不包含 0。

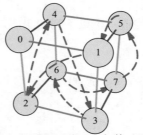

习题 **10.30** 为什么群 C_4 不能在原加法运算下通过在集合 {1，2，3} 上添加乘法运算来构成一个有限域？为什么 C_6 和 C_{15} 也有同样的问题？

部分习题答案

第 1 章 群是什么

习题 1.1 是群, 理由如下:

本题明确给出了作用列表, 只包含一个作用, 所以法则 1.5 成立。

将两枚硬币互换回来与互换前一样, 所以法则 1.6 成立。

互换两枚硬币的结果是非常确定的, 所以法则 1.7 成立。

互换的任意序列都是可行的, 将两枚硬币互换 100 次并不会阻止你再互换一次, 或者再互换 100 次, 所以法则 1.8 成立。

习题 1.3 不是群。法则 1.8 不成立: 不是任何作用序列都可以随便做。如果你试图连续从左边的口袋向右边的口袋移动弹珠 20 次, 你就会发现这是不可能做到的。

习题 1.5 不能。我们已经遇到过一些有限群, 这一事实可以充分地说明问题! 然而更关键的是, 虽然法则 1.8 要求作用的任意合成仍是一个作用, 但并没有要求合成的作用必须是一个新的作用。以习题 1.1 的群为例, 虽然可以列出无穷多个作用序列, "互换硬币一次", "互换硬币两次", "互换硬币三次", 等等, 但这个无限长的列表其实只包含两个不同的作用。互换硬币一次与互换硬币三次产生的结果是一样的, 所以我们并不把它们看作该群

中的不同作用。同理, 互换硬币两次或四次与一次都不互换的结果也是一样的。

习题 1.7

(a) 连续互换硬币两次等价于作用 "什么都不做"。

(b) 每个群都会有这样一个作用, 这是由于每个作用都是可逆的, 因此每个作用可以与它的逆合成而产生什么都不做的作用。

习题 1.10 这个问题有许多答案。下面举一个例子。考虑只含一个作用的列表, 这个作用是点燃一根火柴并让它燃尽。假设我们是在一个可控的环境下进行的, 且火柴安全可靠, 结果也是可预见的。假设火柴有无穷多根, 使得你可以任意次连续进行这个作用。但是, 它确实不是可逆的。

习题 1.12 这个问题有许多答案。习题 1.3 描述的情形就是其中的一个例子。

第 2 章 群看起来像什么?

习题 2.1 两个生成元是水平翻转和竖直翻转。游戏中的其他作用还有无作用 (什么都不做) 和合成作用 "先水平翻转后竖直翻转"。

习题 2.3 从一个结点连接到自身的箭头表示无作用。通常, 凯莱图中不包含这样

的箭头，因为它们只会增加混乱，而不能提供任何有用的信息。

习题 2.4

习题 2.8 **(a)** 这个群称为 D_4，用凯莱图表示它的方法有许多种，这里给出其中一种。

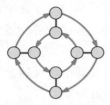

(b) 长方形游戏中的操作受其形状的限制。每个操作必须使长方形回到它最初占据的区域，只是标记的数字不同了。顺时针旋转（非正方形的）长方形 90° 不能保持它仍占据相同区域，而顺时针旋转正方形 90° 可以。你可以提前思考一下这个问题，我将在第 3 章解释原因。

习题 2.9

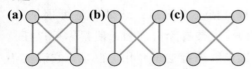

(b) 和 **(c)** 的图都说明画出的生成元足以生成整个群，因为图是连通的。（从任一地点出发，你都能到达任一其他地点。）

习题 2.12 下面是一个例子，它代表了一个典型的新生儿的活动周期。

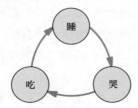

习题 2.13 凯莱图的箭头表示的是生成元，这就是生成元的特殊地位之所在。（同时，与群中所有其他元素一样，生成元也由结点表示。）

习题 2.15 如果在图中沿箭头前进对应着执行某个作用，那么沿箭头返回则对应着撤销这个作用。因此，为了能够沿箭头返回，图中就不能有两个相同类型的箭头从不同的源头指向同一个目标。例如，在下图中，如何撤销 C 处实黑箭头对应的作用就是不明确的。是该回到 A 还是 B 呢？

习题 2.17 这条法则保证了对图上的每个点，都有一个任意类型的箭头从该点发出。这一点可以通过考察假设它是不成立的，那么会是什么样来验证；假设我们的图上存在某个点 P，缺少对应着某作用 A 的箭头发出。那么，从起始点到达 P 的系列作用再紧接作用 A 所形成的作用序列则是无效的，这是法则 1.8 所不允许的。

第 3 章　为什么学习群？

习题 3.6 在图 A.1 的凯莱图中，标有"$\frac{1}{4}$ 圈"的箭头表示将分子旋转 $\frac{1}{4}$ 圈，就好像你顺时针拧顶端的白色粒子，迫使原子沿竖直坐标轴转动。

习题 3.8 这里并不打算给出本题的详细答案，而是只给一个提示。如果你知道这个分子与正五边形的具有相同的对称性，那么对分子对称群的研究或许会容易些。（考虑平放一个正五边形，使其中心与分子的中心重合，而它的每个角在竖直方向的两个紫色原子的中点处。与分子可以旋转或翻转一样，正五边形也可以，反之亦然。）

习题 3.11 （d）的答案如图 A.2 所示。它的模式是每四个为一组，竖直重复，每个组都和第 2 章长方形的群一样，是一个小型的 Klein 四元群。曲线箭头代表将图形右移一个叶子的宽度的作用。

你采用什么样的编号方法不重要，并不需要与我的完全一样。当然，你必须标记每个叶子的四个部分，因为它们都是相似的。

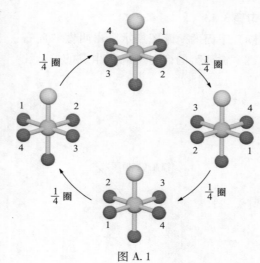

图 A.1

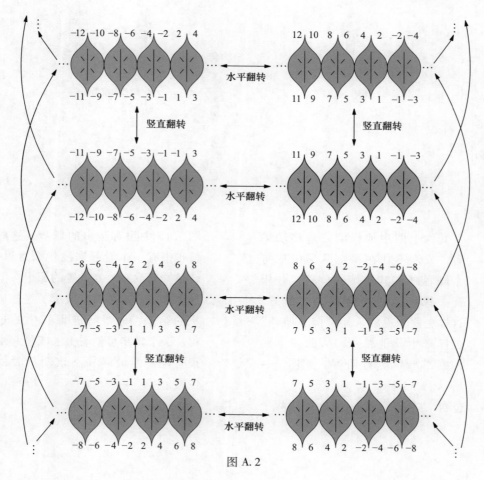

图 A.2

习题 3.13

(a) 下面的凯莱图展示了由叫做"向右循环"的行列舞舞步生成的群。注意舞者是移动到自己的右侧，这意味着从我们的角度看他们在逆时针移动。

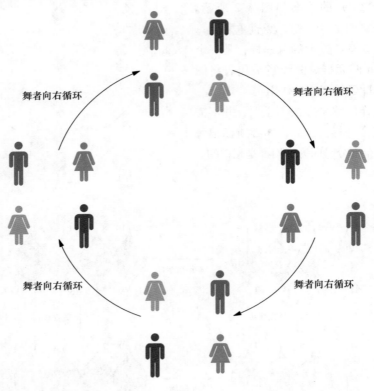

图 A.3

与其像上图中那样沿方形移动舞者，或许不如在每个队形中把每个舞者画在其初始的位置，并用箭头标出他们将会到达的位置。这样更便于观察重复"向右循环"怎样产生其他舞步，从而使本题的第二小题更易回答。如图 A.4 所示。

(b) 包含"左右交叉"以及另外两个

图 3.15 中没有画出的舞步。这些舞步中有一个看起来没什么意思，就是舞者没有改变位置的那个。但是别忘了，这些图只展示了这些舞步的结果，而没有展现其中的过程。一个舞步可能看上去或跳起来很有趣，但最终并不改变舞者的位置。

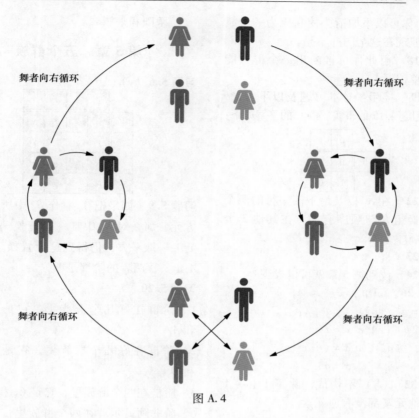

图 A. 4

第 4 章 群的代数定义

习题 4.5

（a） 在图中，从元素 x 开始，沿着红箭头前进两次。每个红箭头代表右乘一个 a，因此，这就是 $x \cdot a \cdot a$ 或 $x \cdot a^2$。

（b） 由习题 4.4 知 $k = j \cdot i$，它执行的作用是先蓝箭头 j 然后再红箭头 i。因此，要得到乘积 $x \cdot k$，应从结点 x 出发，先走一个蓝箭头然后再走一个红箭头。

习题 4.10（a） 提示：检验 $A \cdot A \cdot B$ 的结合律。

习题 4.13（a） 下面的计算表明该运算不满足结合律：

$$4 \cdot (3 \cdot 2) = 4 \cdot 1 = 2 \neq 4 = 2 \cdot 2 = (4 \cdot 3) \cdot 2$$

习题 4.14 元素 s 出现在乘法表，但是它并不在行标题或列标题中。那么它是属于这个群还是不属于呢？

习题 4.17 提示：考虑一个具体的例子可能有助于解答本习题。为什么下面这个由两部分组成的图不能看作是某个八元群的凯莱图？定义 4.2 的哪部分会被违反？

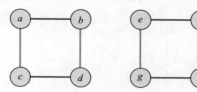

（注意，你可以添加箭头使它成为一个凯莱图，但现在这个图并不是。）

习题 4.18 由此你可推断出一个群只能有一个单位元。

习题 4.19 提示：对本习题及以下习题，可利用习题 4.15 的事实。（a）的答案如下：

	0	1
0	0	1
1	1	0

习题 4.22 在 S_3 以及最下面一行的两个群中元素组合与顺序有关，在其他 3 个群中与顺序无关。

习题 4.23 S_3。

习题 4.24 读到第 5 章就可以发现！

习题 4.26 （a）$e^{-1} = e$，$a^{-1} = a^4$，$(a^2)^{-1} = a^3$，$(a^3)^{-1} = a^2$，$(a^4)^{-1} = a$。

习题 4.27 （a）$a^3 x = a^2$
$$(a^3)^{-1} a^3 x = (a^3)^{-1} a^2$$
$$x = a^4$$

习题 4.32 （b）不构成，除了 1 和 -1 外，其他元素都没有逆元素。

习题 4.33

（b）不构成，因为有一个元素没有逆元素。是哪一个？

（g）提示：答案不只是因为它们是无限的。毕竟，我们已经见过用具有代表性的有限部分表示的无限群的凯

有趣的是，如果把 D_n 作为削角 n 边形的对称群，那么可以很自然地把 D_2 做成一个又长又高的长方形，这没什么不合适的。

习题 5.28

莱图和乘法表。

第 5 章　五个群族

习题 5.6（c）

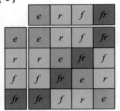

习题 5.9 如果把 A_n 看作 S_n 中所有的平方元，那么对 S_1 中唯一的置换——单位元——取平方，仍得到这个置换。因此，$A_1 = S_1$，两者的阶都是 1。

习题 5.20

1 阶群在好几个群族里，它是 C_1、S_1 和 A_1。

2 阶群在好几个群族里，它是 C_2、S_2 和 D_1。

3 阶群在两个群族里，它是 C_3 和 A_3。

6 阶非阿贝尔群在两个群族里，它是 S_3 和 D_3。

习题 5.23 答案有很多。比如，搅拌机上的刀片，一些旋转玩具。

习题 5.24 答案有很多。比如，左下图的雪花和星星，右下图的削角多边形。

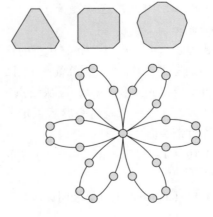

习题 5. 30 （a）

习题 5. 31 同图 3. 13 的饰带群。

习题 5. 35

（a）在一个群中，如果等式 $a \cdot b = c$ 成立，那么在该群的凯莱图中，由表示元素 a 的结点出发，沿着代表元素 b 的箭头行进，会到达代表元素 c 的结点。简而言之，由 a 做 b 到达 c。

习题 5. 38 提示：证明由事实 $a^2 = e$、$b^2 = e$ 以及 $(ab)^2 = e$ 可推出 $ab = ba$。

习题 5. 40

（a）

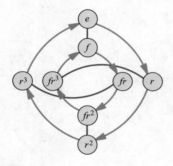

习题 5. 43

（c）提示：对 S_4 的每个元素取平方。

习题 5. 44

（a）提示：对照下表中 n 的前 12 个值，检验你的结果。这个表格涵盖了 n 从 1 ~ 20 的取值，以及使 C_n 副本存在于 S_m 中的 m 的最小值。然而仅从这些数字很难找到其中的模式，或许将其嵌入的过程对寻找其中的模式更有帮助。

n	m	n	m	n	m	n	m
1	1	6	5	11	11	16	16
2	2	7	7	12	7	17	17
3	3	8	8	13	13	18	11
4	4	9	9	14	9	19	19
5	5	10	7	15	8	20	9

第 6 章 子群

习题 6. 1 最右边的图是群 C_6 的凯莱图，是用生成元 2 和 3 进行了重组的版本。最左边的图满足除正则性外的所有要求：蓝箭头没有在每个地方呈现相同的模式。在剩下的图中，底端的两个结点都缺少离开的蓝箭头。

习题 6. 3 （a）

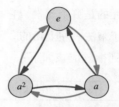

习题 6. 12 （a）2 个（证明留给你自己）。

习题 6. 14 对。如果 n 是所找的子群的阶，那么可尝试生成元 $\dfrac{|G|}{n}$。

习题 6. 16

（b）陪集 Hb 是从 H 的元素出发通过箭头 b 所到达的终点的集合。不存在两个不同的箭头 b 指向同一个结点，因为由生成元表示的作用是可逆的（见习题 2. 15）。不存在两个箭头 b 离开同一结点，因为由箭头表示的作用是确定的（见习题 2. 16）。因此，每个箭头 b 都从 H 的每个元素指向不同的结点，所以 Hb 的结点恰与 H 一样多。

习题6.17 （**d**）可以，对任意 n 都有。例如，对任意 n，都有 $\langle 2n \rangle < \langle n \rangle$。

习题6.23 （**a**）V_4 的哈斯图如下：

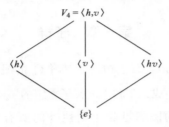

习题6.26

（**a**）V_4 的每个乘法表都是按一个 2 阶子群组织的，因为 V_4 的每个元素都是 2 阶的。因此，无论在行或列中紧挨着单位元的是哪个元素，它都将生成一个位于乘法表左上角的 2 阶子群。

（**b**）你的列标题应该如下：

0	2	4	8	1	3	5	7

习题6.28 两个答案都是肯定的，但是寻找例子留给你自己。

习题6.30 提示：查看 S_3、A_4 和 D_{10} 的子群。

第 7 章 积与商

习题7.3 （**b**）错。例如，元素（3，0）在 $C_4 \times C_3$ 中，但不在 $C_3 \times C_4$ 中，因为 3 不在 C_3 中。

习题7.4 （**c**）提示：从图 7.6，即 C_2^3 的图入手。要得到最终的答案，你还需要小心地再画一些箭头。

习题7.8

（**c**）提示：利用第 7.1.4 节的信息。

（**d**）提示：你能判断它是否是阿贝尔的吗？你是如何判断的？

习题7.9 提示：回想习题 6.31。

习题7.14

（**a**）下图是 C_5 的重布线群，其中蓝色箭头代表合并两个红色箭头的操作。换句话说，重布线群里的这个作用让原来代表 a 的红色箭头变成代表 a^2。

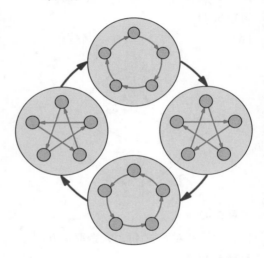

（**d**）非常有趣的是，S_3 的重布线群与 S_3 自己同构。如下所示，其中重布线群的绿色箭头代表将 S_3 的红色箭头反向，橙色箭头代表将 S_3 的蓝色箭头转变为红—蓝路径。

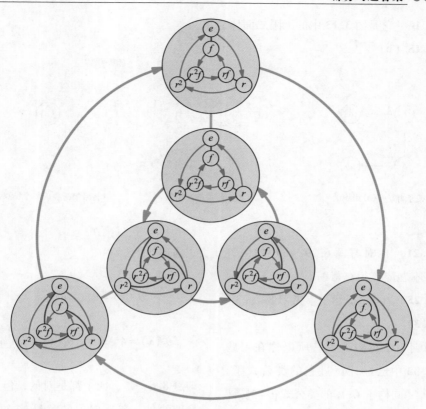

习题 7.15

(a) D_4

(d) 答案可由上图，即从习题 7.14（a）的答案得出。

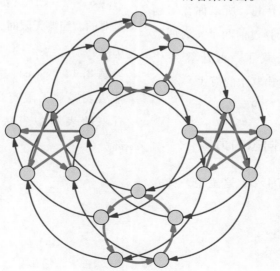

习题 7.16　它是图 3.13 中的无限二面体群。

习题 7.18（**b**）

按子群 $H = \langle a \rangle$ 组织的 V_4。

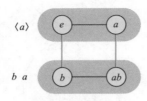

H 的左陪集彼此相邻。

将陪集折叠成单个结点。

习题 7.21　你对习题 6.29（e）的回答对解答本题应该很有帮助。

习题 7.25（**d**）提示：参考习题 7.23。

习题 7.33

（**a**）由于 D_3 同构于 S_3，所以你在习题 7.32 中已经计算过它的类公式了。D_1（同构于 C_2）的类公式很容易计算，然后再计算一个（D_5），即可看出其中的模式。

（**b**）由于 D_2 同构于 V_4，所以你在习题 7.31 中已经计算过前两个 n 为偶数的 D_n 的类公式了。再计算一个（D_6），即可看出其中的模式。

（**d**）提示：见习题 7.29。

第 8 章　同态的力量

习题 8.4（**c**）有 4 个，这里用一种方式描述如下：

$$\theta_1(x) = e \qquad \theta_2(x) = x$$

$$\theta_3(x) = 4 - x \qquad \theta_4(x) = 2x \bmod 4$$

习题 8.6　是，四个都是对的，但我把解释留给你。要确保你的解释是立足于定义 8.1 的。

习题 8.9（**c**）只要群是有限的，这就是对的。当群无限时，考虑习题 8.5 中的函数。

习题 8.11（**c**）这里有一种方式用乘法表展示无限商。省略号代表这个有限的表示中省去了乘法表无限的部分。

		-6	-3	0	3	6			-5	-2	1	4	7			-4	-1	2	5	8	
⋮	⋱	⋮	⋮	⋮	⋮	⋮	⋰	⋱	⋮	⋮	⋮	⋮	⋮	⋰	⋰	⋮	⋮	⋮	⋮	⋮	⋰
-6		-12	-9	-6	-3	0			-11	-8	-5	-2	1			-10	-7	-4	-1	2	
-3		-9	-6	-3	0	3			-8	-5	-2	1	4			-7	-4	-1	2	5	
0		-6	-3	0	3	6			-5	-2	1	4	7			-4	-1	2	5	8	
3		-3	0	3	6	9			-2	1	4	7	10			-1	2	5	8	11	
6		0	3	6	9	12			1	4	7	10	13			2	5	8	11	14	
⋮	⋰	⋮	⋮	⋮	⋮	⋮	⋱	⋰	⋮	⋮	⋮	⋮	⋮	⋱	⋱	⋮	⋮	⋮	⋮	⋮	⋱
⋮	⋱	⋮	⋮	⋮	⋮	⋮	⋰	⋱	⋮	⋮	⋮	⋮	⋮	⋰	⋰	⋮	⋮	⋮	⋮	⋮	⋰
-5		-11	-8	-5	-2	1			-10	-7	-4	-1	2			-9	-6	-3	0	3	
-2		-8	-5	-2	1	4			-7	-4	-1	2	5			-6	-3	0	3	6	
1		-5	-2	1	4	7			-4	-1	2	5	8			-3	0	3	6	9	
4		-2	1	4	7	10			-1	2	5	8	11			0	3	6	9	12	
7		1	4	7	10	13			2	5	8	11	14			3	6	9	12	15	
⋮	⋰	⋮	⋮	⋮	⋮	⋮	⋱	⋰	⋮	⋮	⋮	⋮	⋮	⋱	⋱	⋮	⋮	⋮	⋮	⋮	⋱
⋮	⋱	⋮	⋮	⋮	⋮	⋮	⋰	⋱	⋮	⋮	⋮	⋮	⋮	⋰	⋰	⋮	⋮	⋮	⋮	⋮	⋰
-4		-10	-7	-4	-1	2			-9	-6	-3	0	3			-8	-5	-2	1	4	
-1		-7	-4	-1	2	5			-6	-3	0	3	6			-5	-2	1	4	7	
2		-4	-1	2	5	8			-3	0	3	6	9			-2	1	4	7	10	
5		-1	2	5	8	11			0	3	6	9	12			1	4	7	10	13	
8		2	5	8	11	14			3	6	9	12	15			4	7	10	13	16	
⋮	⋰	⋮	⋮	⋮	⋮	⋮	⋱	⋰	⋮	⋮	⋮	⋮	⋮	⋱	⋱	⋮	⋮	⋮	⋮	⋮	⋱

219

习题 8.12 **（f）** 这里是（a）扩展的图示，其中添加了满足要求的两个映射。

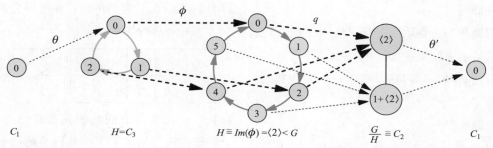

$$C_1 \qquad\qquad H=C_3 \qquad\qquad H \cong Im(\phi) = \langle 2 \rangle < G \qquad\qquad \frac{G}{H} \cong C_2 \qquad\qquad C_1$$

习题 8.13

（b） 从技术上说不能。我们得到一个关于陪集的群，它同构于 G 的一个子群。

（c） 不是。例如，$\dfrac{Q_4}{\langle -1 \rangle} \cong V_4$，但是不存在 V_4 到 Q_4 的嵌入。

习题 8.16 提示：如果 H 是换位子群，考虑共轭子群 gHg^{-1} 的元素，比如说 $gaba^{-1}b^{-1}g^{-1}$。用几个换位子去乘这个元素

可以得到 H 的一个元素。你能从中得到什么结论？

习题 8.17 下列每种情况中，换位子群用红色标记了；它被映射到阿贝尔化中的 $\{e\}$。

(a)

(b)

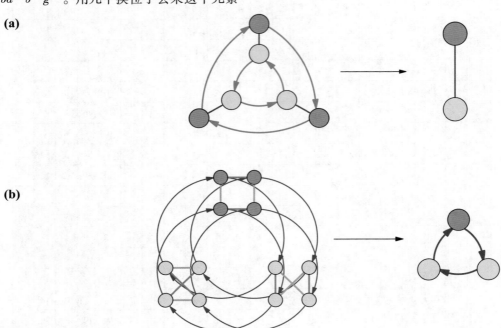

习题 8.23 **（a）** 提示：用凯莱图检验 $C_3 \times C_3$ 或 $C_5 \times C_5$ 的几个元素。推测答案并证明。

习题 8.24 提示：在 $C_n \times C_m$ 中，$(1, 1)$ 的轨道通过元素 $(0, 1)$ 吗？

习题 8.28 你可在习题 7.7（c）中找到答案。

习题 8.29

（b） 对某个 θ，有 $D_n \cong Z_n \rtimes_\theta C_2$。（$\theta$ 是什么？）

（d） 我们在习题 7.7（c）已经见过这样

的群。另外一个在习题 8.30 中。

习题 8.32

（b） 这里给出了表的两行，你可用它们来检查你的答案。

r^2	r^2	r^2	r^2	r	r	r
f	f	r^2f	rf	f	r^2f	rf

（c） 一个元素所有的共轭元都在一行，于是该行给出了一个共轭类的所有元素（有时元素会多次出现）。因此，行给出了该群的全部共轭类。

（d） 列给出了所有关于该列标题元素的共轭。因此，它展现了由该元素构造的内自同构的全貌。例如，列标题元素为 r 的列告诉你，内自同构 $\theta(x) = rxr^{-1}$ 把 e、r 和 r^2 等映射到哪些元素。这使得（e）变容易了。

习题 8.35 提示：以定义 7.3 中由乘法表构造的直积过程为切入点。然后提出一个乘法表重布线的概念。

习题 8.38 （b）和（c）。提示：用 C_2 去除 C_8。

习题 8.42 2×2 矩阵的乘法公式将有助于（a）和（b），公式如下

$$\begin{pmatrix} a_1 & b_1 \\ c_1 & d_1 \end{pmatrix} \cdot \begin{pmatrix} a_2 & b_2 \\ c_2 & d_2 \end{pmatrix}$$

$$= \begin{pmatrix} a_1 a_2 + b_1 c_2 & a_1 b_2 + b_1 d_2 \\ c_1 a_2 + d_1 c_2 & c_1 b_2 + d_1 d_2 \end{pmatrix}$$

习题 8.43 （a）提示：通过证明被 θ 映射到 e 的元素只有 (e, e)，从而证明它是一个嵌入。

习题 8.44

（a） 由定理 8.8，任意 4 阶阿贝尔群必定是一些循环群的直积，且这些循环群的阶乘积为 4。整数乘积为 4 只可能是 $1 \cdot 4$ 和 $2 \cdot 2$。第一种对应于 $C_1 \times C_4$ 或 C_4，第二种对应于 $C_2 \times C_2$，它同构于 V_4。因此，4 阶阿贝尔群必同构于 C_4 或 V_4，再无其他了。

（b） 这里只给出结果，请你自己验证。

任意 8 阶交换群必同构于下列三个群之一，$C_2 \times C_2 \times C_2$，$C_2 \times C_4$ 和 C_8

（d） 由定理 8.8，任意 30 阶阿贝尔群必定是一些循环群的直积，且这些循环群的阶相乘等于 30。因此，只可能为 $C_1 \times C_{30}$、$C_2 \times C_{15}$、$C_3 \times C_{10}$、$C_5 \times C_6$ 和 $C_2 \times C_3 \times C_5$。显然，第一个（$C_1 \times C_{30}$）就是 C_{30}。但是，根据定理 8.7，其余的也都一样。从而，每个 30 阶阿贝尔群都同构于 C_{30}。

习题 8.45 （c）提示：如下改写等式

$$g^{ap^t} = g^{bm} g$$

$$(g^{p^t})^a = (g^m)^b g$$

$$g = (g^m)^{-b} (g^{p^t})^a$$

元素 g^m 的阶是多少？g^{p^t} 的阶是多少？

（d） 提示：应用习题 8.43。

习题 8.46 （a）提示：下图诠释了同态 ϕ 以及对应的商映射和同构（与图 8.13 相仿）。

如果我们关于 $Im(\phi)$ 组织右侧的 G 副本，并强调 $Im(\phi)$ 是一个圈，那么它也强调了 $\frac{G}{H}$ 是一个圈，如下图所示。在下图中考虑元素 a，它满足等式 $\langle aH \rangle = \frac{G}{H}$。试证明 $\langle a \rangle = G$。（H 是 $\langle a \rangle$ 的一个子群吗？）

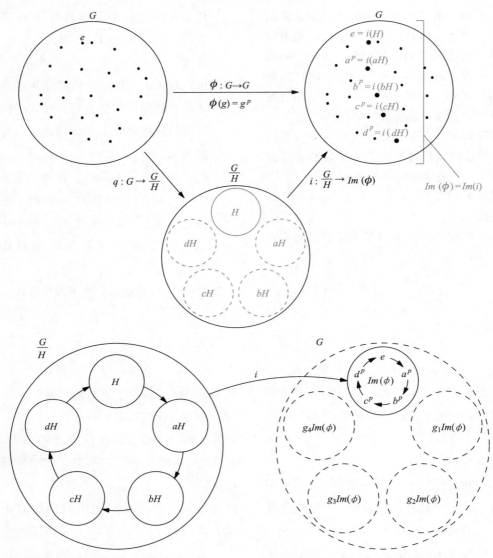

(c) 只有一个。你自己解释为什么。　　因为 ϕ_{n+1} 将所有元素映射到单位元。

(d) 同态链如下，它结束于一个循环群，

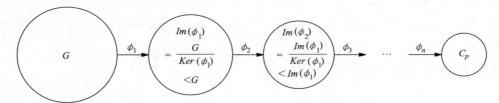

习题 **8.47**　**（b）** 提示：回忆习题 6.8。　　**（c）** 它们共有的元素是单位元。这可以

通过考察 K 中还有哪些其他元素属于 C 来证明。

（e）提示：应用习题8.37（a）。

（g）如果商群中一直有 C 的一个副本，那么商必定在消除群的其他部分。因此，一直进行这个过程，一定会得到某个正好为 C 副本的 G_n，如下图所示。

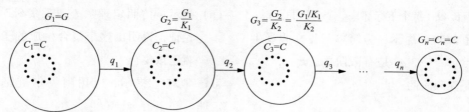

一个具体的例子可能更有帮助。在下面的例子中，$p=2$，所以阿贝尔群是阶为 2 的方幂的循环群的直积。请注意，不是每个商都消掉了一个直积因子（如 q_2）。

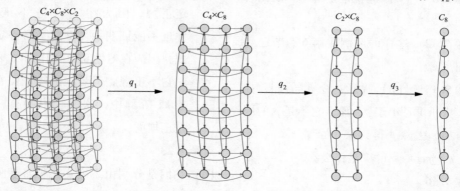

（h）下图演示了商运算，假设 G_{i+1} 同构于直积 $C_{i+1} \times H_{i+1}$，其中 $H_{i+1} < G_{i+1}$ 还未确定。问题中所述的商映射 q_i 相当于被 K_i 除，所以左图中的 K_i 的每个陪集都映射到右图中的一个元素。

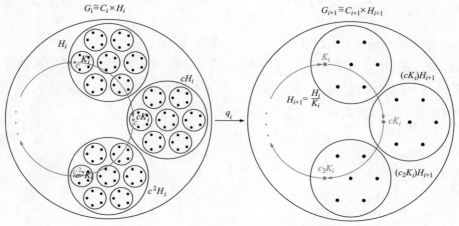

考虑子群 $H_i < G_i$，它被映射到子群 $H_{i+1} < G_{i+1}$。利用上面的图解释为什么 $G_i = C_i H_i$，其中 C_i 和 H_i 只在单位元处重叠。然后应用习题 8.43。

习题 8.49 每个下标都是一个素数的方幂。

习题 8.50 提示：为简单起见，假设生成元 $g_1, \cdots, g_k$ 是有限阶的，$g_{k+1}, \cdots, g_n$ 是无限阶的。

第 9 章 西罗定理

习题 9.3 （b）这就是定理 9.4 所回答的问题。

习题 9.12 这样的反例在第 6.5 节已经给出了。

习题 9.15 （a）提示：令 $n = |g|$，如果 n 大于 1 且小于 p，那么它不是 p 的因子。用 n 去除 p 得到某个余数 $r < n$，于是，$p = mn + r$。g^{mn+r} 是什么？

习题 9.16

（a）提示：考虑 $p = 5$ 的情况。如果等式
$$a \cdot b \cdot c \cdot d \cdot (abcd)^{-1} = e$$ 的左边属

于 S，那么置换 $\phi(1)$ 对它的作用是什么？由此可得出 $\phi(n)$ 的作用是什么？

习题 9.17

（a）提示：仿照定理 7.7 和观察 8.3 的论证，说明由这个集合生成的子群就是该集合。

习题 9.21 提示：应用阿贝尔群基本定理。

习题 9.22

（c）提示：你不能证明西罗 3 – 子群一定正规，因为在 A_4 中它不正规。你也不能证明西罗 2 – 子群必定正规，因为在习题 8.30 中的群 $C_4 \rtimes_\theta C_3$ 中它不正规。但是，你能证明在任意 12 阶群中，这两者中必有一个是正规的。

习题 9.23

（a）它们是分别由下列 4 个循环置换生成的子群。

（b）共 10 个，你能找出它们吗？

习题 9.27 有 2 个，阿贝尔群 C_{21}（同构于 $C_3 \times C_7$）和基于同态 $\theta: C_3 \to Aut(C_7)$ 的非阿贝尔半直积群 $C_3 \rtimes_\theta C_7$，其中 θ 的

定义为

$\theta(n) =$ 把 a 映到 $a^{(2^n)}$ 的同构映射。

这个非阿贝尔群的凯莱图如下：

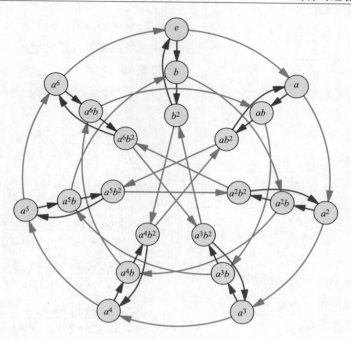

习题 **9.28** 为了判断你所得的结果是否正确，请与下列正确列表比较。

阿贝尔群：C_{12} 和 $C_2 \times C_6$。

非阿贝尔群：D_6、A_4 和习题 8.30 的 $C_4 \rtimes_\theta C_3$。

第 10 章 伽罗瓦群

习题 10.3

(g) 错误，因为如果多项式所有的根都是实数，那么复共轭等于恒等自同构。

(i) 正确，一个不满足定理要求的多项式仍然可能是不可约的。

(j) 正确。所有可分解的五次多项式都是可解的，因为 1~4 次多项式都存在求解方法，将其应用于因子即可。

例如，因为五次方程

$$3x^5 + 6x^4 + 13x^3 + 21x^2 + 28x + 14 = 0$$

可分解为

$$(x^2 + 2x + 2)(3x^3 + 7x + 7) = 0$$

所以它是可解的。因子中必有一个等于 0，于是，我们得到两个简单的方程

$$x^2 + 2x + 2 = 0 \qquad 3x^3 + 7x + 7 = 0$$

对第一个方程，二次求根公式给出了解 $-1 \pm i$。对第二个方程，三次公式可给出解，其精确表示有点长，约等于 $0.394 \pm 1.67i$ 和 -0.789。

习题 **10.5** 提示：右边化简如下：

$$\overline{(a+bi)}\,\overline{(c+di)} = (a-bi)(c-di)$$
$$= ac - bci - adi + bdi^2 = (ac-bd) - (bc+ad)i$$

（回忆 $i^2 = -1$）。证明左边也可化简为相同的表达式。

习题 **10.6**

(a)

$$\begin{array}{r} x^2 + x + 1 \\ x-1\,\overline{)\,x^3 + 0x^2 + 0x - 1} \\ \underline{x^3 - x^2} \\ x^2 \\ \underline{x^2 - x} \\ x - 1 \\ \underline{x - 1} \\ 0 \end{array}$$

（b）

$$\begin{array}{r} 19x + 5 \\ 4x^6 + 0x^5 + 0x^4 - 2x^3\,\overline{)\,76x^7 + 20x^6 + 0x^5 - 38x^4 - 10x^3 + 0x^2 + 0x + 2} \\ \underline{76x^7 + 0x^6 + 0x^5 - 38x^4} \\ 20x^6 + 0x^5 + 0x^4 - 10x^3 \\ \underline{20x^6 + 0x^5 + 0x^4 - 10x^3} \\ 0 \qquad\qquad +2 \end{array}$$

（e） 在（a）和（c）中你能发现什么规律？

（g） 不能，一个除不尽的除法不能得出不可约的结论。用一个不同的多项式去除可能除尽。

习题 10.8

（b） 提示：利用 $i^2 = -1$ 消掉乘积中的 i^2。

（c） 提示：用 $\dfrac{a - bi}{a - bi}$ 去乘 $\dfrac{1}{a + bi}$，再化简。

习题 10.9

（a） $(a + b\sqrt{2}) + (c + d\sqrt{2}) = a + b\sqrt{2} + c + d\sqrt{2} = (a + c) + (b + d)\sqrt{2}$

（d） 提示：按习题 10.8（c）的步骤求解。

（e）
$$(a + b\sqrt{2})^2 = 3$$
$$a^2 + 2ab\sqrt{2} + 2b^2 = 3$$
$$2ab\sqrt{2} = 0$$
$$a = 0 \text{ 或 } b = 0$$

若 $a = 0$，则 $2b^2 = 3$ 或 $b = \dfrac{\sqrt{6}}{2}$，因为 $b \in Q$，但 $\sqrt{6} \notin Q$，矛盾。若 $b = 0$，则 a^2

$= 3$，$a = \sqrt{3} \notin Q$，而 $a \in Q$，矛盾。所以两种情况都不可能发生。

习题 10.11

（c） 计算元素的乘法逆是复杂的，但是是可行的。

$$\frac{1}{a + b\sqrt{2} + c\sqrt{3} + d\sqrt{6}}$$

$$= \frac{1}{(a + b\sqrt{2}) + (c + d\sqrt{2})\sqrt{3}} \cdot$$

$$\frac{(a + b\sqrt{2}) - (c + d\sqrt{2})\sqrt{3}}{(a + b\sqrt{2}) - (c + d\sqrt{2})\sqrt{3}}$$

$$= \frac{(a + b\sqrt{2}) - (c + d\sqrt{2})\sqrt{3}}{(a + b\sqrt{2})^2 - (c + d\sqrt{2})^2(\sqrt{3})^2}$$

$$= \frac{(a + b\sqrt{2}) - (c + d\sqrt{2})\sqrt{3}}{a^2 + 2ab\sqrt{2} + 2b^2 - 3c^2 - 6cd\sqrt{2} - 6d^2}$$

$$= \frac{a + b\sqrt{2}}{\text{相同的分母}} - \frac{c + d\sqrt{2}}{\text{相同的分母}}\sqrt{3}$$

这两个分式属于 $Q(\sqrt{2})$，由习题 10.9 可知，它们可化简为 $w + x\sqrt{2}$ 和 $y + z\sqrt{2}$，因此，最后的式子可化简为预期的形式

$$w + x\sqrt{2} - y\sqrt{3} - z\sqrt{6}$$

习题 10.12 如果 r 是 Q 上 m 次多项式的一个根，那么

$$a_m r^m + a_{m-1} r^{m-1} + \cdots + a_0 = 0$$

$$a_m r^m = -a_{m-1} r^{m-1} - a_{m-2} r^{m-2} - \cdots - a_0$$

$$r^m = -\frac{a_{m-1}}{a_m} r^{m-1} - \frac{a_{m-2}}{a_m} r^{m-2} - \cdots - \frac{a_0}{a_m}$$

因此，所有 r^m 及更高次幂可以被替代，所以只需要次数小于 m 的项。

习题 10.17

（c） $c(\alpha)^n = \underbrace{c(\alpha)c(\alpha)\cdots c(\alpha)}_{n\,\uparrow} =$

$$c(\underbrace{\alpha + \alpha + \cdots + \alpha}_{n\uparrow}) = c(n\alpha)$$

(f) 由根构成的群同构于 C_6，C_6 是由元素 1 和 5 生成的。由根构成的群本身是由 $c\left(\dfrac{\pi}{3}\right)$ 或 $c\left(\dfrac{5\pi}{3}\right)$ 生成的。

习题 10.20 这条路径要从 $\sqrt{3}\,\mathrm{i}$ 出发，而 $\sqrt{3}\,\mathrm{i}$ 并不是 x^3-2 的根。另外，我当时没有关注可解性。$\mathbf{Q}(r_1, r_2, r_3)$ 显然是一个根式扩张，因为我是用根式表示的 r_1、r_2 和 r_3。

习题 10.21 提示：先证明 ϕ 固定 0 和 1，再由此证明它固定 $\mathbf{Q}$ 中所有的数。

习题 10.22

(b) 如果 $r = \sqrt[5]{1+\sqrt{2}}$ 是给定的根，那么利用代数运算去掉根式符号。

$$r^5 = 1 + \sqrt{2}$$
$$r^5 - 1 = \sqrt{2}$$
$$(r^5 - 1)^2 = 2$$
$$r^{10} - 2r^5 + 1 = 2$$
$$r^{10} - 2r^5 - 1 = 0$$

所以，对应的多项式是 $x^{10} - 2x^5 - 1$。

习题 10.24 **(a)** 其中一个根为 $-\dfrac{1}{3}$，另外两个根不是 $-\dfrac{1}{3}$。方程可以写为 $x = -\dfrac{1}{3}$。

习题 10.25 提示：把 $x - \sqrt[3]{2}$ 从 x^3-2 中分解出来。回忆你可以使用 $\mathbf{Q}(r_1)$ 中的任意系数。

习题 10.27 导数为 $5x^4 + 40x^3$。

$$5x^4 + 40x^3 = 0$$
$$5x^3(x+8) = 0$$
$$x = 0 \text{ 或 } x = -8$$

因此，多项式只在两个地点改变了方向（从波峰到波谷或相反）。因此，它至多在 3 个地点穿越了 x 轴，因为任意两个穿越必改变曲线的方向。我们可以通过在多项式中代入四个值 0、-8、一个较大的数（如 100）和一个较小的数（如 -100）来确定该多项式恰好 3 次穿越了 x 轴。结果见下表：

x	多项式
-100	< -90 亿
-8	8190
0	-2
100	>100 亿

因此，这个函数从负到正，再到负，最后又是正，共 3 次穿越了 x 轴，所以有 3 个实根。

习题 10.28

(a) 见习题 10.17

(c) 我将叙述一般的技术和一个可能的答案，你必须找出你自己的多项式。令所找多项式的导数有四个不同的根 a、b、c 和 d，所以该多项式可能 5 次穿越 x 轴。于是其导数为 $(x-a)(x-b)(x-c)(x-d)$。

将导数展开并积分，得到原多项式（这里将产生一个新的常数 e）。再乘一个公共的分母，以使得系数都变成整数。找到 a、b、c、d 和 e 的值使得多项式满足艾森斯坦判别条件（你有很大的自由，所以猜想 - 检验是一个有效的方法。）

现在，我们不得不验证你的多项式

的波峰和波谷分别在 x 轴的两侧。所以把 a、b、c 和 d 代入你的多项式，看它们对应的 y 值。修改 e 值，使得它们分散在 x 轴两侧，同时要保证多项式仍满足艾森斯坦判别条件。

完成这些步骤后，我得到多项式

$$6x^5 - 15x^4 - 10x^3 + 30x^2 - 1$$

但你得到的可能不同。

（d）（b）的答案是不可解的，原因见第 10.7 节。

符 号 索 引

大多数情况下，关于一个符号的更多信息可参考下列索引。

群

C_n 循环群

D_n 二面体群

V_n 克莱因四元群

S_n 对称群

A_n 交错群

Q_4 四元数群

U_n U – 群

$\mathbf{Z}_n$ C_n 的替代符号

$G_{4,4}$

数字系统

$\mathbf{N}$ 自然数集

$\mathbf{Z}$ 整数集

$\mathbb{R}$ 实数集

$\mathbb{C}$ 复数集

$\mathbf{Q}$ 有理数集

$\mathbf{Q}^*$ 非零有理数集

$\mathbf{Q}^+$ 正有理数集

函数

Perm   置换群

Ker   同态核

Im   同态像

Aut   自同构群

Orb   一个元素的轨道

Stab   一个元素的稳定化子

$N_G(H)$ H 在 G 中的正规化子

sin, cos   三角函数

$\phi: G \to H$ ϕ 是 G 到 H 的一个同态

$\phi(x) = y$ 定义一个同态

ϕ, θ, τ, ψ 各种同态

分子

$B(OH)_3$ 硼酸

C_2H_4 乙烯

C_6H_6 苯

SF_5Cl 五氟氯化硫

$Fe(C_5H_5)_2$ 二茂铁

其他符号

$+$ 加，有时是模 n 加

$-$ 减

$\cdot$ 乘，普通群的运算

$\in$ 一个集合的元素

$\{\}$ 集合括号

e 群单位元

$\langle \ \rangle$ 生成符号

$*$	作为例子的运算	$\lvert\ \rvert$	群/元素的阶
$\times$	直积	$aH,\ Ha$	左陪集和右陪集
G^n	多重直积	HK	子群的乘积
(a,b)	直积群的元素，复平面上的点	$\mapsto$	定义函数/同态的符号
$\rtimes$	半直积	$\cong$	同构于
$\div$	除以	$\equiv_n$	模 n 同余
$\dfrac{G}{H}$	商群	i	虚数 $\sqrt{-1}$
$<$	小于，子群	$a+b\mathrm{i}$	复数
$\vartriangleleft$	正规子群	$\bar{c}$	c 的复共轭
$\sqrt{}\ \sqrt[n]{}$	平方根，n 次根	$\mathbf{Q}(\ \ )$	$\mathbf{Q}$ 的扩张域
$!$	阶乘		

参 考 文 献

[1] Michael Artin. *Algebra*. Prentice Hall, Englewood Cliffs, NJ, 1991.

[2] David J. Benson. *Music: a Mathematical Offering*. Cambridge University Press, Cambridge CB2 2RU, UK, 2007.

[3] Hans Ulrich Besche, Bettina Eick, and Eamonn O'Brien. The SmallGroups library — a GAP package. 2002.

[4] S. Bhagavantam and T. Venkatarayudu. *Theory of Groups and its Application to Physical Problems*. Academic Press, New York, 1969.

[5] Larry Copes. Representations of contra dance moves. On the World Wide Web at www.edmath.org/copes/contra/representations.html, January 2003.

[6] Edgar Dehn. *Algebraic Equations, An Introduction to the Theories of Lagrange and Galois*. Columbia University Press, New York, 1930.

[7] Persi Diaconis. *Group representations in probability and statistics*. Institute of Mathematical Statistics Lecture Notes—Monograph Series, 11. Institute of Mathematical Statistics, Hayward, CA, 1988.

[8] John B. Fraleigh. *A First Course in Abstract Algebra*. Addison-Wesley, Reading, MA, seventh edition, 2002.

[9] Joseph Gallian. *Contemporary Abstract Algebra*. Houghton Mifflin Company, 2004.

[10] Jonathan Goss. Point group symmetry. On the World Wide Web at www.phys.ncl.ac.uk/staff/njpg/symmetry/, September 2005.

[11] Charles Robert Hadlock. *Field Theory and its Classic Problems*. Number 19 in Carus Mathematical Monographs. Mathematical Association of America, 1978.

[12] B.A. Kennedy, D.A. McQuarrie, and C.H. Brubaker, Jr. Group theory and isomerism. *Inorganic Chemistry*, 3(2):265–268, February 1964.

[13] Wilhelm Magnus and Israel Grossman. *Groups and their Graphs*. Anneli Lax New

Mathematical Library. Mathematical Association of America, 1964.

[14] Gabriel Navarro. On the fundamental theorem of finite abelian groups. *American Mathematical Monthly*, 110(2):153–154, February 2003.

[15] Ivars Peterson. Contra dances, matrices, and groups. On the World Wide Web at `www.sciencenews.org/articles/20030308/mathtrek.asp`, March 2003.

[16] Gert Sabidussi. Vertex-transitive graphs. *Monatshefte für Mathematik*, 68(5):426–438, October 1964.

[17] David S. Schonland. *Molecular Symmetry*. D. Van Nostrand, London, 1965.

[18] Daniel Shanks. *Solved and Unsolved Problems in Number Theory*. American Mathematical Society Chelsea Publishing, Providence, RI, fourth edition, 2001.

[19] Uri Shmueli, editor. *International Tables for Crystallography*, volume A. Springer, 5th edition, April 2005.

[20] John M. Sullivan. Classification of finite abelian groups. Course notes available on the World Wide Web, Spring 2003.

[21] Ed Turner and Karen Gold. Rubik's groups. *American Mathematical Monthly*, 92 (9):617–629, November 1985.